JN187362

晶析工学

久保田徳昭　編著

東京電機大学出版局

東京電機大学出版局

まえがき

晶析という言葉は，少し分かりにくいかもしれません。晶析とは，物質精製および結晶粒子製造を目的として行われる工業的結晶化のことです。実験室の限られた理想的な条件下で行われる結晶化とは一線を画しています。実験室における結晶化は，あらかじめ注意深く準備された溶液から欠陥のないきれいな結晶を作ることが目的となることがほとんどです。これに対して，工業現場では多くの不純物を含む溶液から純度の高い結晶を作ることが要求されます。しかも，経済的にかつ大量に作らなくてはならないのです。晶析工学は，晶析のための工学です。晶析は，無機化学・有機化学製品の大量生産現場において古くから使われてきました。晶析は，近年大量生産現場のみならず，機能性化学製品あるいは医薬品の製造にも広く使われています。また，晶析は広く横断的にさまざまの工業分野で使われています。晶析の特長は，1 回の結晶化操作で純度の高い固体粒子が得られることです。晶析により得られる結晶粒子は，目的あるいは物質によって，数 10 nm の微粒子から数 mm の粗粒子に及びます。近年は，結晶粒子製品に対する要求が厳しく，粒径，粒子形状，純度の厳密な制御が必要となっています。

今から 40 数年前，結晶核発生すなわち核化の実験をしたことがあります。どんな実験かというと，500 mL のガラス製撹拌容器に取った硝酸カリウム水溶液を冷却して結晶を発生させる実験です。冷却が進んで飽和温度以下の領域に入るとやがて微結晶が発生し，そのすぐ後にサンプル溶液全体が急に白濁します。晶析の何たるかをよく知らないまま始めた準安定領域の測定実験でした。準安定領域とは，溶液の飽和温度と白濁温度（核化温度）の間の温度領域のことです。実験は非常に簡単で誰でもすぐできるのですが，実はこのデータの解釈が難しいのです。あたかも準安定領域内では核化は起こっていないように見えるのが曲者です。

準安定領域は英語で metastable zone といいます。もちろん，“準安定”ですから熱力学的安定領域ではありません。しかし，その何たるかは充分には理解されてきませんでした。従来さまざまな解釈がなされていて，その中でも正統（？）とされる解釈は，「この領域では核化は起こらない。この領域では溶液の構造が核化に向かって徐々に変化していく。いわば，核化準備のための非定常的変化の起こっている領域だ」というものです。ところが，この準安定領域の非定常的解釈は，晶析全般における基本的概念あるいは現象とうまくなじみません。むしろ，従来のこの解釈は，晶析工学の進歩を遅らせている元凶のように思われるほどです。元凶とはいわないまでも，どこか怪しいと多くの人が感じていると思います。

本書における準安定領域の解釈は，上述の非定常的解釈とは全く別なもので，結論をいえば，非定常的準安定領域は存在しないとするものです。本書の考え方は，特に第5章において，詳しく述べます（ただし，本書では準安定領域という語はそのまま使用しました）。この新しい解釈によって準安定領域と核化速度が合理的に関係づけられ，準安定領域に関する多くの実験事実と他の晶析現象が矛盾なく説明できます。

本書では，準安定領域と待ち時間（すなわち等温系における白濁化までの時間）の解釈と説明に多くのページを割きました。その理由は，今まで準安定領域と待ち時間の解釈が適切になされていなかったため，晶析全体の体系的理解が困難になっていたという思いがあったからです。しかし，本書は準安定領域と待ち時間のみの解説書ではありません。

本書の目的は，大きく2つです。1つは，準安定領域と待ち時間を詳しく説明することです。それは，核化過程を直接捉えることはほとんど不可能ですが，核化に密接に関係する測定値としての準安定領域の大きさおよび待ち時間を矛盾なく説明することで，核化を理解することができると考えたからです。本書のもう1つの目的は，実務を重視した晶析工学を体系的に解説することです。

本書の構成は，次のとおりです。序章から第14章まで，全部で15章からなっています。序章では初学者のために晶析を簡単に説明しました。第1章では，晶析の概略を述べました。第1章に一通り目を通すことにより，晶析の概略が把握できるようにしました。第2章は，晶析の理解のための基礎をまとめています。第3章から第6章は，晶析の基礎的，理論的部分を扱っています。第7章から第13章では，晶析技術の解説をしています。実務を優先する読者は，第3章から

第6章は省略してもよいでしょう。しかし，晶析の理解を深めたい読者は，第3章から第6章も読むことをお勧めします。

まず，第3章から第6章までの簡単な紹介をします。第3章では，核化について解説しています。一次核化，二次核化および工業装置内の核化の順で解説しています。特に，等温条件下における待ち時間の確率的挙動について詳しく述べました。本書の特長の1つです。第4章では，結晶成長の基本的な事項を扱っています。すなわち，結晶表面において結晶に溶質が組み込まれる過程すなわち表面集積過程，結晶成長に対する不純物効果，そして，工業装置内の結晶懸濁系における結晶成長現象についての解説です。不純物効果の詳細な解説は，本書のもう1つの特長です。第5章は，準安定領域の新しい解釈です。核化確率あるいは核化速度と準安定領域の関係を特に詳細に説明しています。第3章における待ち時間との関係にもふれました。上述しましたが，本書の準安定領域の新しい解釈は，従来の意味での準安定領域の存在を否定するものです。核化の確率的様相の理解のために，Excel シート上で簡単に実行可能なモンテカルロシミュレーションも紹介しています。第6章では晶析プロセスの数学的枠組みとしてのポピュレーションバランスモデルの概略を述べました。ここでは，とかく理論的な取扱いが難しいといわれている晶析過程が，核化速度および結晶成長速度などの速度過程が適切にモデル化できている限り，数学的に厳密に記述できることを示しています。

第7章から第13章までは，実務を念頭においた章ですが，操作および技術の単なる説明ではなく，理論的にも統一がとれたものになるよう意識して執筆しました。第7章は，バッチ冷却晶析の解説です。回分冷却晶析に関する研究の歴史的流れを述べた後，種晶成長法について詳しく述べています。種晶成長法，すなわち，添加した種晶を成長させて製品とする方法はバッチ冷却晶析における実用的かつ確実な技術だからです。第8章では，貧溶媒晶析について解説しました。貧溶媒晶析における過飽和度の表現方法，核化および結晶成長について述べ，次いで貧溶媒晶析の実験を紹介し，最後にオイル化現象についても説明しています。第9章は，反応晶析です。難溶性物質と可溶性物質における晶析特性の違い，核化と成長の分離による結晶粒径分布の単分散化，ダブルジェット法，それに，環境分野における晶析の利用などについて解説しています。第10章では，多形制御と結晶化による光学分割の解説をしました。多形については，溶液媒介転移の説明とその制御法の紹介をしています。溶液媒介転移は，多形制御において重要な現象です。また，光学分割については，優先晶析法の基本的な説明のほか，粒径差を持たせた種晶による光学分割，添加物による光学分割の実験例を紹介しています。第 11 章は，結晶純度と結晶形状の問題を扱っています。結晶純度の項においては，不純物混入のメカニズムと純度向上の方法も解説しました。結晶形状の項においては，結晶形状の形成の基本的機構を解説した後，形状制御法について述べています。第 12 章は，結晶収量と装置設計を扱っています。結晶収量と装置設計の問題は，マスバランス式が基本です。回分晶析を対象として解説しました。第 13 章は，晶析におけるスケールアップの問題です。晶析の書籍では，従来ほとんど扱われてこなかったろ過の問題もここで扱っています。最後の第 14 章は，準安定領域に関する従来の考え方のレビューです。上述の準安定領域の非定常的解釈のほかにも，いくつかの解釈が存在することが述べられています。第 14 章は省略しても実務には全く差し支えはありません。

本書を執筆するに当たっては，多くの方々の協力と励ましがありました。筆者が岩手大学在職中の共同研究者および学生諸君には大変お世話になりました。本書に引用したデータのかなりの部分は，岩手大学在職中のものです。昔の同僚と学生諸君に深く感謝いたします。序章，第 1 章および第 9 章を担当してくださった早稲田大学の平沢泉教授，コラムを 1 つと第 6 章を執筆してくださった小針昌則博士にも感謝いたします。お二人の協力なくしては，本書はできなかったと思います。小針博士は，本書執筆のきっかけを作ってくださいました。また，初校の段階で数多くの間違いの指摘をしてくれた早稲田大学平沢研究室の学生諸君にも感謝いたします。本書を出版するにあたりご尽力くださった吉田拓歩氏（東京電機大学出版局）に深く感謝いたします。最後に，私の研究生活を長い間支えてくれた妻和子に感謝します。

2016 年 8 月

編著者　久保田　徳昭

目 次

COLUMN

序章

初学者の皆様へ

結晶という言葉を聞いて何を思い出すだろうか。宝石だろうか，あるいは愛の結晶であろうか。または，雪の結晶だろうか。雪は天空の湿度，温度などの要因で多種多様な形になる。雪は天からの手紙といわれるように，その形から，天空の気象条件を知ることができる。

また身の回りを見回すと数多くの固体の製品がある。固体の中でも，分子や原子が規則正しく配列した結晶は，不純物が少なく，安定で，取り扱いやすく，人間生活に多大な貢献をしている。

皆さんは，結晶を顕微鏡で見たことがあるだろうか。家庭で使われる結晶の代表格は，砂糖や塩である。身の回りの結晶はこのように粉粒体状であることが多く，大きさ（粒径）は比較的揃っていて，一粒一粒は，物質固有の形状をしていて，結晶面はキラキラ光り宝石のごとく美しい。

「希望の品質の結晶粒子を自在に創りあげるための最適な操作や装置／プロセスをデザインする工学が晶析工学である」工業的に創る場合，小さな結晶粒子1つ1つをピンセットでつまみ，顕微鏡下で加工することはできない。大きな装置を用いて大量にしかも経済的に創る必要がある。目的製品は小さな結晶粒子であるが，我々の用いることのできる装置は，小さいもので100 L，大きなものは数10 m^3 にも及ぶ。操作できる変数は，溶液濃度，温度，冷却速度，蒸発速度，撹拌速度などきわめてマクロなもののみである。このようなマクロな操作変数を適切に選び，装置形式を適切に選定して，ミクロな特性（粒径，形状など）を持つ結晶粒子を創らなくてはいけない。そのためには，結晶粒子のできる基本的過程の理解が必要である。晶析工学はまさにそのための学問である。

水溶液を冷却する，あるいは水を蒸発させると，溶解度を超えた分の溶質は結晶として析出する。その析出量は,溶解度が分かっていれば計算できる。しかし,生成する結晶の数や大きさは，溶解度のみでは予測できない。これらをコントロールするのは，個々の結晶による析出量の奪い合いである。すなわち，溶液内の結晶の数（核の数）を増加させると，結晶1個当たりの析出量（成長量）が減ることになるので，個々の結晶は大きくなり得ない。このように生成する結晶数をコントロールすることで，結晶の大きさを操ることができる。この結晶数は，溶液内で生成する核の数に大きく依存することになる。すなわち，核化速度に依存する。この核化速度は，過飽和度そのものの大きさや，どのような速度で過飽和度を増加させていくのか，あるいはどのような速度で冷却するかなどの因子で大きく変化する。

例えば，溶液の冷却速度を早くすると，核化速度は速くなり，小さな結晶ができる。逆に，ゆっくり冷却すると，核発生速度が遅くなり，大きな結晶ができる。最近の冷蔵庫での肉や魚の急速冷凍保存はこのような考え方で理解できる。すなわち，急冷することで，氷の核化速度が速くなり，生成する氷の粒子が小さく，細胞を破壊することがなく，解凍しても比較的そのままの味を維持できる。一方，ゆっくりと冷却すると，核発生速度が遅く，大きな氷の結晶ができて，細胞を破壊してしまう。またチョコレートの製造では，融解したチョコレートを緻密な冷却コントロール（テンパリング）を行うことによって，チョコレートを構成する脂質結晶の核化を制御する。これにより口どけ感がよく，安定な品質を達成している。

一方，結晶は，実際に創って見ると，結晶構造が同じでも，粒状，針状あるいは板状などさまざまな形状になる。結晶の形を決めるのは各結晶面の成長速度である。溶液の化学的状態，流動状態や，また不純物の添加により面の成長速度を変化させ，さまざまな形状に改善することができる。実際，産業界では，板状や針状の結晶は扱いが難しいので，形状を粒状に変化させるような工夫をしている例がある。

このように，晶析の技術は，医薬・食品，機能品，宝石，環境，エネルギー分野の結晶創りに生かされている。晶析は，さまざまな分野で用いられているが，その基礎現象である核化，結晶成長への理解（特に核化への理解が）が不充分なことに伴い，大きな結晶を得ることができない，純度がよくない，適した形状のものができないなどの課題が生じる。また，結晶析出過程において過剰な核が発生する，製品になる核が不足する，あるいは装置内の内壁や配管内に結晶が析出（スケーリング）する，また，結晶同士が固結してしまうなどのトラブルも数多く報告されている。これらの課題やトラブルも，本書に記載されている核化や成長の本質を理解することで，解決の糸口を見出すことができることを期待している。

核化は21世紀の現在も依然として充分理解されているとは言い難いが，それでも結晶創りに携わる技術者は，必要な結晶を社会に提供する使命がある。

第1章

晶析とは何か

本章では，**晶析** <crystallization> の概略を述べる。まず，晶析とは何かを簡単に述べ，次いで晶析に関するアンケート調査の結果を紹介する。このアンケート調査結果により晶析がどんな分野でどのように使われているかがうかがえる。また，晶析の基本的速度過程としての**核化** <nucleation> と**結晶成長** <crystal growth> の２つを取り上げ，結晶粒径および粒径分布を決定づけるこれら２つの速度過程の役割を考える。最後に，晶析装置の例をいくつか紹介する。

1.1 晶析とは

晶析とは，気相からの場合もあるが主として液相から結晶を析出（生成）させる操作のことあり，その目的は，大きく分けて２つである。１つは結晶化による物質の精製，他の１つは，粉体状の結晶粒子の製造である。身近な結晶粒子としては，砂糖，食塩，うまみ調味料などが思い浮かぶ。図1.1には，炭酸カルシウム結晶の写真を示した。炭酸カルシウム結晶は，砂糖，食塩のように直接我々の目に触れるものではないが，日常生活に密接に関係している。例えば，製紙塗工用顔料として紙面白色度およびインクとの相性を向上させるために広く使われている。

晶析の対象となる溶液は，通常不純物を多く含んでいる。例えば，対象溶液が反応混合物である場合，未反応原料，副反応生成物などが，不純物として含まれる。このような不純系における結晶化が晶析の１つの特長である。同じ結晶化であっても，X線構造解析用単結晶あるいは光学材料用の結晶の育成などは，通常，晶析には含めない。このような場合，高純度でしかも欠陥の少ない単結晶の育成

pH および温度条件により粒子形状は大きく変わる。詳しくは 11.2.5 項参照。

図 1.1　水酸化カルシウム溶液に炭酸ガスを吹き込んで得られた炭酸カルシウム結晶粒子[1)]

が目的であるから，原料溶液の段階ですでに高純度のものが準備され，低過飽和度下で注意深く結晶を育てる。生産速度は，それほど重視されない。これに対して晶析では，格子欠陥の少ない単結晶の育成は目的ではなく，特別な場合を除き超高純度結晶の育成も目的ではない。通常の工業製品では数％の不純物の混入は許される場合が多い。例えば，結晶性試薬でも純度は 97～98％程度であり，特級品で 99％以上である。高純度が要求される場合でも，上述の単結晶の育成とは異なり，生産能力が重視されるので，プロセスに対する考え方は異なり，晶析特有の戦略が必要となる。例えば，年産数千トンの能力で，純度 99.99％以上の製造が可能な装置が開発されている。

1.2　晶析に関するアンケート調査

1998 年春，化学工学会の「晶析技術」特別研究会により「日本の晶析技術の現状に関するアンケート調査」が行われた。その結果が，「アンケートから見た日本の晶析技術」と題して，2001 年の化学工学会誌[2)] に報告されている。これを見ると，晶析の現状が分かる。

アンケートは900社を対象に行われ，そのうち299社から回答を得た（回答率は33%）。アンケート回答企業の72%が晶析を行っており，そのうちの半分以上の企業では，晶析を多用している。このことから，晶析が広く行われていることが分かる。晶析を行っている企業の取扱品目は，医薬品（29%），農薬（7%），食品（9%），高分子（10%），電子材料（7%），無機化学品（11%），化学品一般（18%）であった。晶析操作の形式は，回分式（65%），半回分式（11%），連続式（24%）で，半回分式を含めた回分式が多く，連続式の数は少ない。また，晶析媒体により分類すると，溶液からの晶析（80%），融液からの晶析（13%），気相からの晶析（6%），その他（1%）である。溶液晶析が一番多い。装置規模は，100L以下の小型のものから50 m^3 以上の大型のものに及ぶが，装置の数は小規模のものが多い。結晶を析出，成長させるためには溶液を**過飽和状態** <supersaturated state>（飽和濃度よりも濃い状態）にしなくてはならないが，その方法としては，冷却によって溶解度を下げる方法，化学反応によって目的物質を生成させ濃度を上げる方法，蒸発により溶液を濃縮する方法および貧溶媒を添加して溶解度を下げる方法などが多く採用されている。それぞれ，**冷却晶析** <cooling crystallization>，**反応晶析** <reactive crystallization>，**蒸発晶析** <evaporative crystallization>，**貧溶媒晶析** <anti-solvent crystallization, drowning out crystallization or dilution crystallization> と呼ばれている。

晶析操作は，上述のように広く使われている。しかし，残念ながらトラブル事例も多い。ある医薬品会社の社内調査（150事例）[3] によると，晶析に関するトラブルがもっとも多く（32%），2番目が反応操作（20%），3番目がろ過（20%），次が乾燥（14%）であった。このうち，3番目，4番目のろ過および乾燥も晶析工程の改善（主として結晶粒径を大きくすること）によって，解決できたということであるので，トラブルの主たる原因は晶析にあったということになる。これは，一企業の特殊な例ではなく，他の企業あるいは製造分野でも同じであろう。

1.3　核化と結晶成長

溶液からどのような過程を経て結晶ができるのかを考えてみる。まず，最初のステップとして，溶液中の溶質が集合して**結晶核**（あるいは単に**核**）<crystal nucleus or nucleus> が形成される。この段階が**核化**（**核形成**ともいう）<nucleation> である。次いで，生成した核に溶液中の溶質が次々と組み込まれ，結晶は成長していく。このように結晶の生成には2つのステップ，核化と**結晶成長** <growth> が関わっている。ここで，核と結晶の2つの用語を使用したが，どちらも結晶であって，違いはない。生まれた瞬間あるいは直後の結晶を核と呼んでいるだけである。生まれた直後の人間を乳児というのと同じである。

核化および結晶成長は，過飽和状態においてのみ起こる。これは，熱力学的な問題である。溶質の**化学ポテンシャル** <chemical potential> は，溶液に溶けている状態にある場合より，結晶状態にある場合の方が低い。自然現象は化学ポテンシャルの低い方向に進むから，**過飽和溶液** <supersaturated solution> 中で核化および成長が起こる。核化および成長の**推進力** <driving force> は，熱力学的な安定度の差（化学ポテンシャル差）ということができる。

核化の理解は，充分でないといわざるを得ない。これは，晶析に携わる我々の怠慢のためばかりではない。核化そのものが単純な現象ではないからである。核化は，液相（気相の場合もある）から固相への相転換であるが，一般に相転移の理解は遅れている。核化の理解が充分でないことが，晶析全体の理解を妨げている。一方，結晶成長は，核化に比較して理解は進んでいる。結晶成長速度は測定も可能である。これに対して，核化速度の測定は困難で信頼できる核化速度データは存在しない。

核化に続いて成長が起こるから，核化・成長は逐次的に起こる。しかし，これは1個の結晶に着目した場合の話で，数多くの結晶が懸濁している晶析装置内全体を考えると，核化・成長は同時に，並列的に進行する。しかも，結晶化可能な溶質量は無限ではないので，核化が高頻度（高速度）で起これば，結晶数が増加するので製品結晶は細かくなる。逆に，核化頻度が低ければ，製品結晶は大きなものになる。これは，限られたパイ（溶質）の奪い合いの問題である。

核化と成長の速度は，製品結晶の粒径分布に影響を与える。**連続混合槽型晶析装置** <mixed suspension mixed product removal crystallizer or MSMPR crystallizer> の場合，核化速度，結晶成長速度の粒径分布に及ぼす影響は単純ではない。厳密な定量的議論は難しい。しかし，定性的に次のことはいえる。すなわち「MSMPR晶析装置内では，個々の結晶の装置内滞留時間がそれぞれ大きく異なり広く分布する。つまり，個々の結晶の成長時間が異なる。そのため，粒径分布が広く分布することになる。粒径の揃った製品結晶を得るのには，混合槽型の装置は不向きである。粒径を揃えるためには，装置内に分級機構を組み込まなくてはならない」

また，**回分晶析装置** <batch crystallizer> あるいは**半回分晶析装置** <semi-batch crystallizer> においても粒径分布に対する核化，成長の影響は単純ではない。しかし，核化のタイミングさえ揃えることができれば，個々の粒子の装置内滞留時間の分布がないので，原理的に粒径の揃った製品結晶が得られる。核化と成長の分離である。難溶性物質であるハロゲン化銀粒子の製造法として有名な**ダブルジェット法** <double-jet method>（9.2.2項参照）では，核化と成長の分離が実現されている。しかし，**可溶性物質** <soluble substance> の場合は核化と成長の分離は難しい。核化をある時点で一斉に起こすことは難しいからである。そこで，種晶をあるタイミングで一斉に添加し，これを成長させる方法がとられている（7.2節の種晶成長法）。

1.4　晶析装置

晶析操作の理解を助けるために，ここに典型的な晶析装置をいくつか紹介する。晶析装置は，**溶液晶析装置** <solution crystallizer> と**精製晶析装置** <purification crystallizer> の2つに分けられる。本書では，精製晶析はほとんど扱っていないが，ここでは溶液晶析装置だけでなく精製晶析装置についても簡単に紹介する。なお，**精製晶析** <purification crystallization> について少し補足しておく。精製晶析は，微量の不純物を含んだ融液を結晶化させ，融液を精製する操作である。例えば，水を凍らせて純水を得る操作である（これに対して，**溶液晶析** <solution crystallization> は，溶媒に溶けている溶質を結晶化させる）。**融液晶析** <melt crystallization> ともいわれ，特に有機物質の精製に使われる。結晶化成分の濃度が高いため，操作法および装置形式が，溶液晶析とは異なることが多い。

1.4.1　溶液晶析装置

溶液晶析に対しては，数多くの種類の装置が開発されている。溶液晶析装置は，大きく**混合槽型** <mixed suspension type> と**流動層型** <fluidized-bed type> の装置に分類される。

混合槽型晶析装置には，撹拌装置を内部に備えた**撹拌槽型** <stirred tank crystallizer> と外部にスラリー循環ポンプを備えた**強制循環型晶析装置** <forced circulation crystallizer> がある。ここでは，前者のみを紹介する。代表的な装置および写真を図 1.2 に示す。これは，**DTB 型晶析装置** <draft-tube-baffled crystallizer> といわれる。懸濁液は内部の撹拌翼によって撹拌される。外部のポンプは撹拌のためではなく，装置下部の分級脚内に上昇流を作るためである。装置本体内部にはドラフトチューブがあり，その内部をスラリーが上昇し外部を下降し循環する。加温された原料液が，ドラフトチューブ下部に供給される。成長した結晶は分級脚内で（完全ではないが）分級されて，下部から取り出される。DTB 型装置は，メラミン，尿素，塩素酸ソーダなど多くの実績がある。我が国で開発された **DP 型晶析装置** <double propeller crystallizer>[4] は，DTB 型の改良版である。DP 型装置概略図と写真を図 1.3 に示す。DP 型装置では，撹拌機構

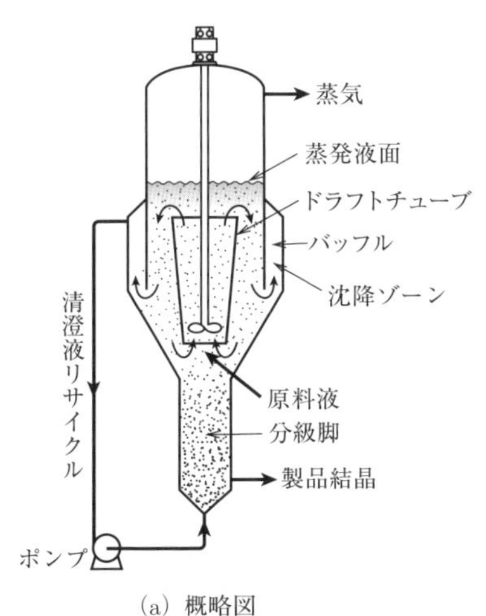

（a）概略図

（b）写真（カツラギ工業(株)提供）
装置高さ：約 6 m

図 1.2　DTB 型晶析装置

に工夫が加えられ，ドラフトチューブ外側の循環流も促進されている。そのため低速回転でも，充分な循環流が得られる。その結果，結晶−撹拌翼間の衝突に起因する二次核化（3.3 節参照）の速度が低下するばかりでなく，結晶の破壊も抑えられる。したがって，粒径の大きな製品結晶が得られやすい。DP 型晶析装置の使用例は多く，硫安，ホウ酸，炭酸カリウムなどの製造に使われている。

流動層型晶析装置の代表は，**オスロ−クリスタル型晶析装置** <Oslo-Kristal crystallizer>[5)] である。装置の概略図および写真を図 1.4 に示す。蒸発部，晶析部が分離された形になっている。晶析部には，撹拌装置は備えられていない。晶析部では，溶液が上向きに一様に流れ，懸濁結晶粒子の分級が行われる。この部分が流動層である。成長して大きくなった結晶のみが，下部から連続的に取り出される。

上述した，DTB 型晶析装置，DP 型晶析装置およびオスロ−クリスタル型晶析

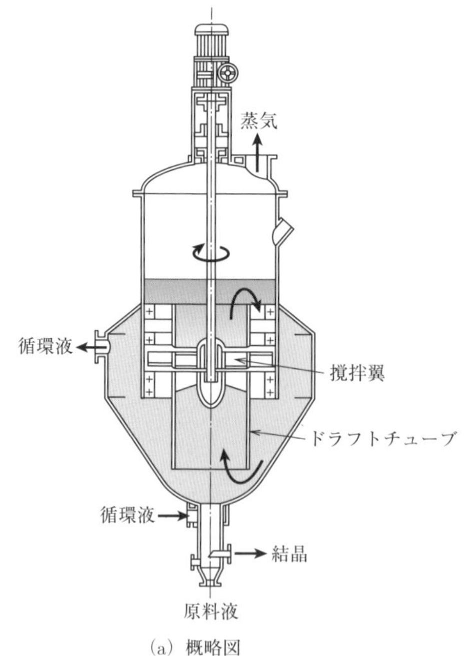

(a) 概略図

(b) 写真（月島機械(株)提供）
装置寸法：最大径 6 m，高さ 12 m

図 1.3 DP 型晶析装置

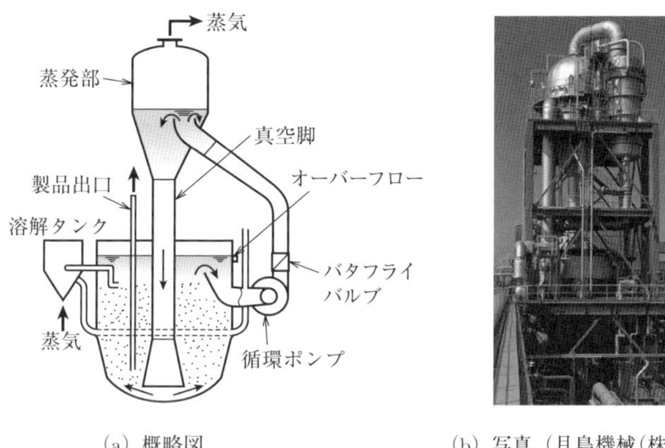

(a) 概略図

(b) 写真（月島機械(株)提供）
装置高さ：約 9 m

図 1.4 オスロ−クリスタル型晶析装置

装置は，連続式で大型である。先のアンケートに見られるように，設置数は少ない。これに対して，医薬品工業，化学工業で数多く使われているのは回分晶析装置である。通常はごく普通の小型撹拌槽である。図 1.5 に典型的な回分晶析装置（内容積：600 L）の図面を示した。

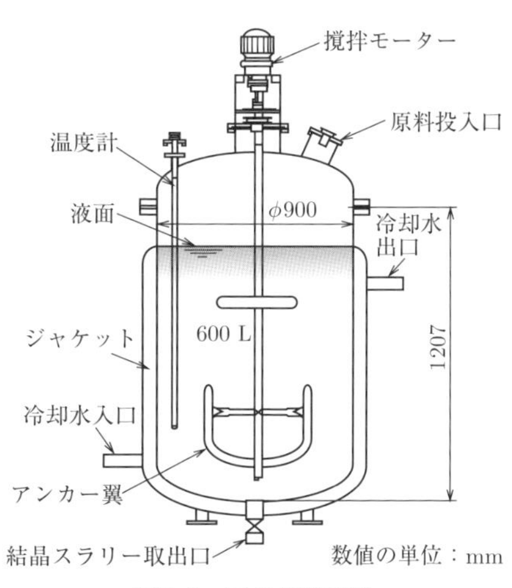

図 1.5 回分晶析装置

1.4.2　精製晶析装置

精製晶析装置は，**粒子懸濁型晶析装置** <suspension crystallizer> と**結晶層型晶析装置** <layer crystallizer> に分けられる。

図1.6に，粒子懸濁型晶析装置の1つであるフィリップ（Philip）型晶析装置[6]を示す。結晶は，上部の結晶化部で冷却によって作られる。生成した結晶粒子は塔型の精製部（塔）に運ばれ，塔内を重力によって沈降していく。結晶粒子は，沈降しながら高温，高純度の融液と向流接触し，その間に**発汗** <sweating>（11.1.3項参照）および洗浄作用により，純度が向上する。精製塔最下部に到達した高純度粒子は，ここで完全に融解されて一部は製品として取り出され，一部は還流液として精製塔内の下部に戻される。なお，ここで製品は結晶ではなく融液として取り出されているが，これは精製晶析特有の形式である。溶液晶析では，このようなことは行われない。

その他，粒子懸濁型にはいくつかのバリエーションがある。結晶化部をタンク形式にした4C型精製装置[6]が，我が国で開発されてナフタレンなどの精製に使用されている。精製部のみを独立させたKCP結晶精製塔[7]も我が国で開発され，パラジクロルベンゼンなどの精製に使われている。KCP型結晶精製装置では，高温の融液が塔頂から下向きに流れ，結晶はスクリューコンベアにより上向きに運ばれる。高純度の製品は，塔頂から融液として取り出される。

結晶層型晶析装置は，冷却された壁面に結晶を層状に析出させるタイプの装置である。図1.7に，結晶層型晶析装置の1つであるMWBプロセス[6]のレイアウ

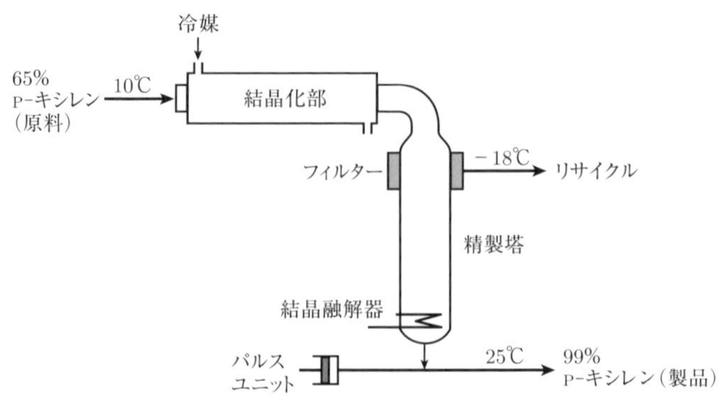

図1.6　フィリップ型晶析装置

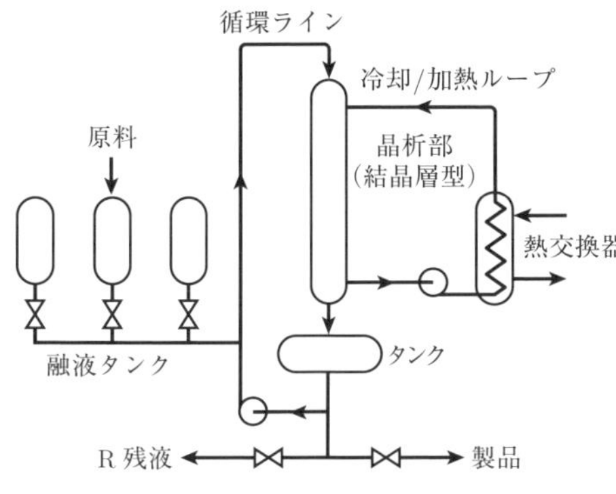

(a) プロセスのレイアウト

(b) 晶析部の写真（Sulzer Chemtech Ltd. 提供）

図 1.7 MWB プロセス

トおよび同プロセスの晶析部の写真を示す。結晶層型晶析装置では，結晶層を一部融解により発汗精製し，最後に完全に融解して製品として取り出す。結晶化と発汗精製を同じ壁面で行うことから，運転は基本的に回分操作である。

引用文献

1) 田中宏一，堀内秀樹，大久保勉：石膏と石灰（Gypsum & Lime），No. 216（1988）60-67
2) 大嶋寛：化学工学，**65**（2001）38-40
3) 高須賀正博：最近の化学工学 64, 晶析工学はどこまで進歩したか, 化学工学会, 三恵社（2015）pp.99-109
4) 河西達之：化学工学会編，分離工学（化学工学の進歩 25），槇書店（1991）pp.133-143
5) 化学工学会編：化学工学便覧（第 5 版），丸善（1988）pp.431-460
6) Mullin, J. W. Crystallization 4th ed. Butterworth-Heinemann (2001)
7) 大田原健太郎：化学工学会編：晶析工学はどこまで進歩したか（最近の化学工学 64），三恵社（2015）pp.178-187

第2章

溶解度，過飽和度および結晶

溶液晶析は，溶液に溶けている溶質を結晶として析出させる操作である。したがって，溶質が溶液にどれだけ溶けうるかすなわち**溶解度** <solubility> をあらかじめ知ることが必須である。溶解度が不明では，どのような条件でどれだけの結晶製品が得られるか知ることができないし，晶析装置の設計もままならない。晶析の基本過程は，核化および結晶成長である。これら 2 つの**速度過程** <rate processes> は，それぞれ第 3 章および第 4 章で解説する。いずれも過飽和溶液（溶解度より濃度の高い溶液）においてのみ進行し，その速度は**過飽和度** <degree of supersaturation>（過飽和の度合い）に依存する。それゆえ，過飽和度は晶析プロセスを考えるうえで重要な概念である。

本章では，まず溶解度と過飽和度の解説をする。また，結晶に関する基本的事項についても簡単に説明をする。

2.1 溶解度

一定量の溶媒に溶けうる溶質量には限界がある。その限界量が溶解度である。溶解度は飽和濃度ともいう。また，そのときの溶液を**飽和溶液** <saturated solution>，温度を**飽和温度** <saturated temperature> という。溶解度は，熱力学的な**平衡物性値** <equilibrium physical property> である。飽和濃度においては，溶解状態にある溶質の化学ポテンシャルと結晶状態にある溶質の化学ポテンシャルが等しい。化学ポテンシャルとは，1 mol（あるいは 1 分子）当たりのギブス自由エネルギーのことである。溶解度の表し方には，何通りかある。例えば，溶媒 100 g 当たりの溶質質量〔g〕がよく使われている。溶媒の代わりに溶液質量あるいは溶液体積を基準にした表現も見られる。溶質を物質量〔mol〕で表す場合もある。本書では場面に応じて適切な単位系を用いる。溶媒 1 kg を基準にした表記法 C_s〔kg-solute kg-solvent^{-1}〕は，晶析プロセスの工学的検討（第 12 章参照）に便利である。しかし，溶解度データの理論的検討には溶液全体に対する溶質の**モル分率** <mole fraction> x_s がふさわしい。より理論的には**活量** <activity> を用いるのが適切だが，晶析を対象とした場合はそこまで必要ないだろう。

2.1.1 溶解度と温度

図 2.1 に水に対する無機塩の溶解度を示す。このように，溶解度は温度の上昇とともに増加する。温度依存性の程度は物質によって異なる。図 2.1 の例では，塩化ナトリウムは温度の影響が小さいが，硝酸カリウム KNO_3 は大きい。**理想溶液** <ideal solution> においては，モル分率 x_s〔–〕で表した溶解度と絶対温度 T〔K〕の間には，次の関係（**ファントホッフの式** <van't Hoff equation>）が成立する。

$$\ln\frac{x_{s1}}{x_{s2}} = -\frac{\Delta H}{R}\left(\frac{1}{T_1}-\frac{1}{T_2}\right) \tag{2.1}$$

x_{s1}，x_{s2} は，それぞれ絶対温度 T_1 および T_2 における溶解度である。ΔH は溶解エントロピー〔J mol^{-1}〕，R は気体定数〔J K^{-1} mol^{-1}〕である。式 (2.1) を変

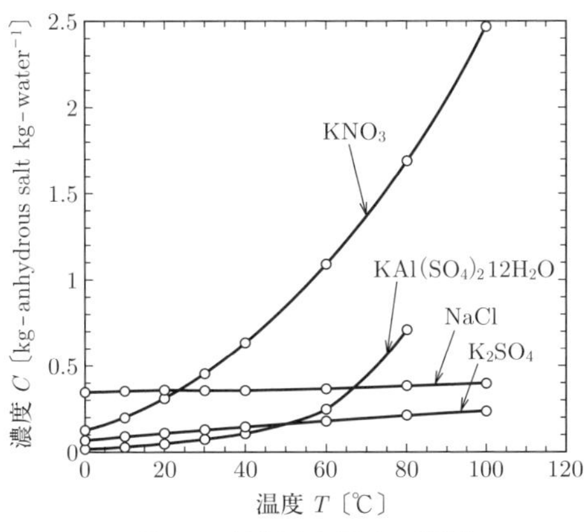

図 2.1 溶解度と温度の関係

形して式 (2.2) が得られる。

$$\ln x_s = A - \frac{\Delta H}{R}\left(\frac{1}{T}\right) \tag{2.2}$$

ここに，A は定数（基準として選んだ任意の温度 T_2 によって決まる）である。理想溶液の場合，$\ln x_s$ を $1/T$ に対してプロット（ファントホッフプロットという）すると，傾きがマイナスの直線が得られる。この傾きから溶解エンタルピー ΔH（正の値）が得られる。$-\Delta H$ が溶解熱であり，この値は通常マイナス（吸熱）である。平衡にある結晶懸濁液の温度を上げると結晶は溶け，新たな平衡は濃度増加（吸熱の）方向に移動する。このように溶解度に対しても，**ルシャトリエの法則** <Le Chateller's law> が成立する。溶解過程の逆が結晶化であるから，結晶化熱は正の値（発熱）である。なお，ファントホッフの式は，対象とする温度範囲がそれほど広くなければ，実在の非理想溶液に対しても近似的に成立する。温度範囲が広い場合の溶解度の相関には式 (2.3) が優れている。

$$\ln x_s = A + \frac{B}{T} + C \ln T \tag{2.3}$$

ここに，A, B, C は定数，T は温度〔K〕である。図 2.1 の溶解度データに式 (2.2) および式 (2.3) を当てはめて整理し，図 2.2 に示した。式 (2.2)（破線）よりも式 (2.3)（実線）の方が実測値をよく表現しているのが分かる。必要な温度における溶解度データが欠損している場合は，式 (2.3) を用いて推定することが

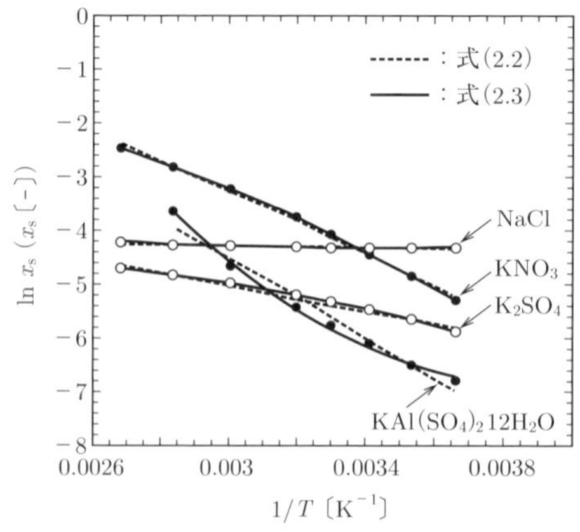

図 2.2　溶解度 x_s と $1/T$ の関係

できる。なお，式 (2.3) はファントホッフの式 (2.2) に補正項として第 3 項を加えたかのように見えるが，そうではない。式 (2.3) のパラメーター A, B, C には，物理的意味はない。また，溶解度を温度 T の 2 次式 $C_s = a + bT + cT^2$ あるいは 3 次式 $C_s = a + bT + cT^2 + dT^3$ で相関することもあるが，この場合もパラメーター a, b, c, d には物理的意味はない。

なお，モル分率 x を用いて表された濃度は，式 (2.4) により溶媒質量基準溶解度 C〔kg-unsolvated solute kg-solvent^{-1}〕に変換できる。

$$C = \frac{Mx}{M_s(1-x)} \tag{2.4}$$

ここに，M は溶質（非溶媒和物）分子量，M_s は溶媒分子量である。式 (2.4) を x について解けば，逆に濃度 C をモル分率 x に変換する式が得られる。

ところで，例えばカリミョウバン $KAl(SO_4)_2 12H_2O$ は水和塩である。このような水和物結晶を水に溶かすと結晶から離脱した水は当初の溶媒の水と区別がつかない。溶解に伴って溶媒水の量は（結晶水分だけ）増加する。このときの溶液濃度を，溶解後の水全体に対する無水和物 $KAl(SO_4)_2$ として表したのが C〔kg-anhydrous salt kg-water^{-1}〕である。一方，この溶液の濃度を，C_h〔kg-hydrate kg-free water^{-1}〕と表すこともできる。これは，最初に準備した水（結晶に束縛された水和水とは異なるという意味で**自由水** <free water>）に対する水和物 $KAl(SO_4)_2 12H_2O$ 質量で表した濃度である。形式的に“水和塩のまま溶けている”と考えたことになる。この議論は，水和塩以外の溶媒和物にもちろん成り立つ。溶媒和物の場合は，単位表記の anhydrous salt, hydrate, free water が，それぞれ, unsolvated solute, solvate, free solvent となるだけである。C_h と C の間には，式 (2.5) の関係が成立する。

$$C_h = \frac{CR}{1-C(R-1)} \tag{2.5}$$

ここに，R は溶媒和物と無溶媒和物の式量比である。ちなみに，カリミョウバンの場合は $R = 474.4/258.2 = 1.837$ である。無溶媒和物（$R = 1$）の場合は，当然 $C_h = C$ となる。C_h による濃度および溶解度表現は，マスバランスの計算，装置設計の計算において便利である（第 12 章参照）。

2.1.2　溶解度と溶媒組成

溶解度は，溶媒が異なれば当然変わる。溶質を溶かしにくい溶媒を**貧溶媒** <anti-solvent> という。これに対して，溶質をよく溶かす溶媒は単に溶媒あるいは**良溶媒** <solvent> という。良溶媒と貧溶媒の混合液に対する溶解度は，溶媒組成によって変化する。その例として，水（貧溶媒）-エタノール（良溶媒）混合溶媒に対する安息香酸（溶質）の溶解度を良溶媒に対する溶質量 C〔kg-solute kg-solvent^{-1}〕で表し図 2.3(a) に示す。横軸の混合溶媒組成は良溶媒に対する貧溶媒の質量比 A〔kg-anti-solvent kg-solvent^{-1}〕で表現した。図 2.3(b) には，同じ溶解度データを直角三角座標上に表現した。直角三角座表の横軸は貧溶媒（水）の質量分率 w_{A}〔−〕，縦軸は溶質（安息香酸）の質量分率 w〔−〕である。直角三角座標は，基本的に直角座標であるから，座標中の任意の点は組成 (w_{A}, w) を表す。良溶媒（エタノール）の質量分率は $w_{\mathrm{S}} = 1 - (w + w_{\mathrm{A}})$ で与えられる。座標上では，任意の点から直角三角形の斜辺への水平距離あるいは垂直距離として読み取ることができる。質量分率の代わりにモル分率を用いても，同様に溶解度データを表現できる。

溶解度の表現方法としては，いずれの方法でも構わないが，貧溶媒晶析を議論する場合は，図 2.3(a) の方が直感的で分かりやすい。この問題については，8.1 節で述べる。混合溶媒に対する溶解度は，図 2.3 のように貧溶媒組成 A の増加と

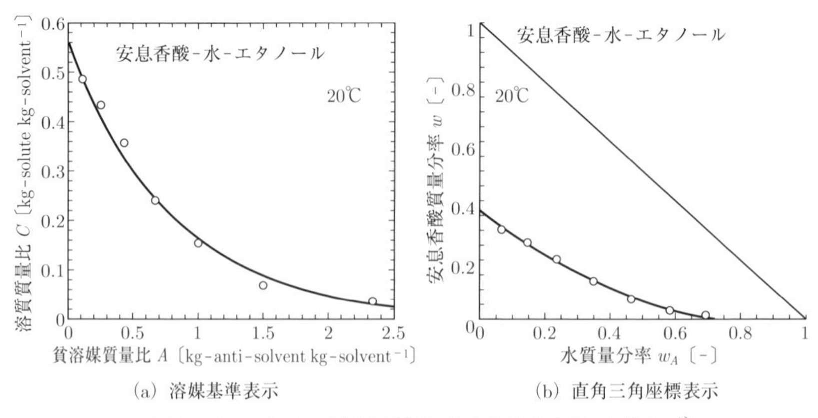

図 2.3　水-エタノール混合溶媒に対する安息香酸の溶解度[1)]

ともに単調に減少する場合が多いが，極大値を示す場合もある。混合溶媒系の溶解度も，温度とともに増加する。

2.1.3　多形の溶解度

多形 <polymorphism or polymorph> とは，1つの化学物質が「異なる結晶構造を持つ現象」あるいは「異なる構造を持った結晶そのもの」のことである。前者は**多形現象** <polymorphism>，後者は**多形結晶** <polymorph> という場合がある。例えば，L-グルタミン酸は多形あるいは多形現象を示し，α および β の2つの多形あるいは多形結晶が存在する。結晶構造が異なると当然溶解度も異なる。図2.4にL-グルタミン酸の溶解度を示す。溶解度の高い結晶を**不安定多形** <unstable polymorph> あるいは**準安定多形** <metastable polymorph> という。溶解度の低い多形を**安定多形** <stable polymorph> という。不安定形および安定形の溶解度が交差しない場合を**単変系** <monotropic system> という。一方，溶解度が温度の高低によって逆転する場合を**互変系** <enantiotropic system> という。もちろん，溶解度が交差するかしないかは対象とする温度領域に依存するので，単変系および互変系の分類は絶対的なものではない。

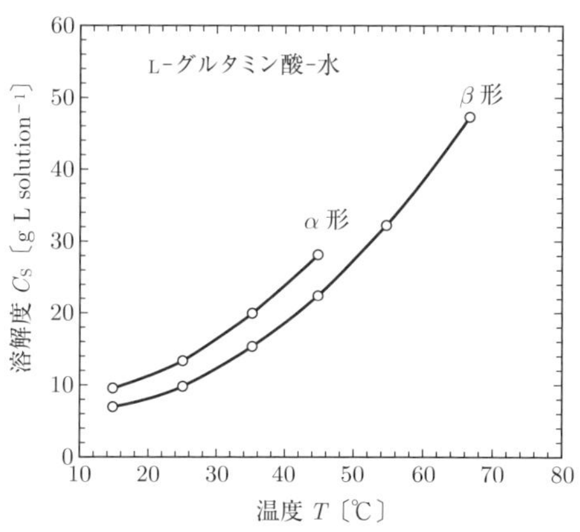

図 2.4　L-グルタミン酸の水に対する溶解度[2)]

2.1.4　共晶系と固溶体系

溶解度（固液平衡）は，相図を用いて表現することもできる。相図とは，横軸に組成，縦軸に温度をとり，任意の組成の混合物の凝固点（融解点）との組成関係を示したものである。図 2.5 に 2 成分系の相図を示す。

図 2.5(a) は**単純共晶系** <simple eutectic system> の相図である。任意の組成の液体混合物を液相線以下まで冷却すると，共晶温度 T_E 以上の領域では，純固体結晶 A あるいは B が析出する。そのとき共存する液の組成はその温度における液相線上の点で与えられる。T_E 以下にまで冷却すると純固体 A と純固体 B が析出する。このように共晶系では，純固体が析出する。なお，上述した図 2.1 の溶解度曲線は，相図上の液相線そのものであることを注意しておく。ただし，溶解度曲線は温度を横軸にとっている点が相図とは異なる。

図 2.5(b) は**固溶体系** <solid solution system> の相図である。任意の組成の液混合物を液相線以下まで冷却すると固相が析出するが，その組成はその温度における固相線上の点で与えられる。溶液を対象とする晶析（**溶液晶析** <solution crystallization>）では，共晶系を対象とするが，それは当然である。固溶体の場合は，1 回の結晶化では純粋の固体は得られない。

なお，固溶体系，共晶系いずれにおいても，液相線より高温（図では上側）の領域では液相のみ，液相線と固相線で囲まれた領域では液相と固相の混合物，固相線以下では固相のみが存在する。

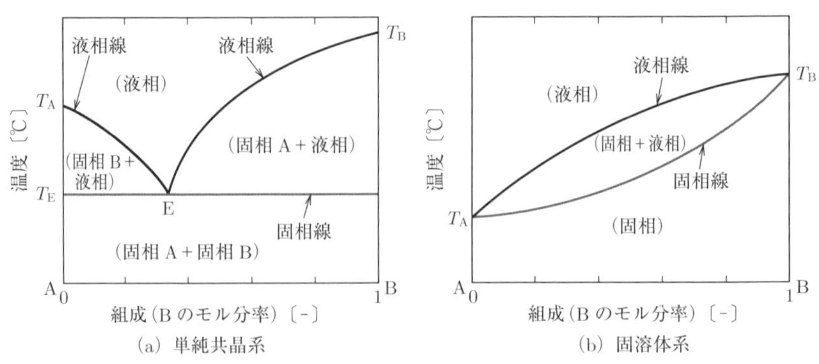

図 2.5　2 成分系の相図

2.1.5　溶解度の測定

溶解度測定は晶析プロセスの検討には必須である。データそのものが重要であるばかりでなはく，プロセス開発の初期の段階で溶解度測定を丁寧に行うことで，結晶多形が新たに見出されたりするなど，結晶化過程の特性を知ることもできる。また，溶解度を正確に把握しておくことにより，**スケールアップ** <scale up>（第 13 章参照）に伴ってしばしば発生するトラブルにも適切に対処できる。以下に，溶解度測定法の概略を述べる。

(a)　濃度分析法

濃度分析法 <analytical method> はもっとも基本的で正確な方法である。溶媒に過剰量の結晶を加え，所定の温度で撹拌混合する。すると，結晶が溶解して溶液濃度は次第に上昇し，やがて一定の値に落ち着く。一定濃度になるまでの時間は，あらかじめ濃度変化を追跡して求めておく。濃度変化がなくなったときつまり溶解平衡に達した時点で，撹拌を止め上澄み液をサンプリングし，その濃度を分析する。サンプリングに際しては，サンプリング液への微結晶の混入を避けなくてはならない。また，サンプリング操作中の温度低下による結晶析出を避けるため，あらかじめサンプリング器具を保温しておくなどの注意も必要である。

通常の場合は，このような溶解平衡の測定で充分であるが，以下の成長平衡の測定も同時に行うのが望ましい。まず，溶解度測定温度より高い温度で，結晶を溶解する。この際，一部が残留する程度に結晶を過剰に加えておく。次いで，温度を溶解度測定温度まで下げる。すると，溶液濃度は残留結晶の成長に伴って次第に低下し，やがて平衡濃度に到達する。この成長平衡濃度が，先の溶解平衡の濃度と一致することを確認する。確認されて初めて正しい溶解度（平衡濃度）ということになる。一致しない場合は，平衡物性としての溶解度ではない。この不一致の原因は，不純物による結晶成長の阻害が原因であることが多い。不純物混入が避けられない生産現場では注意が必要である。

濃度分析法に用いる装置は特別なものは必要ない。サンプリングした溶液の濃度分析には，簡単かつ正確な方法として蒸発乾固法がある。これは，サンプリングした溶液中の溶媒を加熱蒸発により除去し，乾燥固体の重量から溶解度を求める方法で，**重量法** <weighing or gravimetric method> ともいう。熱に敏感な物質の場合は減圧乾燥を行う。このほか，通常の化学分析あるいは機器分析法などにより，濃度決定を行うこともできる。適当なセンサーがあれば，サンプリングしないで，in-situ の濃度測定もできる。

(b)　等温法

溶質と溶媒を精秤し任意の温度における（濃度既知の）未飽和溶液を準備して，その溶液に溶解状態を見ながら結晶を少しずつ添加していく。結晶が溶け切らずに残留したらその時点で添加を止める。結晶総添加量と初期濃度からその時点の濃度を計算する。これが飽和濃度である。濃度分析は必要ない。結晶の溶解の有無の決定は，肉眼で可能である。溶液はマグネチックスターラーなどで攪拌するのが望ましい。数 mL 程度の少量の溶液で溶解度の決定が可能である。この測定は，温度一定で行うから**等温法** <isothermal method> という。等温法には，結晶懸濁液に溶媒を順次添加し，結晶が消失した時点を飽和溶解度とする方法もある。この場合は，精秤した溶媒に精秤した過剰量の結晶を加え一定温度に保持し攪拌する。これに溶媒を少しずつ添加し，結晶が完全に溶け切るまでの総溶媒量から溶解度を計算する。このような等温法においては，溶解度近くになった時点で結晶あるいは溶媒の添加量を少量にすることにより，溶解度決定の精度は増す。

(c)　昇温法

昇温法 <polythermal method> も化学分析不要である。精秤した溶媒と精秤した結晶を容器に取り密閉する。容器は数 mL の小さなものでよい。混合物の温度を徐々に上げていき，結晶が溶解消滅する温度を決定する。結晶消滅の判定は肉眼によるのが簡単である。この温度がこの溶液の飽和温度である。昇温速度を遅くすることで，結晶消滅温度の決定は正確にできる。容器を振とうするか小さなマグネチックスターラーで溶液を攪拌するのがよい。

(d)　多形結晶の溶解度測定

準安定結晶の溶解度測定中に何らかの要因で安定結晶が出現することがある（このようなことはしばしば起こる）。いったんこのようなことが起こると，溶解度の高い準安定結晶は**溶液媒介転移** <solution-mediated transformation>[†1] によ

---

†1　**溶媒媒介転移** <solvent-mediated transformation> ともいう。

って，溶解度の低い安定結晶に転移してしまう（10.1.2 項参照）。不安定多形の溶解度を知るためには，転移による濃度低下開始前の溶液濃度を測定しなくてはならない。そのためには溶液濃度変化の追跡が欠かせない。多形結晶の溶解度測定には，等温法，昇温法なども適用できるが転移には充分注意が必要である。安定多形結晶の場合は，転移は起こらないから通常の溶解度測定法がそのまま適用できる。

なお，多形結晶の場合はもちろんであるが，溶解度測定においては溶液と共存する結晶の同定には充分注意が必要である。同定には粉末 X 線，IR スペクトルなどが利用できる。

2.2　過飽和度

2.2.1　過飽和状態とは

結晶化が進行するためには，溶液は溶解度すなわち飽和濃度より濃い状態でなくてはならない。この状態は，溶解度より濃くなり“過ぎた”状態だから，**過飽和状態** <supersaturated state> といい，その状態にある溶液を過飽和溶液という。これに対して溶解度以下の濃度の溶液は，**未飽和溶液** <undersaturated solution> である。過飽和状態においては，液相における溶質の化学ポテンシャル μ が固相すなわち結晶内における溶質の化学ポテンシャル μ_s より大きく $\mu > \mu_s$ であり，平衡状態（溶解度）においては $\mu = \mu_s$，未飽和溶液では $\mu < \mu_s$ である。過飽和の場合，この化学ポテンシャルの差 $\Delta\mu$（$= \mu - \mu_s$）が推進力となって結晶化が進行する。結晶化に伴って系全体のギブス自由エネルギーは低下する。同時に結晶化熱が発生する。

過飽和溶液は，熱力学的には（共存する結晶に比較して）不安定であるが，結晶が共存しなければ一定の時間内で安定に保つことができる。過飽和の度合いがそれほど大きくない場合は，その時間はかなり長く溶液物性（密度，粘度，電気伝導度など）も充分測定可能である。過飽和溶液の物性は，未飽和溶液のそれと特に変わらない（コラム「過飽和溶液の物性—電気伝導度」参照）。通常の晶析で扱われる溶液は，溶液粘度もそれほど高くない。温度，濃度の変化に対する溶液の物性の応答速度は早く，**緩和時間** <relaxation time> はゼロと考えてよい。

この点においても未飽和溶液と何ら変わらない。

2.2.2 過飽和度の表し方

先に述べたとおり結晶化すなわち核化と結晶成長の推進力は，化学ポテンシャル差 $\Delta\mu$ である。したがって，化学ポテンシャル差をそのまま過飽和の度合い，過飽和度とするのが理論的には正しいかもしれない。しかし，実際はそのような方法はとらない。直感的に分かりにくいからである。ところで，化学ポテンシャル差 $\Delta\mu$ は，式 (2.6) で与えられる。

$$\Delta\mu = \mu - \mu_s = RT\ln\left(\frac{x}{x_{\mathrm{s}}}\right) \tag{2.6}$$

ここに，x および x_{s} は，それぞれ，過飽和状態および飽和状態における溶質のモル分率〔–〕，R は気体定数〔J mol^{-1} K^{-1}〕である。式 (2.6) の化学ポテンシャル差 $\Delta\mu$ の単位は〔J mol^{-1}〕である。

過飽和度の度合いを次の**相対過飽和度** <relative supersaturation> σ を用いて表すこともできる。σ は式 (2.7) により定義される。

$$\sigma \equiv \frac{x - x_{\mathrm{s}}}{x_{\mathrm{s}}} = \frac{x}{x_{\mathrm{s}}} - 1 \tag{2.7}$$

σ は化学ポテンシャル差と $\Delta\mu = RT\ \ln(1+\sigma)$ の関係がある。$\sigma \ll 1$ の場合は，$\Delta\mu = RT\sigma$ の近似が成立し，σ（$= \Delta\mu/RT$）は無次元の化学ポテンシャル差ということができる。相対過飽和度は，モル分率の代わりに濃度 C を用いて，$\sigma \equiv (C - C_{\mathrm{s}})/C_{\mathrm{s}}$ と定義することもある。過飽和の度合いは，x/x_{s} あるいは C/C_{s} で表すこともできる。これは**過飽和比** <supersaturation ratio> と呼ばれる。

過飽和度はまた濃度差 $\Delta C = C - C_{\mathrm{s}}$ で表すこともある。溶解度が温度に依存する場合には，温度差 $\Delta T = T_{\mathrm{s}} - T$ を用いて過飽和度を表す場合もある。ここに，T_{s} は溶液濃度 C の溶液の飽和温度である。この場合，T_{s} は溶液濃度 C によって変化するから，温度差 ΔT は単なる温度差ではなく，溶液の濃度変化も反映している。図 2.6 に ΔC および ΔT を示した。どちらも任意の溶液 a(T, C) の過飽和度の度合い，すなわち溶解度とのずれを示している。その意味では，どちらも同等である。ΔT はあまり使われない。しかし，ΔC の方が理論的に正しいというわけではない。貧溶媒晶析における過飽和度の表示については，8.1 節で述べる。

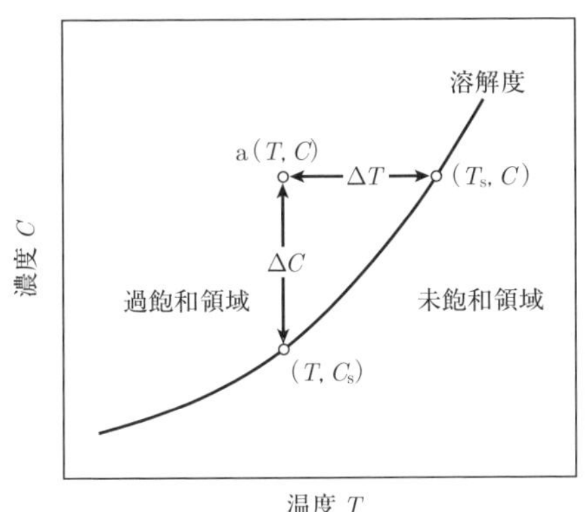

図 2.6　過飽和度 ΔC と ΔT の関係

2.2.3　過飽和生成法

過飽和状態は種々の方法で作り出すことができる。

(a)　**冷却法** <cooling method>

溶解度が温度とともに増加する場合には，温度 T を下げると飽和濃度 C_s が低下する。したがって，冷却によって過飽和状態とすることができる。

(b)　**蒸発法** <evaporation method>

蒸発によって溶液を濃縮することによって過飽和状態を作る。

(c)　**貧溶媒添加法** <anti-solvent addition method>

良溶媒溶液に貧溶媒を添加して溶解度を下げ，過飽和状態を作る。貧溶媒に良溶媒溶液を添加する場合もある。

(d)　**pH-シフト法** <pH-shift method>

アミノ酸水溶液のように pH によって溶解度が変化する場合には，pH を変化させることにより溶解度を下げ，過飽和状態とすることができる。

(e)　**化学反応法** <chemical reaction method>

化学反応により目的物質を生成させることにより，過飽和状態を作る。

2.3　結晶の基礎

ここでは，結晶内部構造および**ミラー指数** <Miller indices> について，基本的な事項を解説する。

2.3.1　結晶の内部構造　―ブラヴェ格子と結晶系―

結晶は，原子あるいは分子を構成単位とする3次元的な繰り返し構造を持った固体である。繰り返し単位のことを**単位胞**あるいは**単位格子** <unit cell> という。以下に，結晶の分類について述べる。分類には，単位胞の形による分類（**結晶系** <crystal system>）と，形だけでなく単位胞内の構成単位の位置も考慮した分類（**ブラヴェ格子** <Bravais lattice>）がある。

単位胞は14の基本格子（ブラヴェ格子）に分類される。さらに，この14のブラヴェ格子は，単位胞の軸長 a, b, c と軸のなす角 α, β, γ に基づいて，すなわち単位胞の形により7つの結晶系に整理される。図2.7に塩化ナトリウム（NaCl）と塩化セシウム（CsCl）の単位胞を示す。塩化ナトリウム結晶は，Na^+ イオンと Cl^- イオンが構成単位であり，これら2種類のイオンが静電気的に結合して，交互に格子点を占めている。単位胞は，Na^+-Cl^--Na^+（あるいは Cl^--Na^+-Cl^-）を一辺とする正6面体である。塩化ナトリウム結晶は，7つの結晶系の中では，立方晶系（$a=b=c$, $\alpha=\beta=\gamma=90°$）に属する。塩化ナトリウム結晶（図2.7）の単位胞の中には14個の Cl^- が存在し，それぞれの Cl^- の隣に Na^+ が位置している。単位胞の面上に位置する Cl^- は面を接する隣の単位胞と共有されるので，図の単位胞に1/2所属すると見ることができる。同様に，単位胞の頂点の Cl^- は1/8の所属とみなすことができる。すると，図の単位胞には，$(1/2)\times 6+(1/8)\times 8=4$，すなわち4個の Cl^- が含まれることになる。同様に Na^+ も4個である。結局，単位胞当たり4個の化学単位NaClが含まれる。

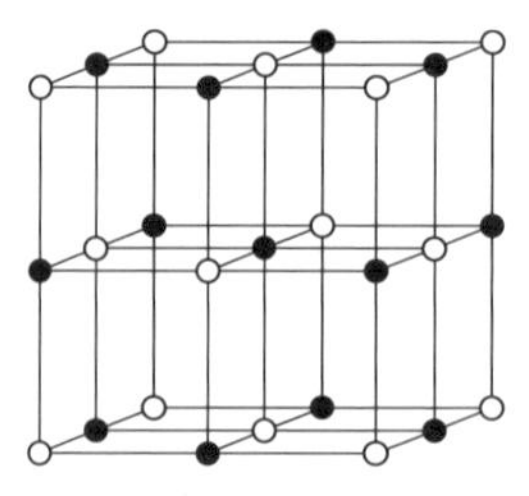

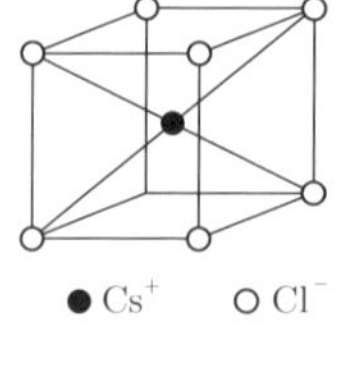

図2.7　塩化ナトリウムと塩化セシウムの単位胞

図 2.7 の単位胞では，各面の中心と頂点に Cl^- が存在する。Na^+ が頂点に存在するような単位胞を考えると，Na^+ が各面の中心に位置することになる。どちらのイオンに着目しても，頂点と面の中心に同じイオンが存在する。塩化ナトリウム結晶は，ブラヴェ格子として，**面心立方格子** <face-centered cubic lattice> に分類される。

塩化セシウム結晶もイオン結晶で，塩化ナトリウム結晶と同様，立方晶系（$a=b=c, \alpha=\beta=\gamma=90°$）に属する。ただし，立方体の中心に Cs^+ が 1 個存在し，Cl^- は 8 つの頂点に位置する（この位置関係はまた，立方体の中心に Cl^- が位置し立方体の 8 つの頂点に Cs^+ が位置すると表現することもできる）。塩化セシウムは，単位胞の中心に構成単位が存在するから，ブラヴェの分類では**体心立方格子** <body-centered cubic lattice> であり，単位胞の中に 1 つの化学単位 CsCl が含まれる。

立方格子には，体心立方格子および面心立方格子のほかに，単位胞の 8 つの頂点にのみ構成単位を持つ**単純立方格子** <simple cubic lattice> も存在する。

2.3.2　ミラー指数

結晶面（外表面あるいは内部の任意の面）の方位を指定するのに，単位胞の軸長 a, b, c と軸角 α, β, γ を基準にした**ミラー指数** <Miller indices> が用いられる。図 2.8 を用いてミラー指数を説明しよう（図 2.8 では，軸の名称も同じアルファベット a, b, c（ただし，ローマン体）を使用していることに注意）。

図 2.8 に示したように，任意の面 ABC がそれぞれ軸長の 4 倍，2 倍，4 倍の位置で結晶軸と交わる場合，$OA=4a, OB=2b, OC=4c$ である。この係数 4, 2, 4 の逆数の比は 1/4：1/2：1/4，さらに最小の整数比に直すと 1：2：1 である。これを (121) と表記して結晶面の方位を表す。これがミラー指数である。面が負の位置で結晶軸と交わる場合，例えば $OA=-4a$ のときは，係数は −4，その逆数が −1/4 となる。このときのミラー指数は，当該の数字の上に − を付けて，$(\bar{1}21)$ と表記する。また，面が結晶軸と交わらない場合，例えば面が a 軸と交わらないとき，$OA=\infty$ で逆数は $1/\infty$，ミラー指数は (021) となる。なお，図 2.8 では斜方晶の単位胞（$a \neq b \neq c, \alpha=\beta=\gamma=90°$）を基準にとったが，他の結晶系でも同様にミラー指数を決定できる。そのときは，必ずしも軸角が 90° では

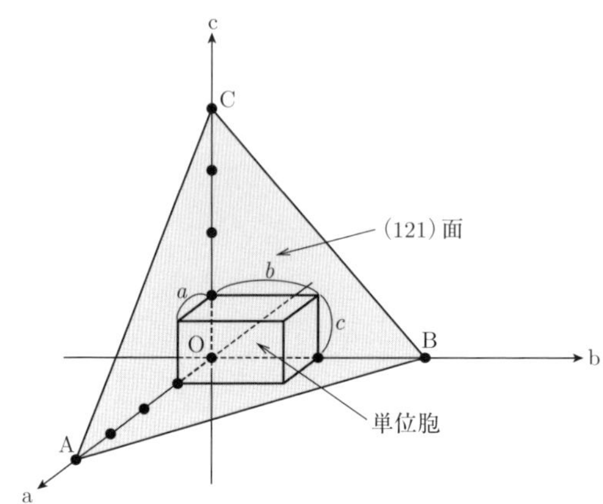

図 2.8　ミラー指数の定義（座標軸 a, b, c の長さ単位は格子定数 A, B, C）

ないことに注意が必要である。また，結晶学的に等価な結晶面はまとめて中カッコを用い $\{hkl\}$ のように書き表す。例えば，立方晶（$a = b = c$, $\alpha = \beta = \gamma = 90°$）の場合，(100), $(\bar{1}00)$，(010), $(0\bar{1}0)$，(001), $(00\bar{1})$ は等価な面であるからこれらをまとめて {100} と表すことができる。

ミラー指数 (hkl) によって，いかなる結晶面の方位も表現できる。結晶面のみならず結晶内部の任意の面も，ミラー指数を用いて表現できる。なお，結晶面 (hkl) に垂直な方向は，カギかっこを用いて $[hkl]$ のように表す。

引用文献

1)　Holmback, H. and A. C. Rasmuson, Journal of Crystal Growth, **198/199** (1999) 780–788
2)　Kitamura, M., Journal of Crystal Growth, **9** (1989) 541–546

演習問題

問 2.1　式 (2.1) から式 (2.2) を導け。

問 2.2　カリミョウバン $KAl(SO_4)_2 12H_2O$ の溶解度 x_s のデータを式 (2.3) に当てはめたところ，定数 $A = -3.763 \times 10^2$, $B = 1.389 \times 10^4$, $C = 5.681 \times 10^1$ が得られた。温度 50℃における溶解度 C_s を推定せよ。

COLUMN

過飽和溶液の物性 —電気伝導度—

過飽和状態は，熱力学的には不安定な状態である。過飽和溶液中では，結晶が発生し成長する。すると，溶液濃度は低下する。このように過飽和溶液の状態は変化してしまう。つまり，安定ではない。このように熱力学的には不安定な過飽和溶液も，結晶が共存しなければ安定に保持できて，物性値も通常の溶液と同様に測定できる。実験的にはそれほど難しくない。

過飽和溶液の物性の例として，図 C2.1 にL-グルタミン酸ソーダ水溶液の電気伝導度を示す。図中の破線は飽和溶液の電気伝導度で，この点線の左上側が過飽和領域，右下側が未飽和領域である。この点線を横切る 3 本の直線は，濃度一定の溶液の電気伝導度である。濃度一定の場合，電気伝導度は未飽和領域から過飽和領域にわたって，温度に対して，直線的に増加している。過飽和領域においても，電気伝導度の変化が急変することはない。変化は連続的である。

このような連続的変化は，他の物性，例えば密度，粘度などについても知られている。過飽和溶液といっても，その物性は，未飽和溶液の物性と比較して，特殊なものというわけではない。

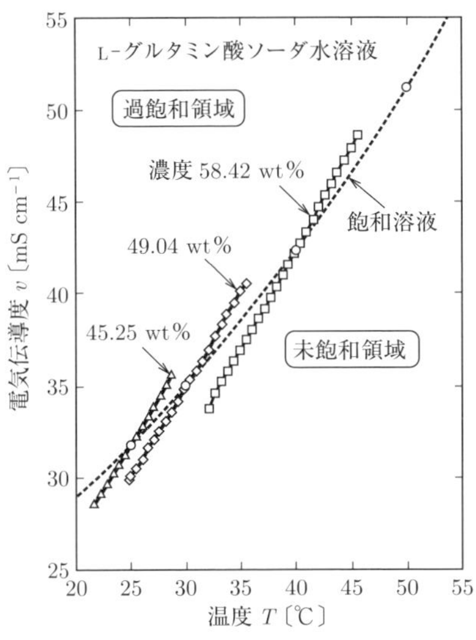

図 C2.1 L- グルタミン酸ソーダ水溶液の電気伝導度[1)]

1) Doki, N., Yokota, M., Sasaki, S. and Kubota, N., Journal of Chemical Engineering of Japan, **37** (2004) 436-442

第3章

核　化

晶析装置内では，**核化** <nucleation> と**結晶成長** <crystal growth> が起こる。核化が頻繁に起これば結晶の数が増える。すると結晶1個当たりの成長に消費される溶質は減少するので，結晶は大きくなり得ない。その反対に核化頻度が低ければ結晶は大きくなる。この核化と成長の結晶粒径への影響は，マスバランスとポピュレーションバランスを用いて数学的に厳密に記述できる（第6章参照）。本章では，核化の基本的事項について述べる。結晶成長については，第4章で述べる。

核化（核発生あるいは核形成ともいう）には大きく分けて2つの機構，**一次核化** <primary nucleation> と**二次核化** <secondary nucleation> がある。両者は全く別の核化機構である。一次核化は，結晶の存在していない過飽和溶液において新たに固相（結晶）が出現する現象，すなわち液相-固相間の**相転移** <phase transition> である。これに対して二次核化は，「結晶の存在が原因で生ずる核化」と定義される。結晶の存在がどのように二次核化に関わるかについては，いくつかの機構が知られている。例えば，撹拌翼-結晶の衝突による機械的衝撃で二次核が発生する。また，結晶に作用する流体力学的せん断力によって二次核が発生することもある。数多くの結晶が懸濁している晶析装置内では，二次核化が主体的な核化機構であって，晶析プロセスを議論するうえで二次核化は重要な核化機構である。

本章では，初めに一次核化，次いで二次核化について解説する。最後に，工業装置内における核化について述べる。

3.1 一次核化の理論

一次核化は，**均質核化** <homogeneous nucleation> と**不均質核化** <heterogeneous nucleation> に分類できる。不均質核化（不均一核化ともいう）は，核化促進作用を有する異物微粒子表面あるいは装置壁表面上に存在する**活性点** <active site>（といってもその実態は必ずしも明らかではないが，核化を促進する活性部位）の影響を受けて起こる核化である。これに対して，均質核化（均一核化ともいう）は活性点の影響を受けない核化である。

溶液をあらかじめろ過すると一次核化は著しく起こりにくくなる（コラム「一次核化に対するろ過の効果」参照）。このように一次核化に対して異物微粒子の影響が存在する。注意深くろ過しても，異物微粒子の混入を完全に防ぐのはほとんど不可能であるから，実験装置内あるいは工業装置内で起こる一次核化は，不均質核化と断言しても間違いない。

3.1.1 均質核化 —古典核化理論—

通常の一次核は均質核化ではないが，「核化とは何か」を理解するうえで**古典核化理論** <classical nucleation theory> は重要である。とはいえ，この理論は核化の定性的理解には有用であるが，そもそも均質核化とはいえない工業装置内の核化の定量的な議論には使えない。

過飽和溶液中に存在する結晶は，結晶-溶液間における溶質の化学ポテンシャル差を推進力として成長する。つまり，溶質の化学ポテンシャルは溶解状態にある場合よりも結晶状態にある方が小さいから，熱力学的に安定な（化学ポテンシャル低下の）方向を目指して結晶は成長する。しかし，結晶核レベルの非常に小さい粒子（以下**クラスター** <claster>[†1] という）の安定性を論ずる際，化学ポテンシャルの寄与のみでは不充分で，クラスターの表面エネルギーによる（不利な）寄与を考慮したギブス自由エネルギーを考える必要がある。クラスター1個の持つギブス自由エネルギー（溶液状態基準とした値）ΔG は，半径 r〔m〕の球形粒子クラスターを仮定すると，式 (3.1) で与えられる。

---

†1　エンブリオあるいは**胚芽** <embryo> ともいう。

$$\Delta G = \frac{4}{3}\pi r^3 \Delta G_{\mathrm{v}} + 4\pi r^2 \sigma \tag{3.1}$$

第1項は化学ポテンシャルの寄与でクラスター容積 $4\pi r^3/3$ に比例する。ΔG_{v} は単位結晶体積当たりの液相-固相間の化学ポテンシャル差である。ΔG_{v} は1分子当たりの化学ポテンシャル差 $\Delta\mu = \mu_{\mathrm{L}} - \mu_{\mathrm{S}}$〔J molecule^{-1}〕と $\Delta G_{\mathrm{v}} = -N\Delta\mu/v$〔J m^{-3}〕の関係がある（$\mu_{\mathrm{L}}$：溶液中の溶質の化学ポテンシャル，$\mu_{\mathrm{S}}$：結晶中の溶質の化学ポテンシャル，$N$：アボガドロ数〔mol^{-1}〕，$v$：結晶のモル体積〔m^3 mol^{-1}〕）。第2項は表面エネルギー σ〔J m^{-2}〕の寄与であり，クラスター表面積 $4\pi r^2$ に比例する。化学ポテンシャル差 $\Delta\mu$ は式 (3.2) により過飽和比 C/C_{s} [†2] と関係づけられる。

$$\Delta\mu = kT \ln\left(\frac{C}{C_{\mathrm{s}}}\right) \tag{3.2}$$

ここに，k はボルツマン定数〔J K^{-1}〕，T は絶対温度〔K〕，C および C_{s} は，それぞれ溶液濃度および飽和濃度〔kg m^{-3}〕である。過飽和溶液においては $C/C_{\mathrm{s}} > 1$ であるから，$\Delta\mu$ はプラスの値である。したがって，G_{v} はマイナスの値，結局，式 (3.1) の右辺第1項はマイナスであり，クラスターの成長に対して有利に（自由エネルギー減少の方向に）働く。一方，第2項はプラスの値でクラスターの成長に対して不利に働く。したがって，クラスター1個の ΔG と半径 r の関係は極大値を持つ曲線となる。図 3.1 に示したとおりである。ΔG が極大となるときの**臨界半径** <critical radius> r_{c} は式 (3.1) を半径 r で微分しその値をゼロとおくことによって求められる。$Nk = R$（気体定数）を考慮して式 (3.3) が得られる。

$$r_{\mathrm{c}} = -\frac{2\sigma}{\Delta G_{\mathrm{v}}} = \frac{2\sigma}{N\dfrac{\Delta\mu}{v}} = \frac{2\sigma v}{RT\ln\left(\dfrac{C}{C_{\mathrm{s}}}\right)} \tag{3.3}$$

極大値 ΔG_{c} は式 (3.4) で与えられる。

$$\Delta G_{\mathrm{c}} = \frac{16\pi\sigma^3 v^2}{3RT\ln^2\left(\dfrac{C}{C_{\mathrm{s}}}\right)} \tag{3.4}$$

† 2　厳密にはモル分率比 x/x_{s} を用いるべきであるが，ここでは C/C_{s} を用いた。過飽和比がそれほど大きくない場合はこの近似は許される。

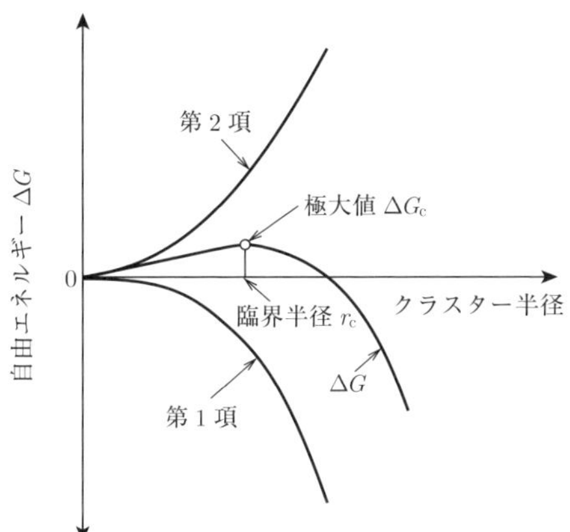

図 3.1　クラスター 1 個の持つギブス自由エネルギー ΔG と半径 r の関係（式 (3.1)）

ところで，溶液中では溶質分子も溶媒分子も常に激しく熱運動しており，クラスターの半径 r も常に揺らいでいる。この揺らぎにより，あるときクラスター半径 r が臨界半径 r_c を超える（揺らぎは熱力学の法則に従わない）と，そのクラスターは揺らぎを伴いながらも熱力学の法則に従って成長し始める。なぜなら，r_c 以上の領域では粒径が増大することにより ΔG が減少する（図 3.1 参照）からである。クラスターのサイズが r_c を超えることが，すなわち均質核化である。

揺らぎはランダムな動きであるから，着目したクラスターがいつの時点で臨界半径を超えるか，つまりいつ核化が起こるかは予測不可能であり，核化は本来確率的な現象である。しかし，いつでも確率的現象が観測されるかといえばそうではなく，ある条件が整って初めて観測される。これについては，3.1.3 項で述べる。

式 (3.3) および式 (3.4) に明らかなように，過飽和比 C/C_s が増大すると臨界半径は小さくなり，極大値 ΔG_c も小さくなる（図 3.2）。したがって，過飽和比の増加とともに，クラスターの半径 r は r_c を超えやすくなる。つまり核化は起こりやすくなる。均質核化の頻度（すなわち均質核化速度）B_{hom}〔# m^{-3} s^{-1}〕†3 は，ボルツマン因子 $\exp(-\Delta G_c/kT)$ に比例するので，式 (3.5) で与えられる。

$$B_{hom} = A_{hom} \exp\left\{-\frac{16\pi M^2 \sigma_{hom}^3 N}{3\rho^2 (RT)^3 \ln^2\left(\dfrac{C}{C_s}\right)}\right\} \tag{3.5}$$

†3　# は核の個数を表す。以下，結晶の個数に対しても同じ記号を用いる。

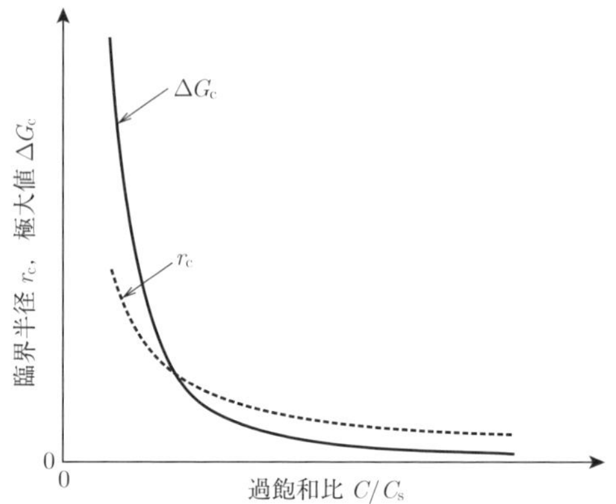

図 3.2 極大値 ΔG_c および臨界半径 r_c に対する過飽和比 C/C_s の影響

A_{hom} は頻度因子，M は溶質分子の分子量（式量）である。式 (3.5) から均質核化速度 B_{hom}〔# m^{-3} s^{-1}〕は過飽和比 C/C_s が大きくなると増大することが分かる。また，核化速度には表面エネルギー σ_{hom} の影響も大きいことも分かる。表面エネルギー σ_{hom} が減少すると核化しやすくなる。

3.1.2 不均質核化

不均質核化は均質核化に比較して起こりやすい。それは，液滴形成とのアナロジーで次のように説明される。液滴は濡れやすい表面上に形成されやすい。なぜなら，付着により見かけの表面エネルギーが低下するからである。これと同様に，固体粒子形成（核化）の場合も，異物粒子上あるいは器壁上に存在する活性点（この理論では一定の面積を持つ活性部位と考えていることになる）の上に核を形成することで，見かけの表面エネルギーを低下させる。そのため，核化が起こりやすくなる。不均質核化も，揺らぎに起因するという点では，均質核化と同じである。不均質核化速度は式 (3.6) のように表される。

$$B_{het} = A_{het} \exp\left\{-\frac{16\pi M^2 {\sigma_{het}}^3 N}{3\rho^2 \left(RT\right)^3 \ln^2\left(\dfrac{C}{C_s}\right)}\right\} \tag{3.6}$$

ここに，A_{het} は不均質核化の場合の頻度因子であり，活性点の数に依存する。表面エネルギー σ_{het} は活性点上に形成されたクラスターの見かけ表面エネルギーである。上述したように見かけの表面エネルギーは均質核化のそれに比較して小さく，常に $\sigma_{\mathrm{het}} < \sigma_{\mathrm{hom}}$ である。表面エネルギーの低下により核化は起こりやすくなる。上述したように，異物微粒子を完全に除くことはほとんど不可能である。また，器壁の存在も避けられない。したがって，実験室あるいは工業現場で実現される通常の一次核化は不均質核化である。

古典理論では，一次核化速度は，式 (3.5) および式 (3.6) のように，過飽和比 C/C_{s} の関数として理論的に表現されるが，過飽和度度 ΔC のべき関数としてしばしば式 (3.7) のように近似的に表現される。式 (3.7) は一次核化速度の過飽和度依存性の表現としては実用に耐える表現である。

$$B_1 = k'_{\mathrm{b1}} \Delta C^{b'_1} \tag{3.7}$$

式 (3.7) における記号 k'_{b1}, b'_1 は実験定数であり，物理的意味は必ずしも明らかではない。過飽和度 ΔC の代わりに過冷却度 ΔT を用いて式 (3.8) のように表すこともある。

$$B_1 = k_{\mathrm{b1}} \Delta T^{b_1} \tag{3.8}$$

式 (3.8) の記号 k_{b1}, b_1 も，実験定数である。

なお，以下本書では一次核化速度は，二次核化速度 B_2 に対比させて，B_1 と表記する。

3.1.3 核化は本来確率的

核化は本来確率的現象である。その理由は，そもそも核化を一定時間間隔で起こす特別な機構は存在せず，核化は本来揺らぎに関わる確率的な現象であるからである。しかし，常に確率的現象として観測されるわけではない。核化の確率的様相がどのような場合に現れるかについて考えてみる。単位容積当たりの一次核化速度を B_1〔# $\mathrm{m^{-3}\,s^{-1}}$〕とすると，晶析容器当たりの核化速度 κ は，$\kappa = B_1 V$〔# $\mathrm{s^{-1}}$〕で与えられる。ここに，V は晶析容器容積（またはサンプル容積）である。κ が充分大きい場合，核化は決定論的に観測される。例えば $\kappa = 1 \times 10^3$ # $\mathrm{s^{-1}}$ であれば，測定開始から 1000 秒後の核の数は 1×10^6 個，2000 秒後には 2×10^6 個となる。1×10^6 個ずつの増加にはほとんど変動はない。つまり，決定論的である。これに対して κ が充分小さい場合は，状況が異なる。例えば $\kappa = 1 \times 10^{-3}$ # $\mathrm{s^{-1}}$ の場合には，1000 秒後には 1 個，2000 秒後には 2 個という具合に 1000 秒間隔で1個ずつ核の数は増加する。しかし，これは計算上あるいは平均の話であって，実際は核の発生する間隔は1000秒にはならない。あるときは500秒，またあるときは1500秒と大きくばらつく。すなわち決定論的には定まらない。

このように，核化が確率的に観測されるか否かはサンプル当たりの核化率 κ の値に依存する。$\kappa = B_1 V$ の値を下げるには，サンプル容積 V を小さくするかあるいは核化速度 B_1 を下げればよい。理論的にはそうであるが，実際はサンプル容積が小さい場合にのみ確率的核化は観測される。その理由は，核の検出法に関わる。小さなサンプル容積の場合，いわば必然的に（あるいは意図せぬまま）高過飽和条件下で実験が行われる。そうしないと核化が起こらない，つまり実験にならないからである。このような高過飽和条件下では，いったん結晶が発生するとそれは直ちにしかも急速に成長しサンプル全体が（場合によっては固化したかのように）結晶で満たされた状態になる。そのため，核が1個発生したことが（それは数秒後かもしれないが）容易に判定できる。数秒の遅れは，核化までの時間が（例えば数10分と）長ければ無視できる。あるいは，無視できるように過飽和度を設定することができる。ただし，最初の核発生はこのように検出できるが，後続の一次核の検出は期待できない。最初の核が“検出”された時点でそのサンプルは“固化”したかのようになって，つまりサンプルは“壊れて”しまい，核の検出を続けることはできない。そこで小さなサンプルの場合，最初の核化までの時間（**待ち時間** <induction time>）のみが測定される。この待ち時間（本書では t と記す）は，（もしサンプルが壊れなければ測定されるはずの）核発生間隔である。待ち時間は同一条件下でも大きくばらつく。発生間隔の（確率的な）ばらつきと同じである。したがって，待ち時間の測定を同一条件下で数多くのサンプルに対して行えば，一次核の発生間隔の分布を知ることができる。また，待ち時間分布を解析することにより，一次核化確率あるいは速度を知ることができる。ただし，以上の議論が成立するためには，重要な前提条件がある。それは，サンプル当たりの核化確率 κ が待ち時間測定に用いるサンプルすべてにおいて，一定であることである。そのような条件が満たされるのは，完全に均質核化が実現されている場合と活性点が各サンプルに均等に分散している場合である。

一方，サンプル容積 V が大きい場合は，比較的低過飽和条件下で実験が行われる。しかし，確率的様相が現れるほどの低過飽和ではない。サンプル当たりの

核発生頻度 κ（$= B_1 V$）がある程度大きくて，核の数が決定論的に増加する程度の低過飽和で実験が行われる。核の数を直接数えることは測定技術上難しいので，結晶数に関係する物理量（例えば濁度あるいは**収束ビーム反射測定法 Particle Track** <FBRM, Focused Beam Reflectance Measurement> による粒子カウント数など）が，ある一定値に到達する時間（これも待ち時間といわれる）を測定して間接的に核化速度を探る。この待ち時間を本書では t_{ind} と記す。これは，小さなサンプルに対する待ち時間 t と定義が異なることに注意が必要である。

3.2　一次核化の実験

核の数を直接数えることは不可能であるから，核を数える方法では一次核化速度の決定はできない。核を数えないで一次核化速度を求めるために多くの人たちの努力がなされてきた。使われた方法は，待ち時間測定による方法である。待ち時間は，液滴のような小さなサンプルの場合と，数百 mL から数 L 程度の攪拌槽のような大きなサンプルを用いた場合では，その定義が異なることは上述したとおりである。以下に待ち時間測定による一次核化研究の紹介をする。なお，一次核化速度の決定は，**準安定領域の幅 MSZW** <metastable zone width> の測定によっても可能であるが，これについては第 6 章で詳述する。

3.2.1　液滴法　―小容量サンプルによる待ち時間測定―

サンプル容積の小さな実験の典型的なものとして**液滴法** <droplet method> がある。液滴法は当初均質核化の実現を目的に考案された。例えば，1 L の溶液に不均質核化を引き起こす活性点が 1×10^3 個含まれているとする。この溶液を 1 μL の液滴に分割すれば，液滴の数は 1×10^6 個になる。活性点が 1 つの液滴に 2 個以上は入らないとすれば，活性点は 1×10^3 個の液滴にしか含まれない。不均質核活性点を含む液滴の比率はたったの $(1 \times 10^3)/(1 \times 10^6) = 0.001 = 0.1$〔%〕である。2 個以上入るのも許されるとすれば，この比率はさらに下がる。このような液滴を作成して核化実験を行えば，99.9 % 以上の液滴においては均質核化が期待できる。また，液滴法は（結果的に）高過飽和度で実験が行われるから，間接的ではあるが 1 個の核を検出できる。したがって，液滴法では待ち時間 t が測

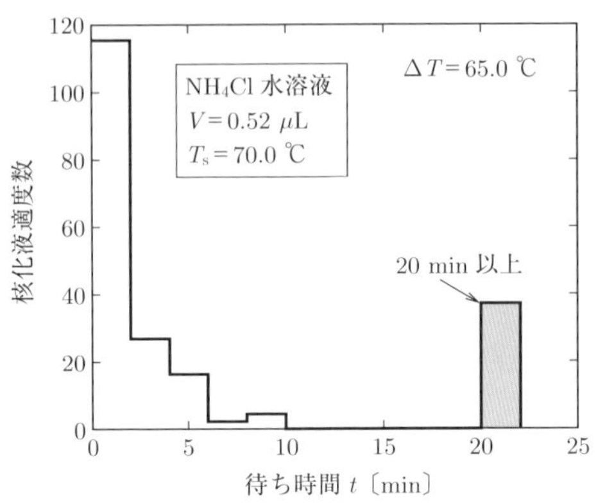

図 3.3　液滴法による一次核化の待ち時間分布[1)]

定できる。もちろん液滴法では核化確率 κ が小さいから，核化は確率的に進行する。

図 3.3 に液滴法による一次核化実験の結果を示す。Melia and Moffitt の実験[1)]である。液滴容積 $V = 0.52\,\mu\mathrm{L}$ の塩化アンモニウム水溶液を一定過冷却度 $\Delta T = 65.0$℃に保持したときの核化待ち時間の分布である。発生した核は直ちに成長して液滴全体が“固化”するから，核化の判定は肉眼で簡単にできる。顕微鏡下で 200 個の液滴の待ち時間を測定した。核化は確率的に起こり，待ち時間は広い範囲に分布する。2 分以内で核化した液滴数は 115 個，2～4 分の間には 27 個，4～6 分の間に 16 個，10 分以内で核化した液滴の総数は 164 個であった。一方，実験打ち切り時間の 20 分を経っても核化しない液滴数は 36 個もあった。このように確率的に核化が起こる場合，1 個あるいは数個の液滴の観察で核化の難易の判定あるいは核化の速度論的検討はできないことは明らかである。本実験のような 200 個の液滴でもサンプル数としては充分ではないだろう。

図 3.3 の待ち時間測定値から残留率 P_r（核化しないで残留している液滴の割合）が計算できる。P_r を時間に対してプロットしたのが図 3.4(a) である。過冷却度 ΔT の増加に伴い P_r の低下は早くなっている。つまり，核化しやすくなっている。図 3.4(b) には臭化アンモニウム水溶液の核化に対する液滴容積の効果を示した。液滴容積の増加に伴って P_r の低下は早まり，核化しやすくなっている。

ところで，図 3.4 に明らかなように，$\ln P_r$ 対 t の関係は直線ではない。この事

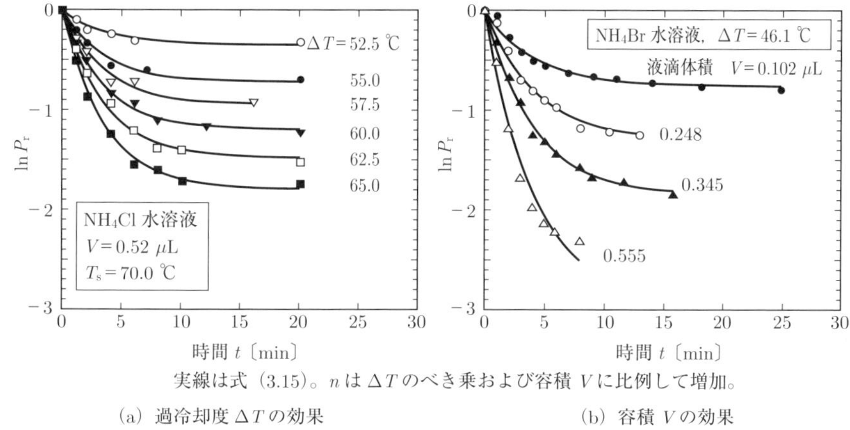

実線は式（3.15)。n は ΔT のべき乗および容積 V に比例して増加。

(a) 過冷却度 ΔT の効果　　(b) 容積 V の効果

図 3.4　液滴法による一次核化の待ち時間分布–液滴残留率 P_r の時間的変化[1)]

実は，液滴法考案当初の期待は裏切られて，均質核化が実現されていないことを示している。なぜなら，均質核化が実現されていれば個々の液滴の核化確率 κ は同じで，ln P_r 対 t の関係は理論的に直線になるからである。直線関係は以下のようにして導かれる。今，液滴が核化しないで残留する確率（残留確率）を P_r とすると，時刻 t から $t + dt$ の間に残留率 P_r が減少する比率は式 (3.9) で与えられる。

$$-\mathrm{d}P_r = P_r \kappa \mathrm{d}t; \qquad P_r = 1 \quad \text{at } t = 0 \tag{3.9}$$

式 (3.9) を積分すると式 (3.10) が得られる。

$$P_r = \exp(-\kappa t) \tag{3.10}$$

このように，ln P_r 対 t の関係は傾き $-\kappa$ の直線となる。単位時間当たり単位容積当たりの均質核化確率を B_{hom}，液滴容積を V とすると，均質核化のみが起こる場合，液滴当たりの核化確率は $\kappa = B_{\mathrm{hom}} V$ で与えられる。したがって，式 (3.11) が得られる。

$$P_r = \exp(-B_{\mathrm{hom}} V t) \tag{3.11}$$

ところで，図 3.4 の実線は不均質核化の理論式 (3.15) を実験データに当てはめたものである。

式 (3.15) は，次のようにして導かれる。活性点の活性度すなわち単位時間当たりの（活性点 1 個による）不均質核化確率を k_H とすると，p 個の活性点を含む任意の液滴の核化確率は，$\kappa = pk_{\mathrm{H}} + B_{\mathrm{hom}}V$で与えられる。したがって，この液滴の残留率 $P_{\mathrm{r,p}}$ は式 (3.12) で与えられる。

$$P_{\mathrm{r,p}} = \exp[-(pk_{\mathrm{H}} + B_1V)t] = \exp(-pk_{\mathrm{H}}t)\cdot\exp(-B_{\mathrm{hom}}Vt) \tag{3.12}$$

同一条件で多数の液滴を作成した場合，活性点はランダムに各液滴に分布すると考えられる。このような場合，p 個の活性点を含む液滴の割合 $f(p)$ はポアソン分布（コラム「ポアソン分布」参照）に従う。n は液滴 1 個当たりの平均活性点数である。

$$f(p) = \frac{n^{-p}\exp(-n)}{p!} \tag{3.13}$$

したがって，液滴群の平均残留率 P_{r} は式 (3.14) で与えられる。

$$P_{\mathrm{r}} = \sum_{p=0}^{\infty} f(p)\times P_{\mathrm{r,p}} = \exp[-n + n\exp(-k_{\mathrm{H}}t) - B_{\mathrm{hom}}Vt] \tag{3.14}$$

ここで，均質核化確率が非常に小さい場合，均質核化の項 $B_{\mathrm{hom}}Vt$ は無視できて，

$$P_{\mathrm{r}} = \exp[-n + n\exp(-k_{\mathrm{H}}t)] \tag{3.15}$$

図 3.4 のデータに式 (3.15) を当てはめたところ，得られた活性点の数 n は，過冷却度 ΔT のべき乗および液滴容積 V に比例して増加し，活性度 k_{H} は一定となった。活性点 n が ΔT とともに増加するのは，あたかも“眠っていた活性点が過冷却度の増加とともに目を覚ましている”かのようである。本来は，活性点の数は一定で，その強さ（活性度）が過冷却度とともに増加すると考えるのが自然であろう。式 (3.15) はこの変化を“活性度一定の活性点の数が増えた”と表現したことになる。この問題は引用文献[2)] に詳しく解説されている。式 (3.15) により実測値が比較的よく表現できている。

図 3.4 のような待ち時間分布は多くの物質系において見られる。つまり，一次核化は少数のしかも活性の強い活性点に支配され，活性の低い活性点あるいは均質核化による核化はほとんど起こらないということができる。ここで重要な点は，核化は 2 つの確率的要因によって起こるということである。1 つは，活性点の数 p が各サンプルに確率的（ランダム）に分布しているためであり，もう 1 つは核化そのものが確率的であるためである。

なお，液滴法の範疇に入る実験法として，最近**マイクロ流体法** <micro-fluidic method> なる方法が文献に散見される。この方法は核化の判定を自動的に行う

などの工夫はなされているが，本質的には液滴法と変わらない。何ら新しい方法ではない。なお，核化の確率的な様相は，数 mL あるいは数 10 mL の比較的大きなサンプルでも，液滴法と同様に観察される。必ずしもサンプルの幾何学的サイズが重要ではない。

ここで，液滴法で得られるいくつかの実験的知見を紹介しておく。まず，溶液ろ過の効果である。溶液をあらかじめろ過すると，待ち時間は長くなる。すなわち核化は起こりにくくなる。これは，ろ過により微粒子状の不純物（その上に活性点が存在すると考えられる）の数が減少するためと解釈できる。また，溶液をあらかじめ高温に保持すると待ち時間が伸びる，すなわち核化しにくくなる。これは活性点が失活するためと解釈できる。この**熱履歴** <thermal history> の影響は，溶液中のクラスターの形成が遅れるためと説明されることが多いが，これはおそらく間違いで，不均質活性点が活性を失うためとみなすのが合理的である。その理由は，実際の一次核化はそもそも不均質核化であるし，溶液ろ過の有無によりこの熱履歴の効果も変わるからである。

もう 1 つ液滴法において重要なことは，待ち時間 t がなぜ現れるかという問題である。「溶液を過飽和に保持すると，溶液の微視的構造（溶質分子間・溶質溶媒間の相互作用，溶質分子のコンフォメーションなど）[3)] が徐々に変化してやがて核化に至る。待ち時間はそのために必要な時間である」とする考えもあるが，上述の確率的取扱いはそのような立場に立つものではない。確率的取扱いでは，「溶液構造の変化」のためとは考えていない。もし，このような溶液構造の（全体的）変化のためであるとすれば，待ち時間が確率的に変動することはあり得ない。確率的取扱いでは，平均値としての溶液構造は初めから出来上がっていて，それは変化しないとする。すなわち，サンプル溶液は**熱平衡** <thermal equilibrium> 状態にあると考えている。確率的様相はクラスターの揺らぎ（これはきわめて局所的な現象で全体的な変化ではない）に起因する。クラスターサイズが揺らぎにより臨界値を超えることが核化であるから，待ち時間にはばらつきが現れる。サイコロを振ったとき，特定の“目”（例えば“1”）が出現するまでの試行回数はばらつくが，これはそのつどサイコロが変質するからではない。サイコロは変わらない。試行回数がばらつくのは，単に確率現象であるからである。待ち時間も，サイコロの試行回数と同様に，確率現象として現れる。

3.2.2　撹拌槽実験　―大容量サンプルによる待ち時間測定―

液滴法に比較してはるかに大きい撹拌槽（といっても高々数 100 mL～1 L 程度であるが）を用いて核化実験がしばしば行われる。このように装置容積 V が大きい場合は，サンプル（すなわち撹拌槽）当たりの単位時間当たり核化確率 $\kappa = B_1 V$ が大きく，大量の核が発生する。したがって，一次核化は決定論的に進行する。パラメーター κ の値が大きいので，κ は確率というよりサンプル当たりの核化速度と呼ぶのがふさわしい。

このような場合，核化実験の方法は，液滴法における方法と全く異なる。というより，液滴法と同じ手法は適用できない。一定過冷却の状態で溶液を観察しているとある時点で突然（のように見える）複数の結晶が現れ，やがて撹拌槽全体が多数の懸濁結晶で白濁する。このような変化の過程は最近では肉眼に代わって収束ビーム反射測定法（Particle Track：FBRM）によっても測定されている。Particle Track（FBRM）による方法は結晶数の変化を数値化できる点では肉眼法より優れている。

ところで，肉眼にしろ FBRM にしろ，結晶の絶対数 N は測定されない。結晶懸濁密度すなわち単位容積当たりの結晶数 N/V に関係する量が測定される。撹拌槽の場合，このような実験法を踏まえて，結晶の懸濁密度 N/V がある一定の値 $(N/V)_{\mathrm{det}}$（核化点と呼ぶことにする）に到達するまでの時間を待ち時間 t_{ind} と定義する（これに対して，先の液滴法では核の絶対数 N が測定され，$N=1$ を核化点と定義していた）。t_{ind} は決定論的に定まる。本書におけるこの定義は，従来の待ち時間の定義と異なる。従来，撹拌槽における待ち時間は，**最初の結晶の出現** <appearance of first crystals> までの時間と解釈されてきた。すなわち，待ち時間は最初の結晶の出現までの準備期間あるいは緩和時間とみなされてきた。これに対して本書では，上述のように結晶の懸濁密度が一定値 $(N/V)_{\mathrm{det}}$ に到達した点と解釈する。この解釈の違いは本質的な意味を持つ。このように待ち時間を定義すると，小容量サンプルにおける確率的核化と大容量撹拌槽における決定論的核化のいずれも定常核化速度によって矛盾なく説明できる。なお，待ち時間の判定基準である一定値 $(N/V)_{\mathrm{det}}$ の大小は，核化点検出器あるいは検出法に依存するので，**検出器感度** <detector sensitivity> ということができる。

待ち時間 t_{ind} は，次のように定式化できる。核の数が核化速度 B_1 で増加し，

検出器感度 $(N/V)_{\mathrm{det}}$ に到達するまでの時間が待ち時間 t_{ind} であるから，

$$\left(\frac{N}{V}\right)_{\mathrm{det}} = \int_0^{t_{\mathrm{ind}}} B_1 \mathrm{d}t = B_1 t_{\mathrm{ind}} \tag{3.16}$$

核化速度 B_1 を式 (3.8) で表すと，式 (3.16) は次のようになる。

$$t_{\mathrm{ind}} = \frac{(N/V)_{\mathrm{det}}}{B_1} = \frac{(N/V)_{\mathrm{det}}}{k_{b1}} \Delta T^{-b_1} \tag{3.17}$$

実は，こうして得られる t_{ind} は液滴法の待ち時間の平均値 t_{mean} と同じものである。そのことを以下に示す。P_{r} が式 (3.10) で与えられるとき，待ち時間 t の確率密度関数 $f(t)$ は，

$$f(t) = \frac{-dP_{\mathrm{r}}}{dt} = \kappa \exp(-\kappa t) \tag{3.18}$$

である。したがって平均待ち時間 t_{mean} は，

$$t_{\mathrm{mean}} = \int_0^{\infty} t f(t) dt = \int_0^{\infty} \kappa t \exp(-\kappa t) dt = \frac{1}{\kappa} \tag{3.19}$$

さらに，$\kappa = B_1 V$ であるから，平均待ち時間 t_{mean} は次のようになる。

$$t_{\mathrm{mean}} = \frac{\left(\frac{1}{V}\right)}{B_1} \tag{3.20}$$

$1/V = (N/V)_{\mathrm{det}}$ のとき，すなわち，液滴および撹拌槽における待ち時間判定基準を同じにすると，液滴法の平均待ち時間 t_{mean} と撹拌槽の待ち時間 t_{ind} は一致する。

次に，撹拌槽の待ち時間 t_{ind} に関する実験的知見を紹介しよう。まず，待ち時間 t_{ind} は，過冷却度 ΔT の増加に伴って減少する。つまり，式 (3.17) に従う。これは，過冷却度の増加に伴って核化速度 B_1 が増加し，より早い時期に結晶懸濁密度が検出器感度 $(N/V)_{\mathrm{det}}$ に到達するためと解釈できる。熱履歴の影響も報告されている。待ち時間 t_{ind} は，溶液をあらかじめ加熱しておくと，増加する。すなわち，核化は起こりにくくなる。これは，液滴法の場合と同様，活性点の失活のためと思われる。待ち時間 t_{ind} に対する撹拌の影響も報告されている。撹拌の影響は，晶析プロセスにおける重要な問題である。t_{ind} に対する撹拌の影響の例[4)] を図 3.5 に示す。撹拌翼回転数が低い領域では撹拌効果は見られないが，高撹拌回転数領域では撹拌回転数の増加とともに待ち時間は減少する。撹拌効果

は，核が成長してできる結晶（**成長核** <nuclei-grown crystals>）による二次核化が関与するためである。この二次核化による粒子数増加の機構を**二次核化媒介機構** <secondary nucleation-mediated mechanism> という（図 3.6）。低速回転領域では，このような二次核化の関与が減少するため撹拌の影響を受けない。二次核化については 3.3 節で説明する。撹拌の影響のもう 1 つの理由として，撹拌によってクラスターの形成が促進されるためとする説もあるが，これは受け入れがたい。激しく熱運動しているクラスターおよび分子のミクロな運動にマクロな撹拌が影響を与えるとは考えにくいからである。

待ち時間に対する撹拌の影響については，第 6 章において二次核化媒介機構による計算結果を紹介するが，そこでも高撹拌速度領域でのみ撹拌効果が現れている（図 6.8）。撹拌効果を理論的に検討するためには，ポピュレーションバランスモデルを数値的に解かなくてはならない。解析解は存在しない。ポピュレーシ

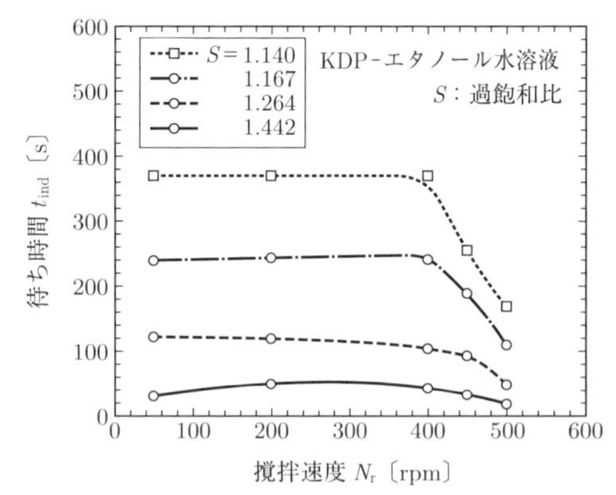

図 3.5 待ち時間 t_{ind} に対する撹拌の影響[4)]

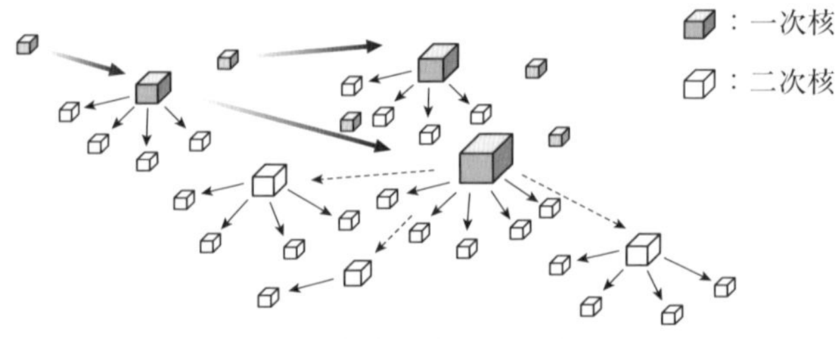

図 3.6 二次核化媒介機構（概念図）

ョンバランスモデルおよび数値計算については第 6 章で詳しく述べる。

3.2.3　非定常核化

晶析の対象となる溶液は，粘性がそれほど高くはない。せいぜい数 mPa s のオーダーである。このような粘性の低い溶液においては，溶液構造変化の緩和時間は短く，一次核化は定常的に起こる。すなわち，溶液温度あるいは過飽和度を変化させたとしても，核化はその状態に応じた定常速度で進行する。このことは 3.2.1 項において述べた。

しかし，ガラス形成物質（粘度は非常に高く，数千 mPa s にも及ぶ）においては，事情は全く異なる。ガラス形成物質においては，緩和時間は非常に長く，**非定常核化** <transient or unsteady nucleation> が観測される。非定常核化の例を図 3.7 に示す。図 3.7 は，溶融したケイ酸塩ガラス（$Na_2O \cdot 2CaO \cdot 3SiO_2$）を 580℃の一定温度に保持した場合の核化実験の結果で，融液中に発生した結晶粒子の時間的変化[5]を示している。結晶粒子は，初期においてゆっくり増加し，やがて直線的に増加する。この場合，粘度が高いので二次核媒介機構による粒子の増加はあり得ない。この曲線の傾きが一次核化速度 B_1 である。傾きは時間とともに増加し（つまりこの間は非定常核化），後に一定の傾き（定常核化速度）に到達しているのが分かる。このように，ガラス形成物質（高粘度）においては，核化は非定常現象を示す。図 3.7 の例では，定常核化が始まるまでの時間 τ（緩和時間の目安

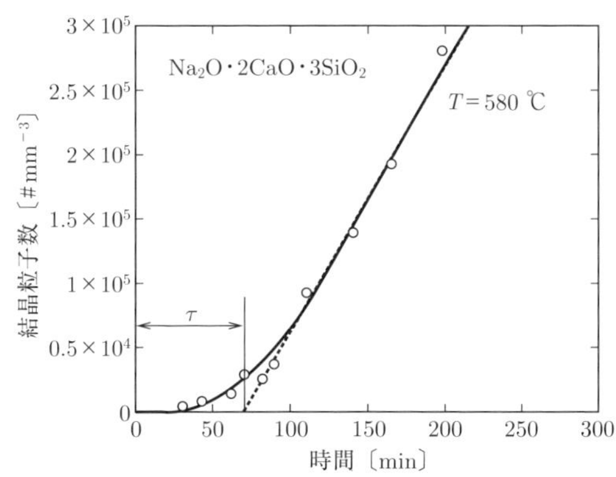

図 3.7　ケイ酸塩ガラス融液における核化 — 結晶粒子数の時間的変化[5]

となる）は 70 min である。この時間は，先に 3.2.1 項で述べた小容量サンプルにおける待ち時間とは全く異なる。先の待ち時間は構造変化に関わるものではなく，単に核化頻度が低いゆえに現れる確率的な（核化までの）時間であった。それに対して，ケイ酸塩ガラス融液中の核化において現れる時間 τ は，構造変化に関わる時間であって，決定論的に定まる時間である。

3.3 二次核化

二次核化は，「溶液における結晶の存在が原因で生ずる核化」と定義される。本章の初めに述べたとおりである。ここでは，まず二次核化機構の分類を示し，次いで 1 個の**種晶** <seed crystal> を用いた二次核化実験を紹介する。1 個の種晶による二次核化は，実際の工業現場ではあり得ない。その意味では非現実的であるが，二次核化を理解するうえではおおいに助けになる。

3.3.1 二次核化機構の分類

二次核化には，いくつかの機構が存在する。例えば，撹拌翼・結晶間あるいは結晶・結晶間の衝突による機械的衝撃で二次核が発生する。この機構を**コンタクトニュークリエーション** <contact nucleation> という。これはまた，**コリジョンブリーディング** <collision breeding> ともいう。このときの**二次核の起源** <origin of secondary nuclei> には，2 つの説がある。1 つは，単純に結晶の**破片** <attrition fragments> とする説であり，もう 1 つは，成長中の結晶の近傍に存在する（と考えられる）**疑似固体層** <layer of semi-ordered molecules or interface layer> からクラスターが機械的衝撃によって剥がれ，それが新たな微結晶として成長するとする説である。どちらの説が正しいというわけではなく，同時に起きていると考えるのが妥当であろう。最近の研究[8] によれば，コンタクトエネルギーが大きくなると**破片機構** <fragment mechanism> が**分子層機構** <interface mechanism> に比べて優勢になるようだが，通常の撹拌条件下ではどちらかが優勢ということはないようだ。撹拌が関係する二次核化機構としてもう 1 つ，**フルィドシェアーニュークリエーション** <fluid shear nucleation> がある。これは，撹拌溶液のせん断力が結晶に作用して起こる核化である。流体せん断力により結晶表面のクラスターが剥離することによる核化と考えられている。そのほか，**ポリクリスタルニュークリエーション** <polycrystalline nucleation>，**ニードルブリーディング** <needle breeding> が知られているが，この 2 つの機構は単なる結晶の機械的破壊である。もう 1 つ，**イニシャルブリーディング** <initial breeding> が知られている。これは乾いた結晶を過飽和溶液に投入したときに起こる二次核化である。これも核化というより，単に結晶表面に付着している微結晶が溶液中で剥がれる現象である。

3. 3. 2　コンタクトニュークリエーション

1 個の種晶を用いたコンタクトニュークリエーションの実験[6) を紹介しよう。晶析容器には 100 cc のビーカーを用いた（図 3.8）。飽和温度 40℃の硫酸マグネシウム溶液を撹拌（100 rpm）し，過冷却度および種晶質量を何通りかに変化させて二次核化への影響を調べた。実験は次のように行った。硫酸マグネシウム 7 水和物 $MgSO_4 7H_2O$ 結晶を細いナイロン糸を用いて溶液中に吊るす。この結晶を撹拌翼に 10 回衝突させ，その後すぐ溶液から取り出し撹拌を止めて溶液を一定時間保持する。その後，容器の底に観察される結晶の数を数える。この結晶はコンタクトニュークリエーションによって発生した（二次核の成長した）結晶である。なぜなら，衝突させない場合は容器の底に結晶は観察されなかったからである。

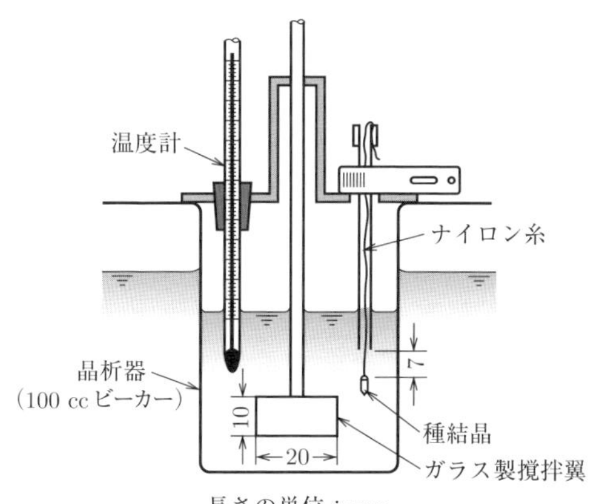

図 3.8　コンタクトニュークリエーション実験用のセル[6)]

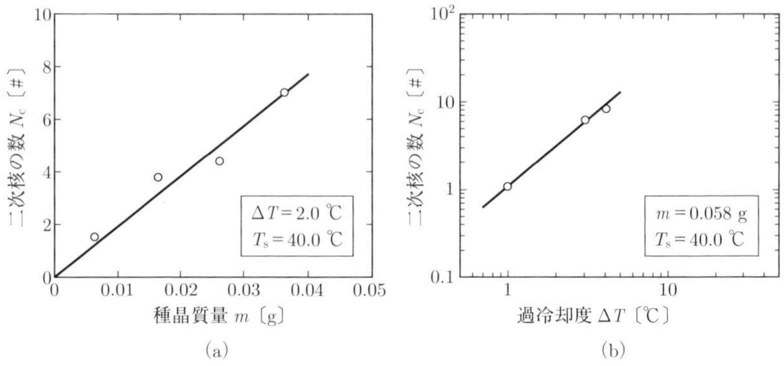

図 3.9　$MgSO_4 7H_2O$ のコンタクトニュークリエーション実験[6)]

結果を図 3.9 に示す。1 回の衝突当たりの二次核の数 N_c は，種晶質量 m に比例して増加した（図 3.9(a)）。また，N_c は過冷却度 ΔT の 1.52 乗に比例して増加した（図 3.9(b)）。これら 2 つの結果をまとめると，式 (3.21) が得られる。

$$N_c = 66.7 m \Delta T^{1.52} \tag{3.21}$$

なお，本実験における核化確率 κ は非常に小さいので核化は確率的に起こり，二次核の数は実験ごとに大きくばらついた。そこで同一条件の実験を多数回繰り返し，得られた二次核の平均値を N_c とした。実際，図 3.9 の各点は 50 回の実験の平均である。ところで，この実験の場合，核化速度 B_c は $B_c = N_c \times f_r$ で与えられる（f_r は撹拌翼・結晶間の衝突頻度〔s^{-1}〕）。この実験は撹拌回転数 100 rpm で行われ，衝突頻度 f_r は 3.33 s^{-1} である。したがって，式 (3.21) は式 (3.22) のように変換され，核化速度 B_c が得られる。

$$B_c = 2.22 \times 10^2 m \Delta T^{1.52} \tag{3.22}$$

3.3.3　フルィドシェアーニュークリエーション

次にフルィドシェアーニュークリエーションの実験[7)]を紹介する。この実験は，上述のコンタクトニュークリエーションの場合と同じ 100 cc ビーカーを用いて同じ濃度の硫酸マグネシウム溶液に対して行われた。先の実験と同様に，$MgSO_4 7H_2O$ 結晶 1 個を細いナイロン糸で溶液中に吊るし同じく 100 rpm で撹拌した。ただし，結晶は撹拌翼に衝突させない。核化速度の決定は待ち時間法によった。種結晶を撹拌溶液に導入してしばらくすると，容器壁に沿ってキラリと光

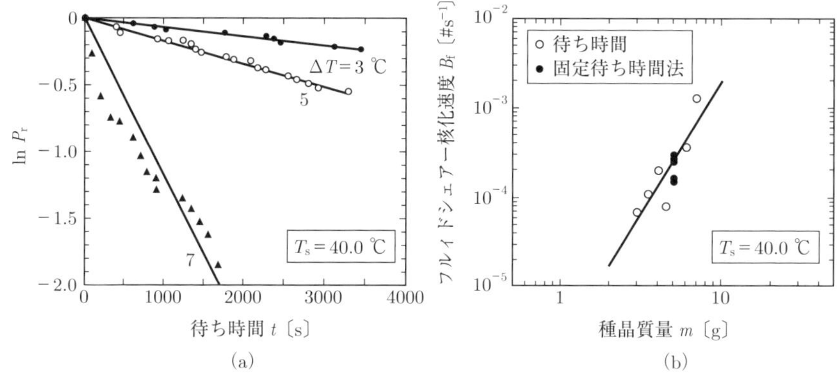

図 3.10 $MgSO_4 7H_2O$ のフルィドシェアーニュークリエーション[7)]

る粒子が動くのが見える。これを核化の瞬間とみなした。この核化までの時間を待ち時間 t と定義し，この時間を測定する。この場合の核化は確率的で待ち時間は大きくばらつくので，1 つの条件下で 50 回待ち時間を測定し，待ち時間の分布（残留率 P_r と時間 t の関係）を決定した。待ち時間の分布は，図 3.10(a) に示すように指数関数式 (3.23) に従った。

$$P_r = \exp(-B_f t) \tag{3.23}$$

実測値に式 (3.23) を当てはめ（図 3.10(a) の実線），核化速度 B_f を決定した。決定された B_f を図 3.10(b) に示す（○印）。なお，図 3.10(b) 中の●印は，別の方法（固定待ち時間法）[7)] で求めた核化速度である。この別法の具体的な説明は，ここでの議論に関係ないので省略する。フルィドシェアーニュークリエーションによる核化速度 B_f は過冷却度の関数として式 (3.24) のように相関できた。

$$B_f = 2.24\times10^{-6}\Delta T^{2.95} \tag{3.24}$$

3.3.4 コンタクトとフルィドシェアーニュークリエーションの比較

上述の実験で求められたコンタクトニュークリエーションおよびフルィドシェアーニュークリエーションの速度を比較してみる。式 (3.22) および式 (3.24) は，核の発生方式が違っているがそのほかは同じ条件の実験に対して得られた。したがって，コンタクトニュークリエーション速度 B_c とフルィドシェアーニュークリエーション速度 B_f の比較に使える。例えば，種晶質量 $m=0.01$ g, $\Delta T=1$ ℃

の場合，$B_{\mathrm{c}} = 2.22\ \mathrm{s}^{-1}$, $B_{\mathrm{f}} = 2.24 \times 10^{-6}\ \mathrm{s}^{-1}$ で，その違いは100万倍である。B_{c} は B_{f} に比べて圧倒的に大きい。種晶質量 m を変えてもこの違いの大きいこと自体は変わらない。一次核化速度 B_1 はさらに小さい。なぜなら，上述の実験条件で種晶を取り除いた場合には核化は起こらなかったからである。このことから，通常の晶析装置内でも，コンタクトニュークリエーションが支配的と考えられる。また，ここに紹介したコンタクトニュークリエーションとフルィドシェアーニュークリエーションでは，核化速度の過冷却度 ΔT 依存性（べき指数の値）が大きく異なった。フルィドシェアーの場合の方が，過冷却度依存性が大きい。これは，二次核の起源の違いにより，発生直後の二次核の粒径が異なるためかもしれない。これについては，次の3.3.5項に少し詳しく述べる。

3.3.5 二次核化速度が過飽和度に依存する理由

二次核化速度は過飽和度に依存する。これは実験事実である。二次核化は,（コンタクトニュークリエーションもフルィドシェアーニュークリエーションも）機械的衝撃が原因であるのに，溶液の状態（過飽和度）にどうして依存するのだろうか。明確な実験的証拠はないが，以下の**サバイバル理論** <survival theory> が提案されている。機械的衝撃によって発生する二次核はさまざまな粒径を持っている。しかるに，先の古典核化理論のところ（3.1.1項）で述べたとおり，結晶核レベルの非常に小さい粒子すなわちクラスターには臨界粒径 r_{c} が存在する。つまり，r_{c} 以上のクラスターは生き延びて（つまり成長して）結晶になるが，r_{c} 以下のクラスターは溶けてしまう。臨界粒径 r_{c} は過飽和度が大きくなると小さくなる（図3.2）から，高過飽和になるほど生き延びるクラスターの数が多くなる。これがサバイバル理論による過飽和度依存性の説明である。しかし，発生直後の二次核の挙動には不明な点もある。発生直後の二次核粒子の凝集なども過飽和度依存性に影響しているかもしれない。

3.4 工業装置内における核化

これまでに説明したように，核化にはさまざまな機構が存在する。これらの機構が，工業装置内でどのように働いているだろうか。また，工業装置内における核化速度は過飽和度，撹拌速度，結晶懸濁密度などの関数としてどのように定式化されるだろうか。核化速度の定式化は，結晶粒径分布形成過程の定量的理解に必要不可欠である。

3.4.1　工業装置内の核化機構

まず，**種晶無添加回分冷却晶析** <unseeded batch cooling crystallization> を考えてみる。溶液を冷却するとやがて過飽和状態になる。すると，種晶が存在しないから一次核化が起こる。このときの一次核化は不均質核化である。さらに冷却を続けると結晶があたかも雪崩のように大量に発生する。これは成長した核による二次核化（それもコンタクトニュークリエーション）のためである。この段階におけるフルィドシェアーニュークリエーションの寄与はコンタクトニュークリエーションに比べてはるかに小さく，一次核化の寄与はさらに小さい。最終段階では過飽和度がゼロになるため，コンタクトニュークリエーションもほとんど起こらなくなる。

種晶添加回分冷却晶析 <seeded batch cooling crystallization> の場合は，一次核化もフルィドシェアーニュークリエーションも無視できる。初めからコンタクトニュークリエーションのみが起こる。ただし，コンタクトニュークリエーションの起こる頻度は，種晶添加量によって変化する。比較的少量の種晶の場合，冷却がある程度進むと種晶から二次核が発生し始める。さらに冷却が進むとこれら発生した二次核が成長し，成長した結晶からも二次核が発生し始める。このように結晶の数はねずみ算式に増え，やがて濃度も減少する。最後には過飽和度がゼロになり，コンタクトニュークリエーションすらも起こらなくなる。一方，種晶を比較的大量に添加した場合，大量に添加した種晶の成長により初期の段階の過飽和度上昇が抑えられるので，種晶量に比例するはずのコンタクトニュークリエーションは抑制される。やがて種晶の成長による過飽和度の低下が始まり，コンタクトニュークリエーションは終了してしまう。したがって，回分操作全般における二次核発生量は，発生源の種晶の増加にも関わらず，事実上無視できる程度にまで低下する。この現象（大量の種晶添加による二次核化の抑制）を利用した晶析操作は，実際の回分冷却晶析法の１つとして有用である。これについては第７章で詳しく述べる。

連続冷却晶析 <continuous cooling crystallization> においては，種晶無添加のスタートアップ時を除けば，常にコンタクトニュークリエーション機構による二次核化が起こる。

以上，可溶性物質の冷却晶析を例に工業装置内の核化について述べた。蒸発晶析など他の過飽和生成法の場合も，可溶性物質の核化の様子は冷却晶析の場合と基本的に変わらない。ただし，**難溶性物質** <sparingly soluble substance> の晶析においては，二次核化は起こらない。それは，粒子が非常に細かいからである。難溶性物質の場合は，一次核化のみが起こる（9.1 項参照）。

3.4.2　工業装置内の二次核化速度

工業装置内では多数の結晶が懸濁している。このような工業装置内の二次核化速度 B_{sus}〔# m^{-3} s^{-1}〕は，撹拌回転数，二次核発生源としての結晶の存在量および過飽和度の影響を受ける。二次核化速度は式 (3.25) のような経験式で表現される。理論式は存在しない。

$$B_{\mathrm{sus}} = k_{\mathrm{n}} N_{\mathrm{r}}{}^{j} M_{\mathrm{T}}{}^{k} \Delta C^{n} \tag{3.25}$$

ここに，k_{n} は二次核化速度定数，N_{r} は撹拌回転数〔rpm〕，M_{T} は単溶液体積当たりの結晶存在量〔kg m^{-3}〕，そして ΔC は過飽和度〔kg m^{-3}〕である。M_{T} は**マグマ密度** <magma density> ともいう。装置形式，装置スケールおよび撹拌翼の形状などの影響は定数 k_{n} に含まれる。**チップスピード** <tip speed>（すなわち撹拌翼先端速度）一定の条件で装置のスケールアップをすると k_{n} は低下する。これは，結晶粒子が撹拌翼に衝突しにくくなるためである（13.3.1 項参照）。同様に小さな粒子は撹拌翼に衝突しにくくなるから，二次核化に対する結晶の平均粒径の影響もある。例えば，結晶粒径が 10 μm の場合は，100 μm の場合より，二次核化への影響ははるかに小さい。この粒径効果も k_{n} に含まれる。難溶性物質の場合は，結晶粒径は非常に小さいので，k_{n} は非常に小さい。したがって二次核化はほとんど起こらない（9.1 節参照）。べき指数 j, k, n の値は，おおよそ $j \approx 1$, $k \approx 1$, $n \approx 1.5$〜3 程度である。二次核化速度 B_{sus} はマグマ密度 M_{T} の代わりに**結晶粒径分布の 3 次モーメント** <third moment of crystal size distribution> μ_3 を用いて，式 (3.26) のように表す場合もある。

$$B_{\mathrm{sus}} = k_{\mathrm{n}} N_{\mathrm{r}}{}^{j} \mu_3{}^{k} \Delta C^{n} \tag{3.26}$$

あるいは，式 (3.25) および式 (3.26) において，過飽和度 ΔC の代わりに過冷却度 ΔT または相対過飽和度 σ を使うこともある。3 次モーメント μ_3 はマグマ密度 M_T との間に，$M_T = k_v \rho_c \mu_3$ の関係がある（ここに，k_v：結晶体積形状係数，ρ_c：結晶固体密度）。

なお，結晶粒径分布の 3 次モーメント μ_3 は式 (3.27) で定義される。

$$\mu_3 = \int_0^{\infty} n(L) L^3 dL \tag{3.27}$$

$n(L)$ は単位容積当たりの**結晶個数密度** <population density>[†4]，L は結晶粒径である。この定義においては，結晶核の粒径はゼロとした。

引用文献

1) Melia, T.P. and Moffitt, W. P., Journal of Colloid Science, **19** (1964) 433-447
2) 久保田，只木．化学工学論文集，**7** (1981) 581-587
3) 大嶋，化学工学，**79** (2015) 887
4) Barata, P. A. and Serrano, M. L., Journal of Crystal Growth, **163** (1996) 426-433
5) Deubener, J., Bruckner, R. and Sternitzke, M., Journal of Non-Crystalline Solids, **163** (1993) 1-12
6) Kubota, N. and Kubota, K., Journal of Crystal Growth, **57** (1982) 211-215
7) Kubota, N. and Kubota, K., Journal of Crystal Growth, **76** (1986) 60-74
8) Cui, Y. and Myerson, A. S., Crystal Growth and Design, **14** (2014) 5152-5157

演習問題

問 3.1 Liu and Rasmuson は，Taylor-Couette 型晶析装置（共軸二重円筒の環状部に過飽和溶液を満たし，内側の円筒を回転させる装置）を用いて待ち時間 t_{ind} に及ぼす撹拌速度 N_r（せん断力）の影響を調べ，次表のような結果を得た。このデータをプロットせよ。また，待ち時間に対する撹拌の影響を考察せよ。

N_r〔rpm〕	100	200	300	400
t_{ind}〔min〕	112	60	26	22

Liu, J. and Rasmuson, A. C., Crystal Growth & Design, **13** (2013) 4385-4395

† 4　個数密度 $n(L)$ は，第 6 章で単位溶媒質量当たりの量として定義される。

問 3.2　古典核化理論によれば均質核化速度は式 (3.5) で表される。$t_{\mathrm{ind}} \propto 1/B$ を仮定すると，次式が得られる。

$$\ln t_{\mathrm{ind}} \propto \frac{16\pi M^2 \sigma^3 N}{3\rho^2 (RT)^3} \ln^{-2}\left(\frac{C}{C_{\mathrm{s}}}\right)$$

温度一定の条件下における $\ln\ t_{\mathrm{ind}}$ 対 $\ln^{-2}\ (C/C_{\mathrm{s}})$ のプロットの傾きは，核の表面エネルギー σ のみに依存する（M, N, ρ, R は定数）。下表の待ち時間データを用いて，水溶液中におけるマルチトール（$C_{12}H_{24}O_{11}$）結晶の表面エネルギー σ を求めよ。ただし，マルチトールの分子量 $M = 344.31$ g mol^{-1}，結晶密度 $\rho = 1.605$ g cm^{-3} である。

C/C_{s}〔−〕	2.7	2.7	2.5	2.5	2.4	2.4	2.4	2.4
t_{ind}〔s〕	3.94×10^3	4.20×10^3	1.02×10^4	1.05×10^4	1.23×10^4	1.41×10^4	1.50×10^4	1.55×10^4

Hou, J. etal., Crystal Research Technology, 47 (2012) 888-895

COLUMN

ポアソン分布

ポアソン分布は，Poisson によって提出された確率密度関数で，少数の法則ともいわれる。ランダムに発生する事象が一定時間内（あるいは一定場所内）に起こる回数の確率分布はポアソン分布に従う。例えば，ある選手が 1 試合に打つヒットの数，ある交差点における 1 年間の交通事故の数，ある部品の 1 ロット当たりの不良品の発生数，あるサッカーチームの 1 試合当たり得点数，あるサンプルに含まれる活性点の数などである。これらの事象の平均生起回数を n とすると，p 回生起する確率 $f(p)$ はポアソン分布，

$$f(p) = \frac{n^{-p} \exp(-n)}{p!}$$

で与えられる。ポアソン分布を規定するパラメーターは 1 つ，平均値 n のみである。

イチロー選手の 2004 年のヒット数がポアソン分布に従うかどうか調べてみた。この年のヒット数は 262 本，1 試合当たりの平均ヒット数は $n = 1.62$ だった。ヒットが出るか出ないかはランダムな確率的現象と考えると，ヒット数 p 本の試合の生起する確率 $f(p)$ はポアソンの式から計算できる。$f(p)$ に総試合数 $N = 162$ を掛ければヒット数 p の試合回数 $Nf(p)$ が得られる。これが図 C3.1 の実線である。図 C3.1 には同時に，この年のイチロー選手の実績をヒストグラムで示した。両者は驚くほど一致している。ヒット数はポアソン分布に従っているということができるだろう。名選手イチローといえども，ヒットが出るか出ないかは確率的なのだ。しかし，イチロー選手の場合は，

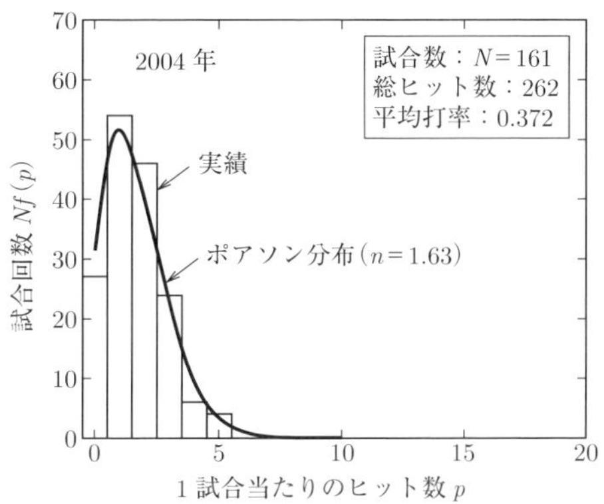

図 C3.1　1 試合当たりのヒット数分布

1 試合当たりの平均ヒット数が 1.62 でこの値が群を抜いて大きい。名選手たるゆえんである。

なお，ポアソン分布式は純粋に理論的に導かれたものである。導出については，確率論の本[1)]を参照されたい。

引用文献

1)　例えば，村上雅人：なるほど確率論，海鳴社 (2003)

COLUMN

収束ビーム反射測定法（Particle Track：FBRM）データの取扱い

Particle Track（FBRM）は，晶析槽内に浮遊する結晶の in-situ，オンライン計測を実現した。その出力は刻一刻と変化するカウント数や**コード長** <Chord Length>，そして**コード長分布** <CLD, Chord Length Distribution> である。晶析の分野に関わらず数多くの成果を上げている。

Particle Track（FBRM）はレーザーをスラリーに照射し，おのおのの結晶からの反射光をコード長に変換する。コード長は，レーザー光が結晶を走査する長さであり，結晶からのレーザー光の反射時間とレーザー走査線速度から変換される。図 C3.2 に示すように，任意結晶上を走査するレーザーの通過位置は確率的（例えば a, b あるいは c）になり，同一結晶でもコード長は確率的に測定される。

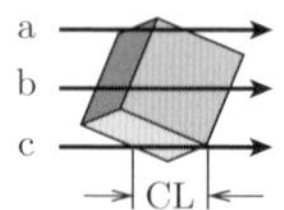

図 C3.2 結晶とレーザー走査位置

ここで，注意すべき点は 3 つある。1 つは，コード長は粒子径を反映しているものの，粒子径そのものではないことである。2 つ目は，コード長分布は確率的に測定されるために幅の広い分布を示すことである。3 つ目は，カウント数が個数ではないことである。カウント数は，コード長の合計である。注意しなくてはならないのは，No Weight のコード長分布は個数基準分布ではないことである。それにしても，カウント数という言葉は紛らわしい。個数をイメージさせるからである。

Particle Track（FBRN）では，重みが 4 つ（1/Length Weight, Length Weight, Square Weight, Cube Weight）用意されている[1]。コード長分布の重み付けによる変換を図 C3.3 に示した。No Weight を選択した場合，長さ分布に相当する。1/Length Weight の場合が，いわゆる個数分布であり，Square Weight の場合が体積分布である。CLD の評価では，1/Length Weight，Square Weight を選択するのが望ましい。くれぐれも，No Weight のコード長分布を個数分布と勘違いしないことである。

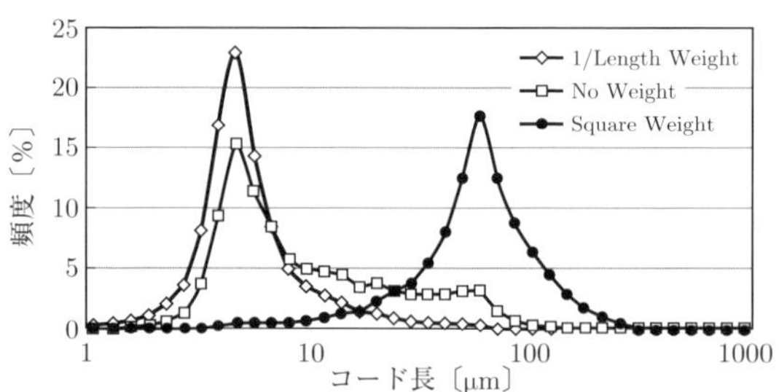

図 C3.3 Particle Track 出力データ（コード長分布）

引用文献

1) FBRM Control Interface User's Manual Version 6.0 003-1601 Rev J (2004)

第4章

結晶成長

過飽和溶液中の結晶は成長する。その**推進力** <driving force> は，液相および固相（結晶）の溶質化学ポテンシャルの差 $\Delta\mu = \mu_{\mathrm{L}} - \mu_{\mathrm{c}}$ である。第3章で述べたとおり，結晶・溶液間が溶解平衡にある場合は，化学ポテンシャル差はゼロで，結晶は成長も溶解もしない。過飽和溶液中では，液相中の溶質化学ポテンシャルは固相（すなわち結晶）の溶質化学ポテンシャルより高い。したがって，成長に伴って，溶液・結晶全体のギブス自由エネルギーが低下する。結晶は，ギブス自由エネルギー低下の方向に，自発的に成長する。しかしながら，2.2 節で述べたとおり，結晶成長の推進力としては化学ポテンシャル差の代わりに過飽和度を用いるのが普通である。化学ポテンシャル差は直感的には分かりにくいからである。

本章では，結晶成長に関する基本的事項を解説する。本題に入る前に，**結晶成長速度** <crystal growth rate or crystal growth velocity> の定義をしておく。**質量成長速度** <mass growth rate> は，単位表面積当たりの結晶質量の増加速度で，式 (4.1) で定義される。本書では R_{m}〔kg m^{-2} s^{-1}〕と記す。

$$R_{\mathrm{m}} = \frac{1}{A}\frac{dm}{dt} \tag{4.1}$$

ここに，A は結晶表面積〔m^2〕，m は結晶質量〔kg〕，t は時間〔s〕である。**線成長速度** <linear growth rate> G〔m s^{-1}〕は，結晶の代表寸法あるいは結晶粒径 L〔m〕の時間的変化として，式 (4.2) で定義される。

$$G = \frac{dL}{dt} \tag{4.2}$$

また，**面成長速度** <face growth rate> R〔m s^{-1}〕は，特定の結晶面の（面垂直方向への）移動速度である。面成長速度 R と線成長速度 G との間には，各結晶面が結晶学的に等価でしかも（NaClのような）立方体結晶の場合，$G=2R$の関係がある。一般的にはこの関係は近似的にしか成立しない。

4.1　結晶成長に関わる3つの速度過程

結晶が成長すると，結晶に隣接した溶液から溶質が結晶に取り込まれるから，隣接部分の溶質濃度が減少する。すると，この濃度の減少を補うために沖合の溶液から溶質が結晶の方向に向かって移動しなければならない。結晶近傍におけるこの溶質の移動過程は，結晶のごく近くでは**分子拡散** <molecular diffusion> すなわち溶質のランダム運動に起因する移動である。一方，結晶から離れた領域では対流による移動（乱流拡散）が起こる。しかし，この分子拡散と乱流拡散の領域には明瞭な境があるわけではない。この2つの移動過程を区別せず総括的に，**物質移動過程** <mass transfer process> ということがある。この物質移動過程に対して，溶質が結晶表面に組み込まれる過程を**表面集積過程** <surface integration process> という。この過程は，結晶表面に露頭している（結晶側の）溶質と拡散により移動してくる（溶液側の）溶質との間における化学反応過程（イオン結合，共有結合あるいは水素結合など）ということもできる。溶質分子が結晶に組み込まれると，結晶化熱が発生し，この熱は結晶表面から溶液に向かって（溶質の流れとは逆方向に）移動する。**熱移動過程** <heat transfer process> である。このように，結晶の成長には3つの速度過程が関与する。これらの速度過程にはそれぞれ抵抗が存在し，直列につながっている。したがって，いずれかの抵抗が他の2つに比較して大きい場合，結晶の成長速度はその速度過程に支配される。通常の溶液晶析では，熱移動過程の抵抗は他の2つの抵抗に比較して小さくて無視できる。

以下，表面集積過程の説明をした後，結晶成長に対する不純物効果について解説し，次いで結晶成長速度の工学的取扱いについて述べる。

4.2　表面集積過程の理論

表面集積過程は，いわゆる**層成長機構** <layer by layer growth mechanism> によって進行する。その様子を図4.1に示す。結晶表面には分子サイズの段差，

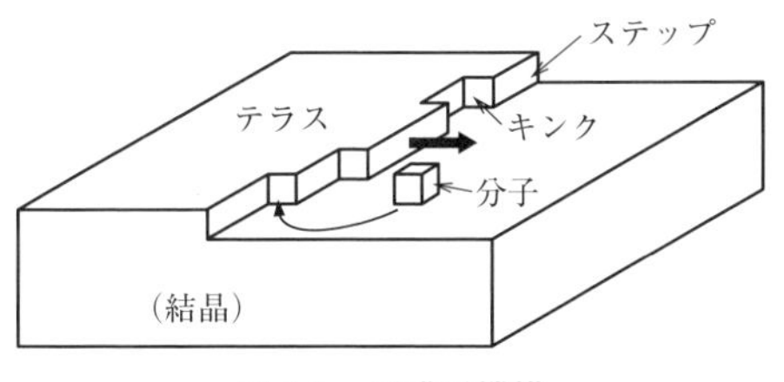

図 4.1 層成長機構

ステップ <step> があり，さらにステップに沿って分子サイズの段差，**キンク** <kink> が存在する。溶質分子は平らな**テラス** <terrace> 面よりもキンクに組み込まれやすい。それは，キンク位置は溶質分子間の結合（化学結合）の数が多いからである。図 4.1 のテラス上の溶質分子が左の方向に移動（表面拡散）し例えば一番手前のキンクに組み込まれると，ステップに沿ってキンク位置が手前に 1 分子分移動することになる。次々と分子が組み込まれると（その結果として）ステップは右（図 4.1 の太い矢印）方向に前進する。ステップが結晶の右端まで到達すれば，結晶は 1 分子の厚さだけ（面に垂直な方向に）成長する。なお，図 4.1 の結晶は分子サイズのレベルまで拡大して描かれていて，キンクは 4 個しか示されていないが，実際のステップははるかに長く，ステップに沿って無数のキンクが存在する。

ところで，ここで“組み込まれる”のは溶質分子としたが，その実態は必ずしも明確ではない。例えば NaCl のようなイオン結晶の場合，式量“NaCl”が移動単位となっているとは考えにくい。また，Na^+ および Cl^- イオンが移動単位として交互にキンクに組み込まれるとも考えにくい。分子の代わりに**成長単位** <growth unit> と表現する場合もあるが，それは単なる言い換えであって移動単位の本性は依然として不明である。

図 4.1 のステップが右端に到達するとステップは消滅してしまう。したがって，結晶が成長し続けるためには，何らかの機構で新しいステップが供給され続けなくてはならない。表面集積過程の理論は，このステップ供給機構により 3 つに分類される。

(1) **二次元核成長理論** <two-dimensional nucleation growth theory>

(2) **多核成長理論** <polynuclear growth theory>

(3) **BCF 理論** <BCF theory>

である。これら3つの理論は，工学的な議論においてはほとんど使用されないが，結晶成長の理解のためには重要である。以下に3つの理論の概略を紹介する。その前に，平滑な結晶面における**二次元核化** <two dimensional nucleation> の解説をする。二次元核化は，4.2.2 項の二次元核成長理論，4.2.3 項の多核成長理論の理解に必要である。

4.2.1 二次元核化

平坦な結晶面に新たな分子層が発生する過程，すなわち二次元核化について考えてみる。平らな結晶面上に半径 ρ〔m〕の円形二次元単分子層粒子（以下二次元クラスターという）を考える（図 4.2）。図 4.2 の二次元クラスターのふち（ステップ）は滑らかに描かれているが，実際はこのステップ上には多数のキンクが存在し，これらキンクに分子が組み込まれ，二次元クラスターは（二次元的に）成長する。

この二次元クラスター1個の持つギブス自由エネルギー ΔG_{s} は式 (4.3) で与えられる。

$$\Delta G_{\mathrm{s}} = -\frac{\pi\rho^2\Delta\mu}{a} + 2\pi\rho\gamma \tag{4.3}$$

ここに，a〔$\mathrm{m^2}$〕は溶質分子のサイズ（表面に路頭している分子1個の面積）である。$\Delta\mu$〔$\mathrm{J\ molecule^{-1}}$〕は1分子当りの液相-固相間の化学ポテンシャル差で $kT\ln(C/C_{\mathrm{s}})$に等しい（式 (3.2)）。γ〔$\mathrm{J\ m^{-1}}$〕は二次元クラスター円周単位長さ当たりのエッジエネルギー（いわば1次元の表面エネルギー）である。式 (4.3) 右辺第1項は $(\pi\rho^2/a)$ 個の分子からなる二次元クラスターのギブス自由エネルギー，第2項は長さ $(2\pi\rho)$ の円周の持つエッジエネルギーである。式 (4.3) は ρ の

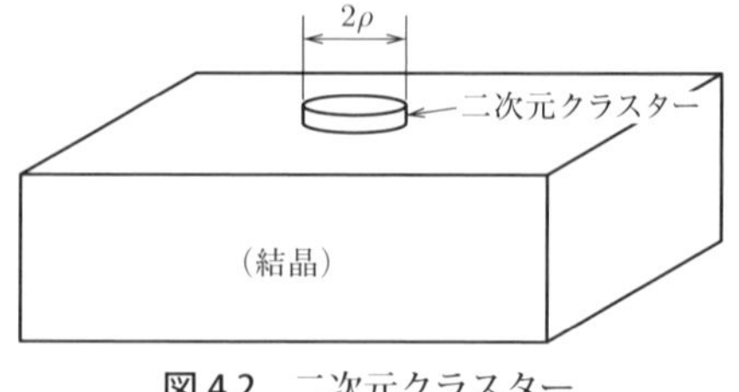

図 4.2 二次元クラスター

2 次式であり極大値を持つ。極大値 ΔG_{sc}〔J〕とその位置（臨界半径）ρ_{c}〔m〕は式 (4.3) を ρ で微分してゼロとおくことにより得られ，それぞれ，次のようになる。

$$\Delta G_{\mathrm{sc}} = \frac{\pi\gamma^2 a}{\Delta\mu} = \frac{\pi\gamma^2 a}{kT\ln\left(\dfrac{C}{C_{\mathrm{s}}}\right)} \tag{4.4}$$

$$\rho_{\mathrm{c}} = \frac{\gamma a}{\Delta\mu} = \frac{\gamma a}{kT\ln\left(\dfrac{C}{C_{\mathrm{s}}}\right)} \tag{4.5}$$

二次元クラスターのふちに吸着された分子は熱運動により集合離散を繰り返し，二次元クラスターの大きさは常に揺らいでいる（熱揺らぎ）。たまたま大きな揺らぎにより，ρ_{c} 以上の二次元クラスターができたとすると，それは（増大することでギブス自由エネルギーが減少するから）揺らぎながらも成長する。これが，安定な二次元核の生成，すなわち二次元核化である。二次元核化のこの状況は，溶液中における均質核化（3.1.1 項）と，クラスターが臨界サイズを超えるという点で，同じである。

二次元クラスターのふち（曲率 ρ のステップ）の前進速度 $v(\rho)$ は式 (4.6) で与えられる。v_0 は，直線状ステップの前進速度である。

$$\frac{v(\rho)}{v_0} = 1 - \frac{\rho_{\mathrm{c}}}{\rho} \tag{4.6}$$

4.2.2　二次元核成長理論

二次元核化の頻度は，極大値 ΔG_{sc} 以上のエネルギーを持つ二次元クラスターの存在確率，すなわちボルツマン因子 $\exp(-\Delta G_{\mathrm{sc}}/kT)$ に比例する。均質核化（3.1.1 項）と同様である。過飽和比 C/C_{s} の増大とともに，ΔG_{sc} の値は減少しボルツマン因子の値は増加する。したがって二次元核化頻度（速度）は，過飽和比 C/C_{s} あるいは過飽和度 ΔC の増加に伴って大きくなる。

二次元核成長理論においては，ステップの供給は二次元核化によって行われ，二次元核化の頻度が結晶成長の律速過程となっている。すなわち，二次元核が成長して結晶表面全体を覆い尽くした後に次の二次元核化が起こるとする成長理論で，面成長速度 R は式 (4.7) で与えられる[1)]。

$$R \propto \exp\left[-\frac{A_2}{T^2 \ln\left(\frac{C}{C_s}\right)}\right] \tag{4.7}$$

ここに，A_2 は定数，T は温度〔K〕である。

4.2.3　多核成長理論

多核成長理論は，**BS モデル** <Birth and Spread model> あるいは **NON モデル** <Nuclei on Nuclei model> ともいう。ステップの供給が二次元核化による点は上述の二次元核成長理論と変わらないが，先行して発生した二次元核が成長し切らないうちに次々と新たな二次元核が生成される点が，二次元核成長理論と異なる。面成長速度 R は式 (4.8) で表される[1)]。多核成長の様子を模式的に図 4.3 に示した。

$$R = A_m \sigma^{\frac{5}{6}} \exp\left(-\frac{B_m}{\sigma}\right) \tag{4.8}$$

ここに，σ は相対過飽和度（$=(C - C_s)/C_s$），A_m, B_m は定数である。

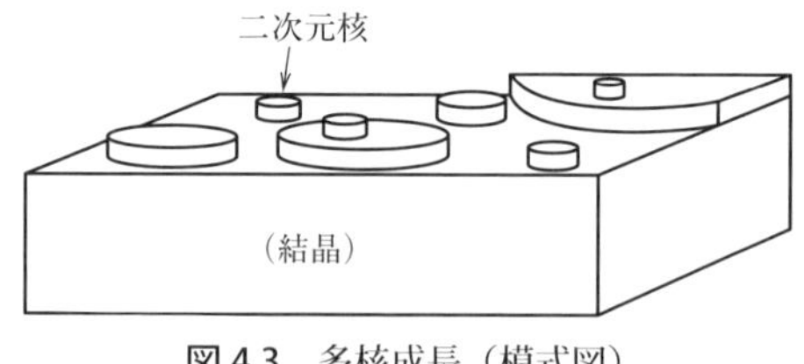

図 4.3　多核成長（模式図）

4.2.4　BCF 理論

結晶中には構造の乱れ（結晶構成分子あるいは原子の並びの乱れ，欠陥）が存在するのが普通である。その欠陥の1つ，**らせん転位** <screw dislocation> がステップの供給源であるとする成長理論である。ステップの形はらせん転位の転移線を中心に渦巻き模様となる（図 4.4）。この渦巻きは消滅しない。この理論では，二次元核化によらなくても，ステップが永久に供給され続けるから，比較的低過飽和でも結晶は成長することができる。なお，BCF 理論は**らせん成長理論** <spiral growth theory> ともいわれる。BCF 理論によると面成長速度 R は，式

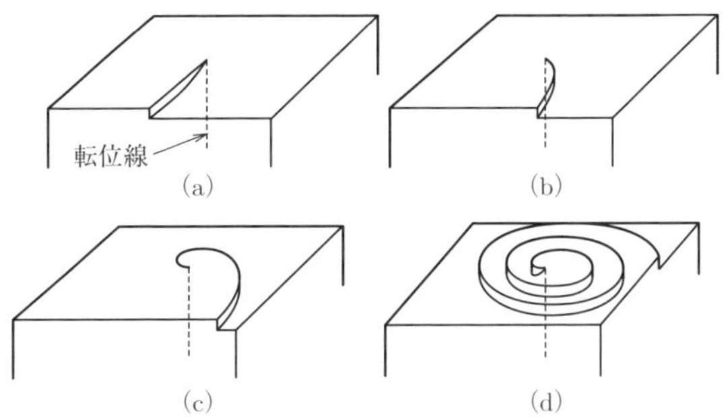

転位線を起点として渦巻き模様を形成しながら，(a) → (b) → (c) → (d) のように結晶が成長する。

図 4.4 らせん成長

(4.9) で与えられる[1)]。

$$R \propto \left(\frac{\sigma^2}{\sigma_c}\right)\tanh\left(\frac{\sigma_c}{\sigma}\right) \tag{4.9}$$

式 (4.9) における $\tanh(\sigma_c/\sigma)$ はハイパボリックタンジェント関数[†1]である。σ_c は定数である。式 (4.9) は，相対過飽和度が小さい場合（$\sigma \ll \sigma_c$）には $R \propto \sigma^2$，逆に相対過飽和度が大きい場合（$\sigma \gg \sigma_c$）は $R \propto \sigma$ となる。

4.3 結晶成長に対する不純物効果

微量の不純物によって，結晶成長速度が著しく影響を受けることがある。不純物効果の例として，図 4.5 に L-アスパラギン 1 水和物結晶の面成長速度に対する不純物 L-グルタミン酸の影響[2)]を示した。図 4.5 の横軸は不純物濃度 c，縦軸は不純物存在下の面成長速度と純粋系の面成長速度の比 R/R_0 である。このように，結晶成長速度は微量（図 4.5 の例ではモル分率で 1×10^{-4} 以下のオーダー）の不純物によって抑制される。不純物の効果は図 4.5 のように結晶面によって異なるのが普通である。不純物効果はほとんどの場合抑制効果であって，結晶成長速度が不純物によって促進されることはまれである。促進されるとしてもその程度は小さい。不純物は表面集積過程に影響を与える。物質移動過程に微量の不純物が

† 1 $\tanh x = \dfrac{e^x - e^{-x}}{e^x + e^{-x}}$

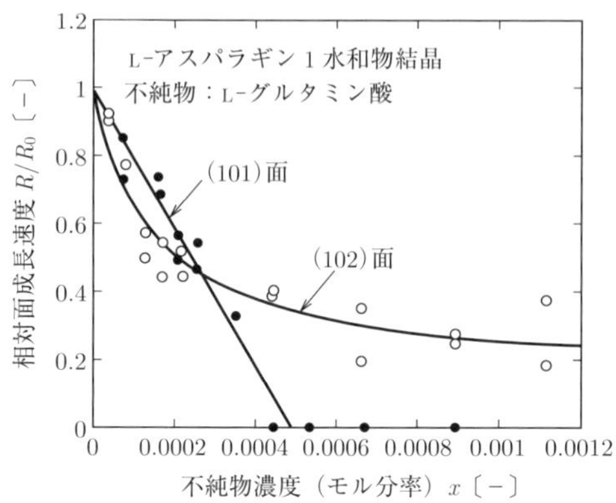

図 4.5　L-アスパラギン1水和物結晶の成長に対する不純物L-グルタミン酸の効果[2)]

影響を与えることはない。

4.3.1　ピン止め機構

不純物の結晶成長抑制の機構について以下に述べる。結晶は分子レベルの高さを持つステップが前進することによって成長する（図4.1参照）。このようなステップの前進が不純物分子（厳密には分子ではない可能性もあるが，ここでは分子と呼ぶことにする）によって抑制される機構の基本は，Cabrera and Vermilyeaの**ピン止め機構** <pinning mechanism>[3)]である。図4.1は結晶表面を拡大したものであったが，ズームダウンしてもっと広い部分を眺めたとすると，凹凸（キンク）は識別できなくなる。不純物が存在しないときのステップは滑らかな直線とみなすことができる。図4.6にテラス上に吸着した2つの不純物分子（2本のピン）の間をステップがすり抜けて行く様子を示す。左から前進してきた直線状のステップ（その前進速度 v_0）は，不純物（●）に出会いピン止めされるが，ピン以外の部分は前進を続ける。その結果ステップは膨らむ（曲がる）。ステップの曲率 ρ は最初は低下し続けやがて極小値 $\rho = l/2$ に到達し再び増加する。このときステップ前進速度は，式(4.6)に従って，最大値 v_0 から最小値 $v_{\min}$ を経て再び増加する（図4.6の v_2）。図中の細い矢印 v_1，$v_{\min}$，v_2 は，前進速度の大きさを定性的に示す。$v_{\min}$ は極小値 $\rho = l/2$ を式(4.6)に代入して式

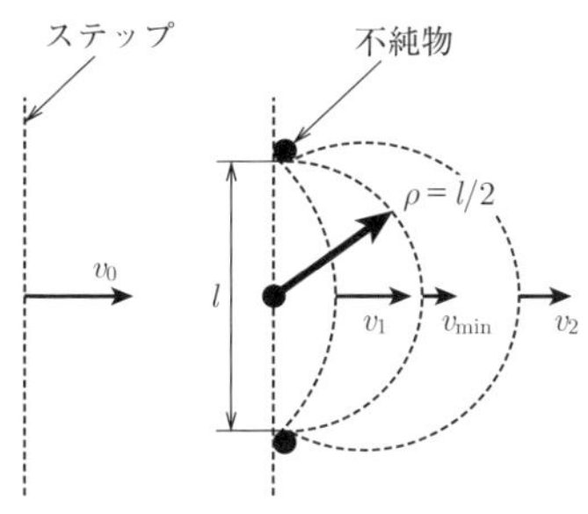

図 4.6　ピン止め機構

(4.10) で与えられる。

$$\frac{v_{\min}}{v_0}=1-\frac{\rho_c}{\left(\frac{l}{2}\right)} \tag{4.10}$$

不純物の間隔が狭くなり $l/2 \leq \rho_c$ の場合は，$v_{\min}/v_0=0$ である。このときは，ステップは前進しない。すなわち，不純物の間をすり抜けることはできない。

ところで，式 (4.5) の過飽和比（C/C_s）を $1+\sigma(=C/C_s)$ に置き換えると，臨界半径 ρ_c は σ の関数として表される。

$$\rho_c=\frac{\gamma a}{kT\ln(1+\sigma)} \tag{4.11}$$

過飽和度が小さく $\sigma \ll 1$ の場合は，$\ln(1+\sigma)=\sigma$ の近似が成立して，式 (4.12) となる。

$$\rho_c=\frac{\gamma a}{kT\sigma} \tag{4.12}$$

4. 3. 2　Kubota-Mullin モデル

Kubota and Mullin[4)] は，ピン止め機構をベースに以下のように不純物効果を定式化した。まず，吸着された不純物の間をすり抜けるときのステップの時間平均速度 v は，最大値 v_0 と最小値 $v_{\min}$ の相加平均 $v=(v_0+v_{\min})/2$ で与える。この関係を式 (4.10) に代入して $v_{\min}$ を消去すると式 (4.13) が得られる。

$$\frac{v}{v_0}=1-\frac{\rho_c}{l} \tag{4.13}$$

式 (4.10) は不純物存在下のステップの時間平均前進速度 v と平均不純物吸着間

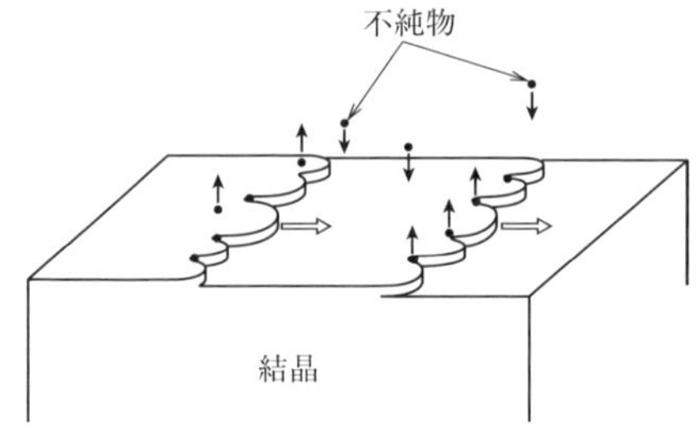

図 4.7　不純物の吸脱着と不純物によりピン止めされたステップの様子
(Kubota and Mullin モデル[4]) のイメージ図)

隔 l の関係である。また，不純物はステップ上の活性点にのみ吸着されると仮定すると，活性点の平均間隔 L および平均不純物吸着間隔 l を用いて，平衡吸着率 θ_{eq} は，

$$\theta_{\mathrm{eq}} = \frac{L}{l} \tag{4.14}$$

と表すことができる。式 (4.14) を式 (4.13) に代入して, 式 (4.15) が得られる。なお，Kubota and Mullin モデルのイメージを図 4.7 に示した。

$$\frac{v}{v_0} = 1 - \frac{\rho_c}{L}\theta_{\mathrm{eq}} \tag{4.15}$$

式 (4.15) に，式 (4.12) を代入して，式 (4.16) が得られる。

$$\frac{v}{v_0} = 1 - \frac{\gamma a}{kT\sigma L}\theta_{\mathrm{eq}} \tag{4.16}$$

一方，**ラングミュア吸着等温式** <Langmuir adsorption isotherm> を仮定すると，吸着率 θ_{eq} は式 (4.17) で表される。

$$\theta_{\mathrm{eq}} = \frac{Kc}{1 + Kc} \tag{4.17}$$

ここに，K はラングミュア定数である。式 (4.16) に式 (4.17) を代入すると式 (4.18) となる。

$$\frac{v}{v_0} = 1 - \left(\frac{\gamma a}{kT\sigma L}\right)\frac{Kc}{1 + Kc} \tag{4.18}$$

Kubota and Mullin は，式 (4.18) のパラメーター $\gamma a / kT\sigma L$ を，

$$\alpha = \frac{\gamma a}{kT\sigma L} \tag{4.19}$$

とおき，これを**不純物有効係数** <impurity effectiveness factor> と呼んだ。本モデルでは活性点の間隔 L が不純物の特性を表している。L が大きければ，つまり不純物の吸着可能な活性点の間隔が大きければ，α が小さい。この場合は，不純物の成長速度抑制効果は小さい。パラメーター L には結晶構成物質と不純物の化学的あるいは物理的相互作用が関係している。不純物有効係数 α を用いて，式 (4.18) は式 (4.20) のように表すことができる。

$$\frac{v}{v_0} = 1 - \alpha \frac{Kc}{1+Kc} \tag{4.20}$$

さらに，面成長速度 R がステップ前進速度 v に比例する（$R \propto v$）と仮定すると式 (4.21) が得られる。

$$\frac{R}{R_0} = 1 - \alpha \frac{Kc}{1+Kc} \tag{4.21}$$

図 4.8 に式 (4.21) による計算結果を示した。図の横軸 Kc は無次元不純物濃度である。不純物によるステップ前進速度の低下は，不純物有効係数 α に大きく依存することが分かる。不純物濃度 c が増加しても α が小さい場合は，不純物効果は小さいことがよく分かる。

なお，先に示した図 4.5 の実線は式 (4.21) の不純物濃度 c をモル分率 x に置き換えて実測値に当てはめたものである。Kubota and Mullin モデルにより不純物

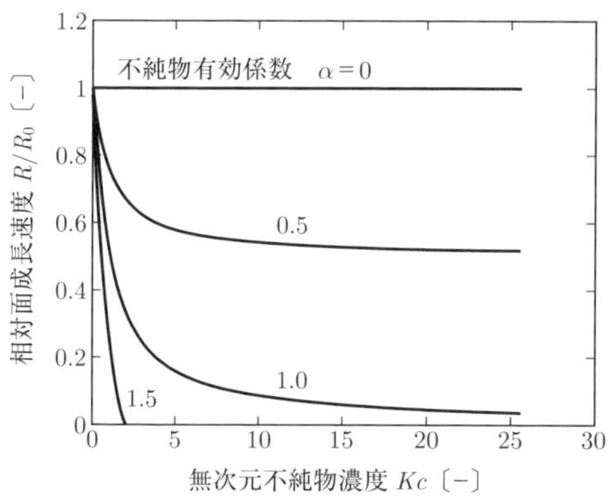

図 4.8　ステップ前進速度に対する不純物効果（式 (4.21) による計算）[4)]

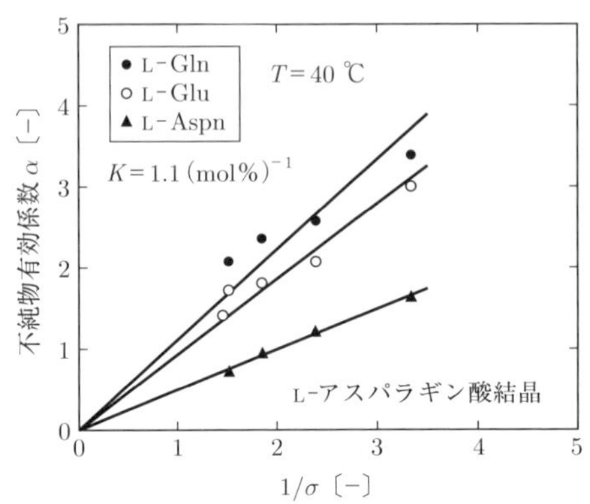

図 4.9 不純物有効係数 α と相対過飽和度 σ の関係[5)]

効果が説明できていることが分かる。

図 4.9 には，不純物有効係数 α[5)] を過飽和度の逆数 $1/\sigma$ の関数として示した。L-アスパラギン酸結晶の成長に対する不純物 L- グルタミン（L-Gln），L-グルタミン酸（L-Glu）および L-アスパラギン（L-Asn）の不純物有効係数は，相対過飽和度の逆数に比例して直線的に増加している。式 (4.19) の関係そのものである。このことも Kubota and Mullin モデルの妥当性を示している。

ところで，不純物 L-Gln, L-Glu および L-Asn は結晶の L-アスパラギン酸と共通の官能基アミノ基とカルボン酸基を持っている。このように結晶本体と同じ官能基を持っている物質は，不純物効果を示すことが知られている。共通官能基を持つ不純物を意図的に合成した場合，**テイラーメイド添加物** <tailor-made additive> という。図 4.9 の不純物アミノ酸は，特にそのために合成したわけではないから，いわば天然のテイラーメイド添加物である。

4.3.3 不純物効果の過飽和度依存性

不純物有効係数 α（式 (4.19)）は，温度 T と相対過飽和度 σ の関数である。したがって，温度および過飽和度が変わると不純物効果も変わる。このことは，晶析においては，重要な意味を持つ。なぜなら，晶析操作法によって不純物効果が変化して，面成長速度に従って結晶形状が変化することになるからである。

式 (4.21) を変形すると式 (4.22) が得られる。

$$\frac{R}{R_0}=1-\frac{\gamma aKc}{kTL(1+Kc)}\frac{1}{\sigma} \tag{4.22}$$

さらに，

$$\sigma_{\mathrm{c}}=\frac{\gamma aKc}{kTL(1+Kc)} \tag{4.23}$$

とおくと，式 (4.24) が得られる。

$$\frac{R}{R_0}=1-\frac{\sigma_{\mathrm{c}}}{\sigma} \tag{4.24}$$

σ_{c} は，**臨界相対過飽和度** <critical relative supersaturation> といわれ，これ以下の過飽和域（$0 \leq \sigma \leq \sigma_{\mathrm{c}}$）では結晶は成長しない。この領域を**デッドゾーン** <dead zone> という。不純物が存在しないときの結晶成長速度 R_0 を仮に多核成長理論の式 (4.8) で表現すると，式 (4.22) は式 (4.25) のようになる。

$$R=A_{\mathrm{m}}\sigma^{\frac{5}{6}}\exp\left(-\frac{B_{\mathrm{m}}}{\sigma}\right)\left(1-\frac{\sigma_{\mathrm{c}}}{\sigma}\right) \tag{4.25}$$

図 4.10 に，不純物効果の過飽和度依存性の実測データを示した。図中の実線は式 (4.25) による計算結果[6]である。理論式は，実測値をよく表現している。この図により，不純物効果が過飽和度に依存している様子がよく分かる。不純物濃度が増加するとデッドゾーンが大きくなり，成長速度は全体的に低下する。

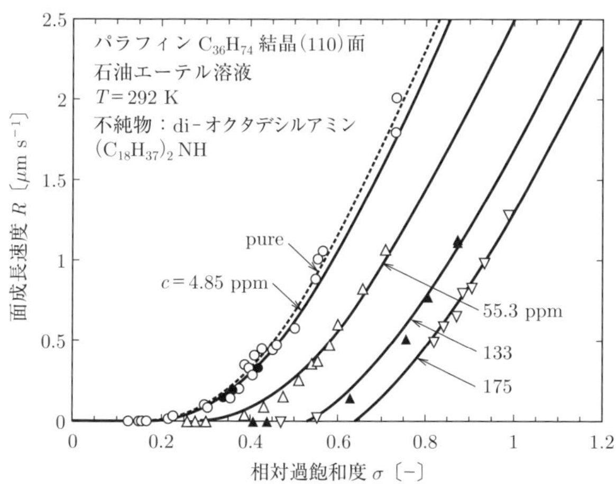

図 4.10　結晶成長速度に対する不純物効果の過飽和度依存性[6)]

4.3.4　不純物効果の非定常性

ここまでの説明では，不純物分子は吸着平衡の状態にあると仮定した。すなわち，不純物吸着率は時間に対して不変と仮定し，ラングミュア吸着等温式を用いた。しかし，物質系によっては，吸着平衡が達成されていないと思われる場合がある。その例を図4.11に示す。この図は，硫酸アンモニウム結晶の(100)面の面成長量 ΔL を時間に対してプロットしたものである。図中の実線は，Kubotaらの非定常吸着を仮定した理論式[7]を最小二乗法を用いて実測値を当てはめたものである。計算値は，実測データとよく一致している。この図を見ると，不純物効果が一定値に落ち着く（図の曲線の傾き，つまり結晶成長速度が一定値になる）のに数千秒（1〜2時間）程度かかっている。

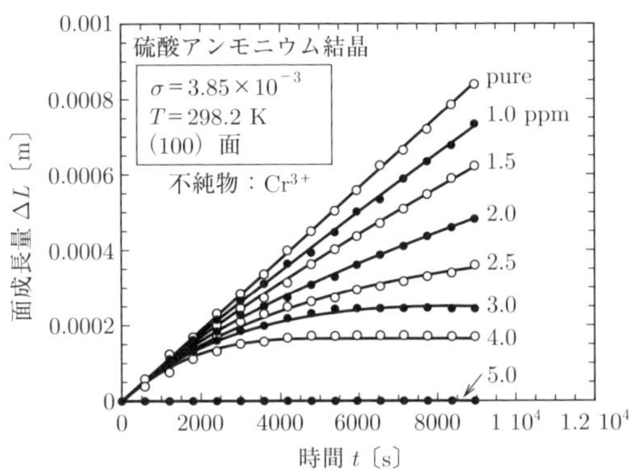

図4.11　硫酸アンモニウム結晶の成長に対する不純物効果の非定常性（北村らのデータとKubotaらの計算の比較）[7]

4.4　工業装置内における結晶成長

4.4.1　物質移動過程の影響

本章冒頭で述べたように，結晶は3つの速度過程を経て成長する。物質移動過程，表面集積過程および熱移動過程である。溶液成長においては熱移動過程の影響は小さいので考慮しなくてもよい。通常，表面集積過程および物質移動過程のみを考慮して成長速度を記述する。**2ステップモデル** <two-step model> である。

溶液中で結晶が成長しているとき，溶液本体濃度 C，結晶表面における濃度

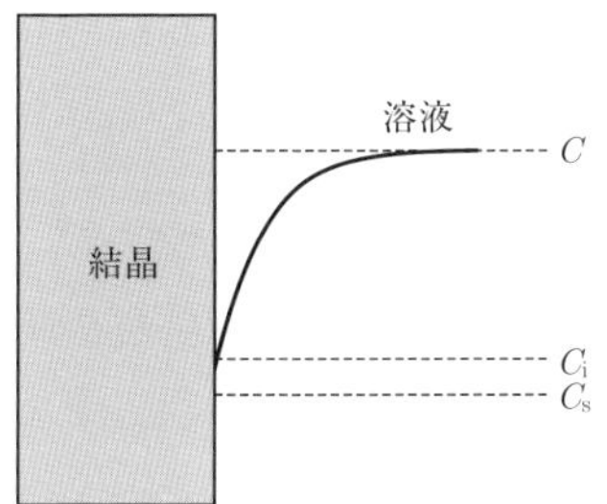

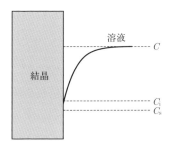

図 4.12　成長中の結晶近傍の溶液濃度分布

C_i，飽和濃度 C_s の関係を図 4.12 に示した。成長中の結晶近傍には溶質濃度 C の勾配ができていて，溶質分子は結晶表面に向かって移動する。表面集積過程と物質移動過程を分離しないで総括的に取り扱うと，質量成長速度 R_m〔kg m^{-2} s^{-1}〕は式 (4.26) で表される。

$$R_m = K_g \left(C - C_s \right)^g \tag{4.26}$$

ここに，K_g は総括結晶成長速度定数，g〔−〕は成長速度次数である。一般に g の値は，1〜2 の範囲にある。式 (4.26) は式 (4.27) のように書き換えることができる。

$$R_m = \frac{\left(C - C_s \right)^g}{\dfrac{1}{K_g}} \tag{4.27}$$

式 (4.27) 右辺の分母 $1/K_g$ は，オームの法則 $i = \Delta E/R$（i：電流，ΔE：電位差，R：抵抗）とのアナロジーで，結晶成長の抵抗とみなすことができる。$1/K_g$ を結晶成長の総括抵抗という。

溶質分子が結晶表面へ移動する過程（物質移動過程）は，分子拡散と混合拡散の混ざった過程であるが，その速度は濃度差（$C - C_i$）に比例するとして，式 (4.28) のような簡単な形で表現される。

$$R_m = k_d \left(C - C_i \right) \tag{4.28}$$

ここに，k_d は物質移動係数である。一方，表面集積過程は，近似式 (4.29) を用いる。

$$R_m = k_r \left(C_i - C_s \right)^r \tag{4.29}$$

ここに，k_r は表面集積過程の速度定数であり，r は表面集積過程の次数である。これらの移動過程は直列につながっており，定常状態においては，式 (4.26)，式

(4.28) および式 (4.29) の速度 R_{m} は等しい。したがって，$g=r=1$ の場合，K_{g}, k_{d}, k_{r} の間には次の関係が成立する。

$$\frac{1}{K_{\mathrm{g}}}=\frac{1}{k_{\mathrm{d}}}+\frac{1}{k_{\mathrm{r}}} \tag{4.30}$$

すなわち，結晶成長の総括抵抗 $1/K_{\mathrm{g}}$ は，物質移動抵抗 $1/k_{\mathrm{d}}$（式 (4.30) の右辺第1項）および表面集積過程の抵抗 $1/k_{\mathrm{r}}$（同右辺第2項）の和である。

ところで，結晶成長においては，溶質分子は結晶に向かって移動するが溶媒は動かない。いわゆる，一方拡散である。しかも，溶質濃度は比較的高い。そのような場合の物質移動速度の表現は，厳密にはもう少し複雑になるが，ここではそれには触れない。

面成長速度 R〔m s^{-1}〕および線成長速度 G〔m s^{-1}〕も過飽和度 $\Delta C=C-C_{\mathrm{s}}$ の関数として，それぞれ次式のように表すことがある。

$$R=K_{\mathrm{R}}\left(\Delta C\right)^{R} \tag{4.31}$$

および，

$$G=K_{\mathrm{G}}\left(\Delta C\right)^{G} \tag{4.32}$$

なお，式 (4.31) および式 (4.32) の ΔC の代わりに ΔT を用いて成長速度を，

$$R=K_{\mathrm{RT}}\left(\Delta T\right)^{RT} \tag{4.33}$$

および，

$$G=K_{\mathrm{GT}}\left(\Delta T\right)^{GT} \tag{4.34}$$

のように表す場合もある。ΔC と ΔT の関係については，図 2.6 を参照していただきたい。

4.4.2　懸濁系における結晶成長

工業装置内における結晶成長には，上述の理論には見られない重要項目がいくつかある。ここでは，**成長速度の粒径依存性** <size-dependent growth rate>，**成長速度の分散** <growth rate dispersion>，**ΔL の法則** <ΔL law> および**成長速度の変動** <growth rate variation> を紹介する。

(a) 成長速度の粒径依存性

懸濁系における結晶成長速度が結晶粒径の増加に伴って増加することが知られている。これにはいくつかの理由が考えられている。1つは，粒径の増加につれて粒子–流体間の相対速度が増して，物質移動抵抗が減少するため成長速度が増加するとする考え方である。2つ目は，いわゆる**ギブス・トムソン効果** <Gibbs-Thomson effect> による説明である。すなわち，粒径の大きい結晶粒子の溶解度 $C(r)$ は表面エネルギー効果により低くなる†2。そのため，成長の推進力である過飽和度 ΔC（$=C-C(r)$）が大きくなり，大きな粒子の成長速度が上がるという説明である。3つ目として，大きな結晶は（小さな結晶に比較して）ステップ供給源であるらせん転位の数密度が多く，そのため大きな粒子の成長速度が速くなるという説明である。ギブス・トムソン効果は，他の2つの効果に比べるとはるかに粒径の小さい領域で働く。

(b) 成長速度の分散

これは，温度，過飽和度などの成長条件が同じ場合でも，結晶成長速度が個々の結晶によって異なる現象である。工業装置内特有の現象というわけではなく，顕微鏡下においても見られる現象である。燐酸二水素アンモニウム（ADP）結晶の線成長速度 G の分散が，変動係数として40％程度になったという報告もある。

このような成長速度の分散が現れるのは，結晶の微視的構造（例えば，ラセン転位の数）が個々の結晶によって異なっているためと考えられる。つまり，結晶表面の微視的構造が，結晶成長（の表面集積）過程に大きく影響を与えているためと考えられる。

(c) ΔL の法則

「結晶成長速度が粒径に依存しない」とするこの法則は，McCabe により提案

---

†2　式 (3.3) は，濃度 C におけるクラスター粒子の臨界半径 r_c を与える式であった。半径 r の粒子を考えたとき，$r<r_c$ の粒子は溶け，$r>r_c$ の粒子は成長する。$r=r_c$ の粒子は成長も溶解もしない，つまり，平衡である。C は半径 r_c の粒子の溶解度である。式 (3.3) の r_c を r，および C を $C(r)$ にそれぞれ置き換え，整理すると，次式のようになる。

$$\ln\left(\frac{C(r)}{C_s}\right)=\frac{2\sigma v}{RTr}$$

$C(r)$ は粒子半径 r の関数として表した溶解度である。この式をギブス・トムソンの式という。

された。マッケーブの ΔL（デルタエル）の法則といわれる。上述したとおり，結晶成長は確かに粒径に依存する。しかし，粒径依存の現象を正確に考慮して議論すると，工業装置内における結晶粒度分布形成の取扱いは数学的に複雑になってしまう。ΔL の法則を適用すると，議論の簡略化と見通しがよくなる。

(d)　成長速度の時間的変動

工業装置内では数多くの結晶が懸濁した状態で成長している。同時に核化も起きている。このような状況における結晶成長は，顕微鏡下とは異なる可能性がある。図4.13に示したのは塩化ナトリウムの面成長速度に対する微結晶の衝突の影響[8)]である。顕微鏡下のフローセルに塩化ナトリウム結晶を固定し面成長速度を測定した。フローセル上流から流れてきた微結晶（20μm程度）が塩化ナトリウム結晶に衝突・付着する（85分31秒）と，約5分後に成長速度が2倍程度に増加し，その後5分程度の間に元の速度に戻っていくのが分かる。しかし，微結晶が衝突すれば必ずこのような成長速度の増加が起こるわけではなく，斉藤[8)]によれば54回の実験のうち13回このような成長速度の一時的増加が起こった。しかもそのときには必ず**マクロステップ** <macro-step>（分子サイズのステップ（図4.1参照）に比較してはるかに大きい高さを持つステップ）が発生し，その前進に伴って母液が結晶に取り込まれた。**液胞** <inclusion> の形成である。工業装置内では微結晶が結晶に衝突することは頻繁に起こることが容易に想像される。したがって，工業装置内では結晶は実験室内の制御された条件下より速く成

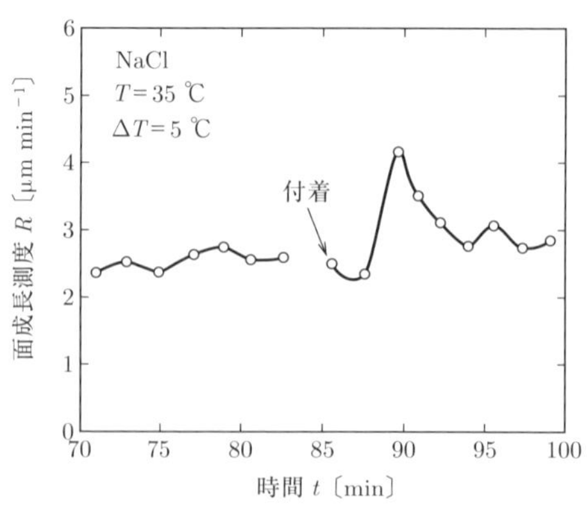

図4.13　塩化ナトリウム結晶の成長に及ぼす微結晶衝突の影響[8)]

長している可能性がある。なお，斉藤[8]によれば結晶に機械的衝撃が加えられた場合も成長速度の一時的増加と液胞の生成が起こる。

引用文献

1) Mullin, J. W. Crystallization, 4th ed. Butterworth-Heinemann, Oxford (2001)
2) Black, S. N., Davey, R. J. and Halcrow, M., Journal of Crystal Growth, **79** (1986) 765-774
3) Cabrera, N. and Vermilyea, D. A., in: Growth and Perfection of Crystals, Eds. Doremus, R.H., Roberts, B.W. and Turnbull, D. (Wiley, New York, 1968) p. 441.
4) Kubota, N. and Mullin, J. W., Journal of Crystal Growth, **152** (1995) 203-208
5) Minami, K., Hosogoe, Y., Yokota, M., Sato, A. and Kubota, N., in: The Proceedings of international workshop on industrial crystallization (BIWIC) (1999) pp. 19-26.
6) Kubota, N., Yokota, M. and Mullin, J. W. Journal of Crystal Growth, **182** (1997) 86-94
7) Kubota, N., Yokota, M. and Mullin, J. W. Journal of Crystal Growth, **212** (2000) 480-488
8) 斉藤昇：岩手大学博士論文，2000 年 3 月

演習問題

問 4.1 臨界二次元核半径 r_c を与える式（本文の式 (4.5)）を導け。

問 4.2 式 (4.21) を変形して式 (4.22) を導け。

COLUMN

巨大結晶

結晶は理論的にはどこまでも大きくなる。実際，どれほど大きな結晶が存在するのだろうか。2011年の新聞[1]に石膏（$CaSO_4$ $2H_2O$）の巨大結晶の写真が紹介された。太さ約1m，長さ約10mの柱状結晶が洞窟内に林立している写真である。この結晶は，メキシコ北部・ナイカ鉱山で洞窟を排水した際に見つかった。この結晶の写真は，インターネット上に多数出ていて，キーワード「Naica」で検索すると簡単に見ることができる。

工業装置内の溶液は比較的高過飽和であり，核化頻度は高い。だから，結晶の数は多い。しかも，結晶の成長に必要な溶質量は有限である。だから結晶は大きくなり得ない。ナイカの洞窟では，過飽和度は極端に低くて，核化はまれにしか起こらなかった。だから，結晶の数は少なかった。それでは，巨大な結晶ができるほどの大量の溶質の供給源は何かといえば，それは先に沈殿していた大量のしかも細かい無水石膏 $CaSO_4$ 結晶であった。すなわち，溶解度の比較的高い無水結晶が溶けて，同時に溶解度の低い（しかも数が少ない）二水結晶が成長していたのだ。つまり，無水結晶→二水結晶の溶液媒介転移が起きていたのである[2]。

一方，低過飽和だったため，結晶成長速度は極端に低かった。実際，洞窟から採取した溶液中の結晶成長速度を測定した[2]ところ，(010) 面（柱状結晶の側面）の成長速度は55℃で 1.4×10^{-5} nm s^{-1} だった。この速度は，人間の爪の伸びる速度の数万分の一[1]，また，通常の工業晶析における結晶の成長速度（1〜100 nm s^{-1}）[3]の1/100000〜1/10000000だった。だから，写真の結晶ができるのに百万年程度はかかったことになる。まさに地質学的時間である。

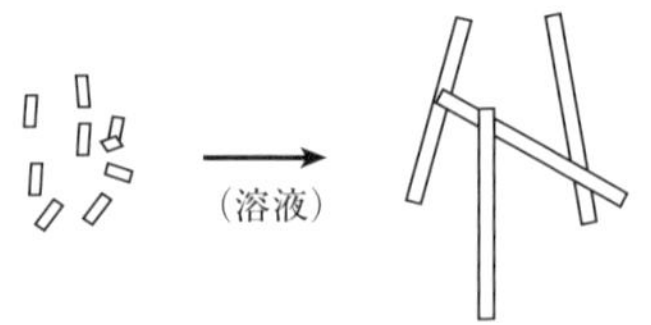

図 C4.1　石膏（$CaSO_4$ $2H_2O$）の溶液媒介転移

引用文献

1）朝日新聞，2011,10,21
2）Driessche, A. E. S., García-Ruíz, J. M., Tsukamoto, K. Patiño-Lopez, L. D. and Satoh, H., PNAS, 108（2011）15721-15726
3）Mullin, J.W. Crystallization 4th ed. Butterworth-Heinemann, Oxford（2001）p. 252

第5章

準安定領域と核化

第3章においては，核化の概略を説明するとともに，待ち時間と核化の関係について述べた。本章においては，準安定領域の幅 MSZW と核化の関係について述べる。**準安定領域** <metastable zone> の解釈については，従来多くの研究がなされており，諸説が提案されている。それらの中にはいささか受け入れにくいものも含まれ，解釈には依然として混乱が見られる。このことが，晶析全般を分かりにくいものにしているように思われる。

準安定領域に関する従来の考え方については本書の最後の第14章で概説するとして，本章では準安定領域に関する筆者らの解釈を紹介し，それに基づいて核化速度との関係を明らかにする。本章では主として，水溶液系における準安定領域の理論的側面を述べるが，潜熱蓄熱材（水和塩）融液の核化についても触れる。潜熱蓄熱においては，核化速度ではなく**過冷却** <subcooling>（実は MSZW そのもの）が直接の関心事である。潜熱蓄熱の場合，過冷却はできるだけ小さいことが望ましい。

準安定領域の幅は比較的簡単に決定できる。したがって，MSZW から核化に関する情報が得られたら有益である。本章の最後には，MSZW からの核化速度推定の可能性について検討し，MSZW の晶析操作における簡易利用法を提案する。

5.1 準安定領域の定義

サンプル容積が液滴のように小さな場合は，1個の核の発生が（それに続く急速な結晶成長により）“間接的に”検出される。このような場合 MSZW は「初

期飽和温度 T_0 の溶液を一定速度 R で冷却した場合における最初の核が発生したときの過冷却度 ΔT （$= T_0 - T$）」と定義することにする。このように定義された MSZW の値 ΔT は確率変数であって，その測定値は大きくばらつく。

一方，サンプル容積が例えば数 100 mL〜数 L と大きな場合は，核化の確率的様相は通常観測されず，核化は連続的かつ決定論的に起こる。このような場合 MSZW は，1 個の結晶（絶対数）の出現したときではなく，例えば濁度がある一定値に到達したときの過冷却度として決定される（5.3.2 項参照）。濁度は結晶の絶対数ではなく懸濁密度に関係する値である。そこでサンプル容積が大きな場合，MSZW は「結晶の懸濁密度 N/V が一定値 $(N/V)_{\mathrm{det}}$ に到達したときの過冷却度 ΔT （$= T_0 - T$）」と定義することにする。

これら 2 つの定義は，第 3 章における待ち時間の定義と基本的に同じであり，現実の実験を率直に反映している。これら 2 つの定義によって，核化確率（あるいは核化速度）が MSZW と結びつけられる。また，この定義により，MSZW と第 3 章の待ち時間も結びつけられる。

5.2 MSZW 測定実験

小容量サンプルによる MSZW 測定実験と，大容量サンプルによる実験に分けて述べる。いずれの実験も冷却速度 R 一定の条件で行われる。これに対して第 3 章の待ち時間の測定は一定温度下で行われた。両者の違いは等温か徐冷かのみであって，核化の本質は全く同じである。したがって，同じ考え方で説明できる。

5.2.1 液滴法 —小容量サンプルによる実験—

小容量サンプルの MSZW の値 ΔT は，確率的挙動を示し大きくばらつく。ばらつきの例を図 5.1 に示す。これは，容積 1.19 mL の硝酸カリウム水溶液サンプル 200 個について得られた ΔT の分布[1]である。この実験では冷却速度は $R = 0.112$ ℃ min^{-1} であった。このばらつきは大きく，単なる実験誤差ではない。

一方，図 5.2 に示したのは，Melia and Moffitt[2]により液滴法を用いて得られた塩化アンモニウム水溶液の（ΔT の分布ではなく）MSZW 中央値 ΔT_{med} である。図 5.2 を見ると，ΔT_{med} はサンプル容積の増加に伴って減少している。その

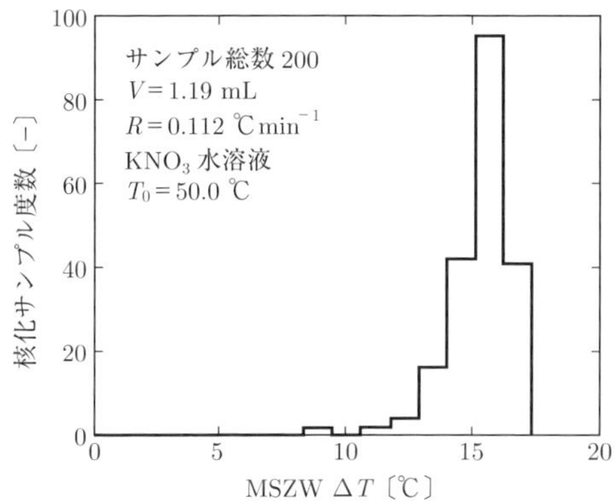

図 5.1 小容量サンプルによって得られた MSZW ΔT 分布の例

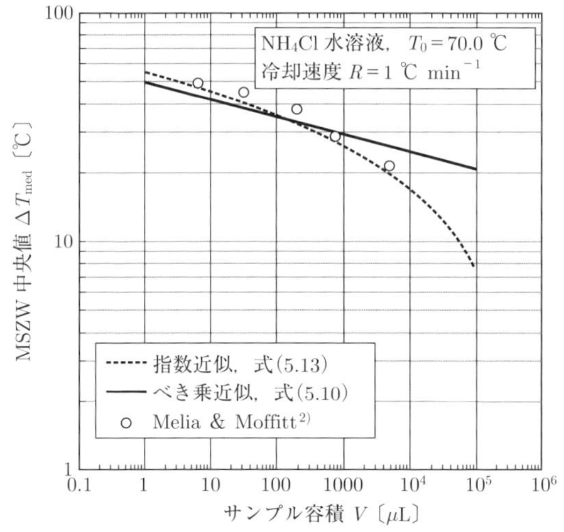

図 5.2 準安定領域の幅 ΔT の中央値 ΔT_{med} に対するサンプル容積の影響

理由は，サンプル容積の増加に伴ってサンプル当たりの核化確率 κ が増加するためである。サンプル当たりの核化確率 κ は，核化確率 B_1 とサンプル体積の積で与えられる。図 5.2 の実線および破線は，5.3.1 項に紹介する理論計算値である。Melia and Moffitt のこの実験は，冷却速度 $R = 1$ ℃ min^{-1} で行われた。この冷却速度は，この種の実験としては比較的速い。

なお，小容量サンプルの実験においては，最初の核 1 個の発生直後に急速な結晶化が進行し，サンプル全体があたかも固化したかのように観察される。“固化”を検出することにより，間接的に1個の核の発生点を知ることができる。このことは待ち時間測定の場合と同じである。

5.2.2　潜熱蓄熱材の核化実験

水和塩の結晶化熱は非常に大きいから，蓄熱材として使われる。結晶の溶解により熱を貯め（蓄熱），結晶化により熱を放出する。この結晶化による放熱は常に融点近くで確実に始まるのが望ましい。すなわち，核化開始過冷却度（上述のMSZWのことである）はできるだけ小さいことが望ましい。そこで，**発核材** <nucleation agent> を添加し，それによる不均質核化を促すことが行われている。発核材による蓄熱材の核化も，やはり確率的現象である。ここでは，発核材による蓄熱材の核化における待ち時間とMSZWが理論的に結びつけられることを示す。

図5.3に塩化カルシウム6水和物（$CaCl_2 \cdot 6H_2O$）融液の核化待ち時間分布と平均過冷却度[7]を示す。塩化カルシウム6水和物融液をガラスアンプルに取り，その中に発核材として酸化バリウム（BaO）結晶粒子を添加した。融液体積は1.3 mL，酸化バリウム添加量は0.0013 gである。この溶液サンプルを100個用意し，過冷却温度一定の条件で待ち時間分布（残留率P_r対時間t）を，徐冷条件下で平均過冷却温度ΔT_meanを決定した。なお，この冷却条件では，発核材無添加の場合には核化は起こらなかったから，ここでの核化はすべて発核材による不均質核化である。図5.3(a)に核化待ち時間分布を示した。図5.3(b)には，平均過冷却度（MSZW）ΔT_meanを冷却速度Rに対して示した。

図5.3(a)に見られるように，ln P_r対tは直線である。これは，各サンプルに同量ずつ発核材を添加しているため核化活性点が各サンプルに均等に分布し，サンプル当たり（単位時間当たり）の不均質核化確率κ_agentはどのサンプルにおいても等しかったためである。核化は一定の確率でランダムに起こるので，待ち時間（残留率P_r）の分布は式(5.1)で与えられる（式(3.10)参照）。

$$P_\mathrm{r} = \exp\left(-\kappa_\mathrm{agent} t\right) \tag{5.1}$$

図5.3(a)の直線の傾きが$-\kappa_\mathrm{agent}$である。κ_agentが過冷却度ΔTのべき関数，

$$\kappa_\mathrm{agent} = k_\mathrm{agent}\left(\Delta t\right)^{b_1} \tag{5.2}$$

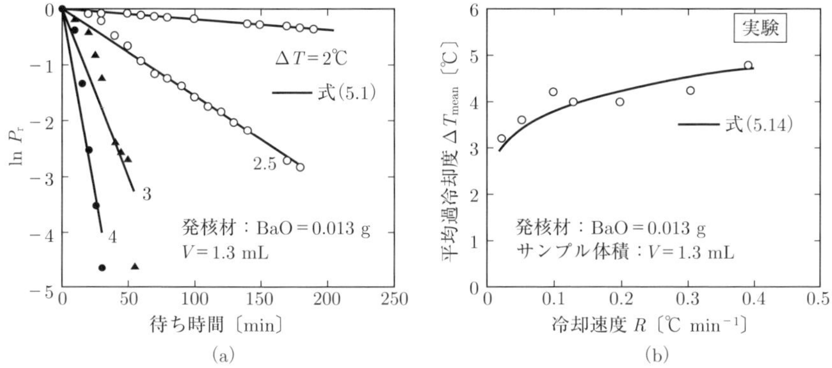

図 5.3 潜熱蓄熱材塩化カルシウム 6 水和物融液の結晶化：待ち時間分布と平均過冷却度（データは文献[7]より引用）

で表される場合，過冷却度 ΔT_{mean} が理論的に計算できる。この計算については後述する（5.3.1 項）。図 5.3(a) の待ち時間分布データからパラメーター k_{agent}〔min^{-1}〕および b_1〔－〕を決定し過冷却度 ΔT〔℃〕と相関したところ，式 (5.3) が得られた。

$$\kappa_{\mathrm{agent}} = 8.35\times10^{-5}\left(\Delta T\right)^{5.35} \tag{5.3}$$

このパラメーター値を用いて後出の式 (5.14) により計算した ΔT_{mean} を図 5.3(b) に実線で示した。実測の平均過冷却度と計算値は一致している。待ち時間と平均過冷却度はこのように式 (5.2) を介して関係づけられる。

5.2.3 撹拌槽実験 ―大容量サンプルの実験―

撹拌槽の場合も，MSZW の測定は待ち時間（3.3.2 項）の測定と基本的に同じである。徐冷（MSZW）か等温（待ち時間）かの違いだけである。溶液を撹拌しながら一定速度 R で冷却すると，溶液温度が飽和点（T_0）を過ぎてもすぐには微結晶は観察されない。冷却が進んだある時点で初めて，溶液中に複数の微結晶が観察される。この核発生点のもっとも簡単な検出方法は，肉眼による方法である。冷却中の溶液を観察しているとある時点で結晶が突然現れる（ように見える）。その後，溶液全体が白濁する。その様子はあたかも雪崩の発生のようであり，結晶のシャワーのようにも見える。微結晶が突然現れる温度を T_{m} とすると，$T_0 - T_m$ が大容量サンプルの準安定領域の幅 MSZW（ΔT_m と記す）である。このように微結晶が突然現れる点（といっても“突然”の判定はあいまいなものであるが）を T_m とすることが多い。しかし，それに続く白濁点を T_m とする場合もある。T_m の実験的定義はこのように恣意的なものである。T_m の決定には，肉眼のほか，種々の最新機器も用いられる。図 5.4 に Simon らの実験[4] を示す。Simon らは，Particle Track（FBRM）による結晶粒子カウント数およびビデオカメラによる懸濁液灰色度（濁度に相当）を測定して T_m を決定した。冷却を続けていくと粒子カウント数も灰色度もあるところで急激に増加し始める。彼らは，粒子カウント数および灰色度データの 3 分間移動平均値がその直前の移動平均値に比較して 5%増加した点を T_m（図中の○印）とした。T_m は使用機器により異なる。また，閾値“5%”の代わりに“10%”を採用したとすれば，また別の T_m が得られることになる。このように T_m の決定は（したがって，MSZW の決定も）最新機器を用いたとしても，その値はやはり恣意的で，その値にはあいまいさが残る。

図 5.5 に，MSZW データの例[5] を示した。このように，MSZW ΔT_m は一般に冷却速度の増加とともに増加する。また，測定手段（肉眼かコールターカウン

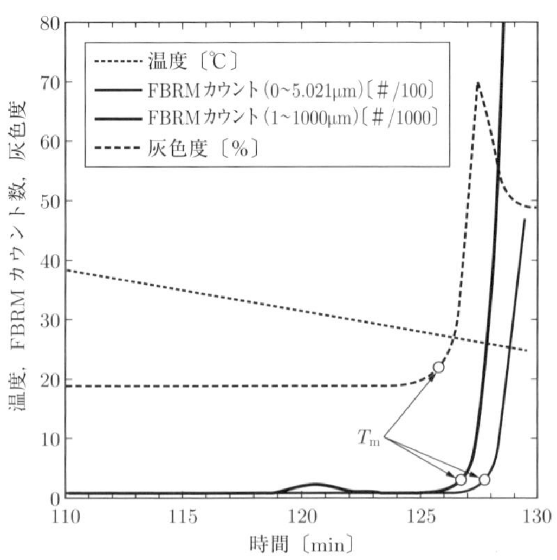

図 5.4　Simon らの MSZW 測定実験[4]

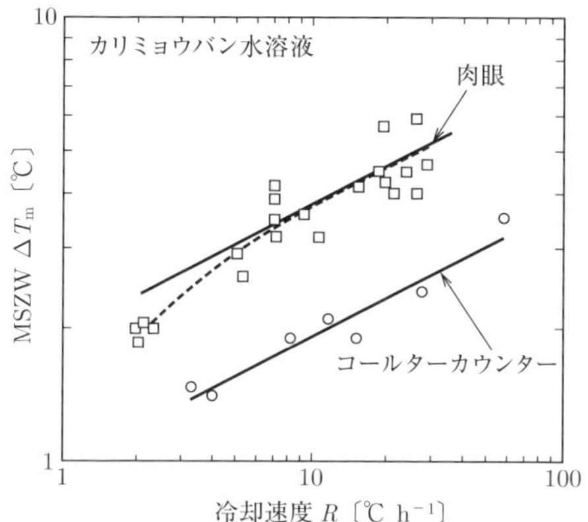

肉眼の場合の MSZW が低冷却速度領域で低下している（破線）が，
これは二次核の影響である（5.3.2 項 (b) 参照）。

図 5.5　撹拌系における MSZW の測定例 [5)]

ター か）による ΔT_{m} の違いも大きい。MSZW が撹拌速度の増加とともに減少することも知られている。さらに，不純物の混入により増加することもある。ただし，大容量サンプルの MSZW はサンプル容積 V には依存しない。

5.3　MSZW の理論 [3)]

5.3.1　小容量サンプルの場合

(a)　解析解

核化は不均質的にしかも確率的に起こるとする。不均一核化を起こす活性点は一般に各サンプルにランダムに分散していると考えられるが，ここでは簡単のために各サンプルに均等に n 個ずつ分布すると仮定する。3.1.1 項の結果を参考に，活性点の平均個数 n はサンプル容積 V の一乗および過冷却度 ΔT の b_1 乗に比例する（$n=\alpha V\Delta T^{b_1}$）と仮定する。さらに，活性点当たりの核化確率 k_{H} は一定と仮定する。すると，サンプル当たりの核化確率 κ は，$\kappa=nk_{\mathrm{H}}$ で与えられる。

$$\kappa = nk_{\mathrm{H}} = \left(\alpha V\Delta T^{b_1}\right)k_{\mathrm{H}} \tag{5.4}$$

ここに，k_{b1} および b_1 は定数である。なお，κ は第 3 章の単位体積当たりの不均質核化確率（あるいは核化速度）B_1 と $\kappa = B_1 V$ の関係がある。$B_1 = k_{b1}\Delta T^{b_1}$（式(3.8)）であるから，$\kappa = k_{b1} V \Delta T^{b_1}$ となる。

冷却速度 R は一定であるから，濃度不変（$T_s = T_0$）の場合，過冷却度 ΔT（$= T_0 - T$）は時間に比例して増加する。すなわち，$\Delta T = Rt$ となる。したがって，サンプル当たりの核化確率 κ は時間の関数となる。そこで $\kappa(t)$ と記す。

$$\kappa(t) = k_{b1} V (Rt)^{b_1} \tag{5.5}$$

$\kappa(t)$ が式 (5.5) で与えられるとき，MSZW の中央値 ΔT_{med} は以下のように導くことができる。時刻 $t \sim t + dt$ の間における残留確率の減少量 $-dP_r$ は残留確率 P_r に比例するので，式 (5.6) で与えられる。

$$-dP_r = P_r \kappa(t) dt; \qquad P_r = 1 \quad \text{at } t = 0 \tag{5.6}$$

時刻 t における残留率 P_r は，

$$P_r = \exp\left[-\int_0^t \kappa(s) ds\right] \tag{5.7}$$

式 (5.5) を代入して積分を実行すると，式 (5.7) は，

$$P_r = \exp\left[-\frac{k_{b1} V \Delta T^{b_1+1}}{R(b_1+1)}\right] \tag{5.8}$$

さらに，ΔT の累積分布関数 $F(\Delta T) = 1 - P_r$ は，

$$F(\Delta T) = 1 - \exp\left[-\frac{k_{b1} V \Delta T^{b_1+1}}{R(b_1+1)}\right] \tag{5.9}$$

MSZW の中央値 ΔT_{med}，すなわち $F(\Delta T) = 1/2$ のときの ΔT は，式 (5.10) のようになる。

$$\Delta T_{\text{med}} = \left[\frac{\ln(2) R(b_1+1)}{k_{b1}}\right]^{\frac{1}{b_1+1}} V^{-\frac{1}{b_1+1}} \tag{5.10}$$

一方，MSZW ΔT の分布密度関数 $f(\Delta T)$ は式 (5.11) で与えられる。

$$f(\Delta T) = \frac{dF(\Delta T)}{d\Delta T} = \frac{k_{b1} V}{R} \Delta T^{b_1} \exp\left[-\frac{k_{b1} V \Delta T^{b_1+1}}{R(b_1+1)}\right] \tag{5.11}$$

したがって，平均 MSZW（ΔT_{mean}）は式 (5.12)[3] となる。

$$\Delta T_{\text{mean}} = \int_0^\infty f(\Delta T)\Delta T d\Delta T = \Gamma\left(\frac{b_1+2}{b_1+1}\right)\left[\frac{(b_1+1)}{k_{\text{b1}}V}\right]^{\frac{1}{b_1+1}} R^{\frac{1}{b_1+1}} \tag{5.12}$$

ただし，$\Gamma\left(\frac{b_1+2}{b_1+1}\right)$ はガンマ関数†1 である

図 5.2 の実線は式 (5.10) による計算値である。実測値の傾向を表現できている。計算に用いたパラメーター k_{b1} および b_1 は第 3 章の待ち時間のデータ（図 3.4）を用いて決定した値である。それゆえ，図 5.2 における計算値と実測値のおおよその一致は，待ち時間と MSZW が同じ理論で解釈できることを示す。

なお，先の図 5.2 の破線は，核化確率 $\kappa(t)$ を過冷却度の指数関数（$\kappa(t) = B_1 V = aV\exp(b\,\Delta T)$：$a$，$b$ は定数）で近似した場合である。この場合の ΔT_{med} は式 (5.13) で与えられる[1)]。

$$\Delta T_{\text{med}} = \frac{1}{b}\ln\left[1 + \frac{bR\ln 2}{a}V^{-1}\right] \tag{5.13}$$

なお，計算に用いたパラメーター a，b は，べき関数の場合と同様，図 3.4 の待ち時間データを用いて決定した。指数関数の場合（破線）もべき関数（実線）の場合とほぼ同等の計算結果が得られている。どちらの関数を用いても非線形性の強い核化確率の過冷却度依存性が適切に表現できていることになる。なお，図 5.2 に見られるような，（各サンプルに対する活性点の均等分布を仮定した）MSZW の計算と実験の一致は，冷却速度 R が比較的大きな場合のみに見られる。冷却速度が小さい領域は計算値の方が実験値より大きくなる。

なお，式 (5.4) の $k_{b1}V$ を k_{agent} に置き換えたものが，発核材の核化確率を与える式 (5.2) であるから，式 (5.12) の $k_{b1}V$ を k_{agent} に置き換えると蓄熱材に対する平均過冷却度 ΔT_{mean} を与える式 (5.14) が得られる。図 5.3(b) の実線は，式 (5.14) による計算値である。実測値と計算値はよく一致していることは前述のとおりである。

$$\Delta T_{\text{mean}} = \Gamma\left(\frac{b_1+2}{b_1+1}\right)\left[\frac{(b_1+1)}{k_{\text{agent}}}\right]^{\frac{1}{b_1+1}} R^{\frac{1}{b_1+1}} \tag{5.14}$$

†1 ガンマ関数は，実部が正の複素数 x に対して次式で定義される。

$$\Gamma(x) = \int_0^\infty t^{x-1}e^{-t}dt \quad (\text{Re}\,x > 0)$$

計算に用いたパラメーター k_{agent} および b_1 は，待ち時間データから決定した式 (5.3) における値である。この実線は実測値 ΔT_{mean} に当てはめたものではないことを注意しておきたい。

(b)　モンテカルロ法による核化シミュレーション

小容量サンプルの核化が確率的に起こることの理解を助けるために，モンテカルロ法による核化シミュレーションを行ってみる。なおここでは，シミュレーションはすべて Excel シート上で行う。

説明の簡単化のため，10 個のサンプルを対象に（等温下における核化すなわち）待ち時間分布のモンテカルロ法によるシミュレーションを行ってみる。まず，時間を 10 min のステップに分割する。図 5.3(a) の実験の $\Delta T = 3$℃の場合，単位時間当たりの核化確率は式 (5.3) によると $\kappa_{agent} = 0.0298\ \mathrm{min}^{-1}$ である。したがって，各ステップにおける核化確率は $\kappa_{agent} \times 10 = 0.298$ である。Excel で発生させた 0〜1 間の一様乱数 RAND とこの確率を比較し，RAND ≤ 0.298 の場合は核化，RAND > 0.298 の場合は核化なしと判定する。例えば，表 5.1 の No.1 のサンプルについて見ると，最初のステップでは核化なし (0)，次のステップで

表 5.1　モンテカルロシミュレーション

待ち時間〔min〕	10	20	30	40	50	60	70	80	90	100
ステップ幅〔min〕	0〜10	10〜20	20〜30	30〜40	40〜50	50〜60	60〜70	70〜80	80〜90	90〜100
$\kappa_{agent} \times 10$〔−〕	0.298	0.298	0.298	0.298	0.298	0.298	0.298	0.298	0.298	0.298
サンプル No.1	0	0	1							
No.2	0	0	0	0	0	0	0	0	1	
No.3	0	1								
No.4	0	0	1							
No.5	0	1								
No.6	0	0	0	0	0	0	1			
No.7	0	0	0	1						
No.8	0	0	0	0	1		0		0	0
No.9	0	0	0	1	0		0			0
No.10	0	1								
ΔN	0.000	3.000	2.000	2.000	1.000	0.000	1.000	0.000	1.000	0.000
累積値 N	0.000	3.000	5.000	7.000	8.000	8.000	9.000	9.000	10.000	10.000
残留率 P_r ※	1	0.7	0.5	0.3	0.2	0.2	0.1	0.1	0	0
$\ln P_r$	0	−0.35667	−0.69315	−1.20397	−1.60944	−1.60944	−2.30259	−2.30259		

※ $P_r = (N_0 - N)/N_0$：$N_0 =$ サンプル総数

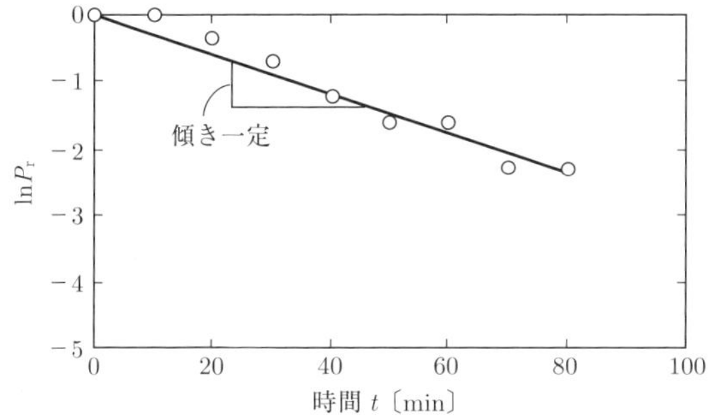

図 5.6 モンテカルロ法による待ち時間分布

も核化なし，3 番目のステップで核化あり（1）である。この場合の待ち時間は 3 番目のステップの右端，30 min ということになる。同様に No.2 のサンプルでは，待ち時間は 90 min，No.3 は 20 min である。このように，待ち時間はサンプルごとに大きくばらつく。こうして得られる待ち時間データを集計し，残留率 P_r 対時間 t の関係が得られる。結果を図 5.6 に示す。サンプル数が少ないためそれほど明確ではないが，$\ln P_r$ 対 t の関係は，式 (5.1) の理論どおり傾き一定（$-k_{agent}$）の直線になっている。

(c) MSZW のモンテカルロ法による計算

過冷却度あるいは MSZW のモンテカルロシミュレーションも同様に行うことができる。ただし，この場合は各ステップの核化確率が時間の経過（すなわち過冷却度 ΔT の進行）に伴って，増加する。この点が待ち時間（一定温度）の場合と異なる。シミュレーションの方法は章末の演習問題「問 5.1」を見ていただきたい。

実験（図 5.3(b)）と全く同じ条件で塩化カルシウム融液の平均過冷却度（MSZW）のモンテカルロシミュレーションをしてみる。すなわち，サンプル数は 100 個とし，塩化カルシウム核化確率は式 (5.3) で与えた。結果を図 5.7 に示す。モンテカルロ法で得られた値 ΔT_{mean} は，図 5.3(b) の実験値と同様，解析解とほぼ一致している。この一致は，小容量サンプルの核化が確率現象であることを（証明するものではないが）支持するものである。

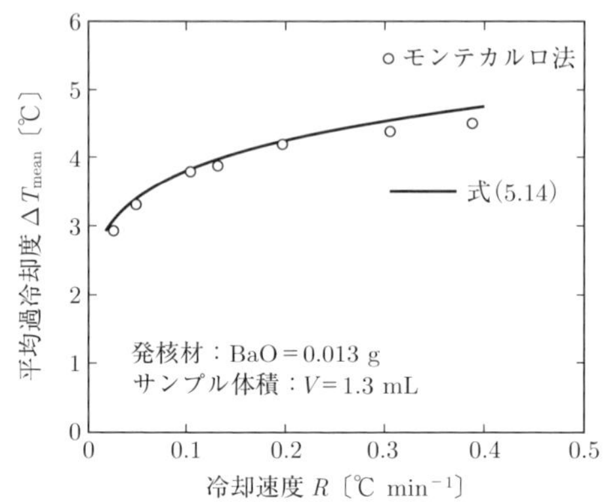

先に示した実験（図5.3(b)）とよく似た結果が得られている。

図5.7 モンテカルロ法による塩化カルシウム融液の平均過冷却度

5.3.2 大容量サンプルの場合

大容量サンプルを用いたMSZWの実験では，冷却に伴って結晶の個数は連続的に増加していく。MSZWは，「結晶の個数密度 N/V がある一定の値 $(N/V)_{\mathrm{det}}$ に到達したときの過冷却度」と定義される。ところで，$(N/M)_{\mathrm{det}}$ 値の大小は検出器あるいは検出法に依存するので，検出器感度と呼ぶことができることは待ち時間の場合（3.2.2項）と同じである。実際，MSZWが検出法に依存することは，実験的によく知られていることである。

まず初めに，不均質一次核化のみ（しかも濃度変化なし）のケースについて述べ，次いで二次核化媒介機構（図3.6参照）と濃度変化を同時に考慮した場合について述べる。二次核化媒介機構とは，二次核化による粒子数増加の機構である。

(a) 不均質核化のみ濃度変化なしの場合

結晶個数密度 N/V は，単位容積当たり核化速度 $\kappa(t)/V$（これは B_1 に等しい）の時間積分で与えられる。濃度低下が無視できる場合，飽和温度 $T_{\mathrm{s}}=T_0$ であるから時間 t と過冷却度 $\Delta T=T_0-T$ の間には直線関係 $\Delta T=Rt$ が成立する。結晶の個数密度 N/V は B_1 の時間積分で式(5.15)のように与えられる。

$$\frac{N}{V}=\int_0^t B_1 dt=\int_0^{\Delta T}\frac{B_1}{R}d\Delta T \tag{5.15}$$

核化速度 B_1 を液滴法の核化確率と同様，$B_1=k_{b1}\Delta T^{b1}$ で与えると，式(5.15)

の積分は式 (5.16) となる。

$$\frac{N}{V}=\left[\frac{k_{b1}}{(b_1+1)R}\right](\Delta T)^{b_1+1} \tag{5.16}$$

式 (5.16) に MSZW の定義 ($N/V=(N/V)_{det}$ のとき，$\Delta T=\Delta T_m$) を適用すると，MSZW (ΔT_m) と冷却速度 R の関係が得られる。

$$\Delta T_m=\left(\frac{\left(\frac{N}{V}\right)_{det}(b_1+1)}{k_{b1}}\right)^{\frac{1}{b_1+1}} R^{\frac{1}{b_1+1}} \tag{5.17}$$

ΔT_m はサンプル容積 V に依存しない。式 (5.17) の両辺の対数をとると，

$$\log\Delta T_m=\frac{1}{b_1+1}\log\left(\frac{\left(\frac{N}{V}\right)_{det}(b_1+1)}{k_{b1}}\right)+\frac{1}{b_1+1}\log R \tag{5.18}$$

となる。式 (5.17) による計算結果は，図 5.9 および図 5.10 に示す。

(b) 二次核化および濃度変化を考慮した場合

MSZW 測定においては，初期には一次核のみが発生する。しかし，発生した核は当然成長するので，成長したこれらの結晶によりやがて二次核が発生し始め，ついには二次核化が支配的になる。二次核化媒介機構（図 3.6）による結晶個数の増加である。

二次核化媒介機構を考慮した MSZW の数値計算は，通常の**ポピュレーションバランスモデル** <population balance model> を用いて行うことができる。ポピュレーションバランスモデルについては，第 6 章で詳しく説明する。ここでは数値計算による MSZW の計算法の概略と検討結果のみを述べる。なお，数値計算においては，一次核化速度 B_1，二次核化速度 B_2 および成長速度 G は，濃度変化を考慮して，ΔT（$=T_0-T$）でなく T_s-T の関数として表すことにする。濃度変化は T_s の変化によって考慮される。

$$B_1=k_{b1}(T_s-T)^{b_1} \tag{5.19}$$

$$B_2=k_{b2}(T_s-T)^{b_2}\mu_3 \tag{5.20}$$

$$G=k_g(T_s-T)^g \tag{5.21}$$

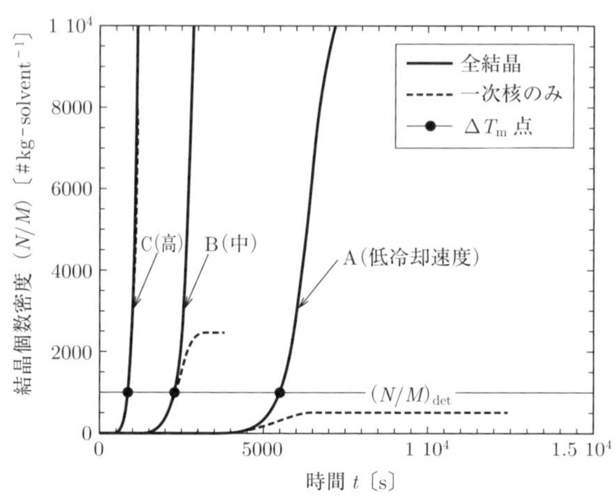

懸濁密度は溶媒質量 M 基準で表している。

図 5.8　結晶個数密度変化（数値計算）[6)]

ここに，k_{b1}，b_1，k_{b2}，b_2，k_g，g は，一次核化速度，二次核化速度および結晶成長速度パラメーター，μ_3 は結晶粒度分布の 3 次モーメント（式 (3.27) および式 (6.27) 参照）である。つまり，二次核化は結晶存在量に比例すると仮定している。

MSZW の計算のためには，まず結晶粒子数の時間的変化を計算する。結晶粒子数増加の計算例[6)]を図 5.8 に示す。全結晶数（一次核由来の結晶と二次核由来の結晶の合計）の増加は，図 5.4 の実験結果（灰色度と Particle Track（FBRM）カウント数）と同じ傾向を示している。低冷却速度の場合（A），二次核の寄与が大きいので全結晶数の合計は，一次核由来の結晶の数（破線）と大きく異なる。一方，高冷却速度の場合（C）は実線と破線は一致していて，二次核の寄与はほとんど無視できることが分かる。実は，図 5.8 の計算に用いた数値計算モデルは，そのまま回分冷却晶析過程の数値計算にも使える。というよりそもそも回分冷却晶析数値計算モデル（第 6 章参照）そのものである。

数値計算による MSZW (ΔT_m) の決定は，実際の実験（図 5.4）にならって行う。すなわち，全結晶（一次核と二次核の合計）の結晶個数密度 $(N/M)_{total}$ が検出感度 $(N/M)_{det}$ に到達したとき（図 5.8 の●印）の過冷却度 ΔT_m として決定する（なお，ここに引用した数値計算における結晶個数密度は，溶媒質量基準 N/M で行われている。容積基準 N/V との違いは本書の議論には影響を与えないので，本

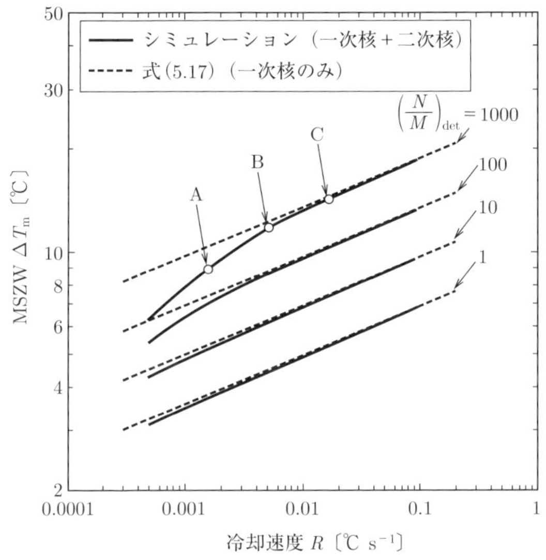

A, B, C は，図 5.8 の冷却速度に対応

図 5.9 MSZW の数値計算：冷却速度および検出感度の影響[6)]

書では両方を混用する)。

数値計算で得られた MSZW 値を解析解（これも溶媒質量基準による計算，すなわち式 (5.17) の $(N/V)_{\mathrm{det}}$ を $(N/M)_{\mathrm{det}}$ に置き換えた式による計算）とともに図 5.9 に示した。ΔT_{m} の数値計算値は冷却速度とともに増加し，同時に検出感度に大きく依存する。検出感度が上がる（$(N/M)_{\mathrm{det}}$ の値が下がる）と MSZW 値が小さくなる。図 5.5 の実験データを振り返ってみると，感度の影響（肉眼よりもコールターカウンターの方が感度は高い）および冷却速度の影響は計算による傾向と同じである。さらに，図 5.9 の二次核化の MSZW に対する影響（実線と破線の違い）は，低冷却速度域および検出感度の低い場合に顕著になる。

結晶懸濁系においては，撹拌によって二次核化速度 B_2 が増加することが実験的事実として知られている。式 (3.25) および式 (3.26) に示したとおりである。数値計算によれば，MSZW は k_{b2} の増加（すなわち撹拌速度の増加）とともに減少する（図 5.10)。すなわち，二次核化媒介機構により，撹拌速度の MSZW に対する効果を説明することができる。

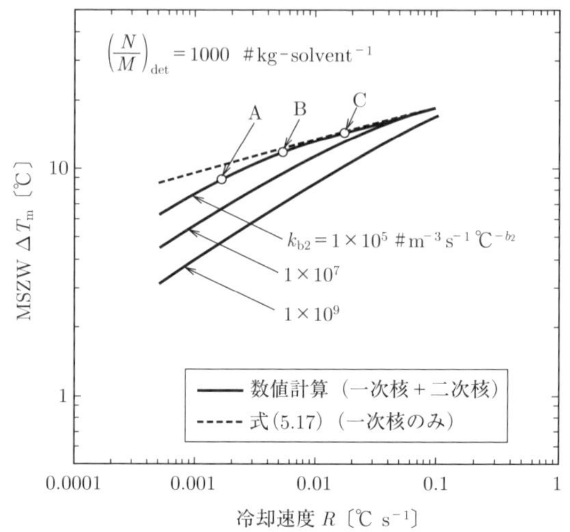

k_{b2} の増加に伴って MSZW は減少する。$k_{b2} \propto N_r^j$ の関係があるので，これは，攪拌の効果とみることができる。A, B, C は，図 5.8 の冷却速度に対応。

図 5.10　MSZW の数値計算：冷却速度および二次核化速度係数 k_{b2} の影響[6)]

5.4　MSZW から核化速度を推定できるか

MSZW 実験は比較的簡単である。実験は，必ずしも最新の機器を使わなくてもできる。したがって，MSZW から核化速度が推定できたら非常に有益である。ここではその可能性を考える。

5.4.1　核化速度の推定　―小容量サンプルの場合―

小容量サンプルの場合は，最初の 1 個の核の発生点が MSZW として検出され，その値 ΔT は確率変数である。その中央値 ΔT_{med} は式 (5.10) で与えられる。したがって，ΔT_{med} 対サンプル体積 V のデータに式 (5.10) を（最小二乗法を用いて）当てはめる[†2]ことにより，一次核化パラメーター k_{b1} および b_1 を決定できる。こうして，単位体積当たりの核化確率（核化速度）B_1 が求められる。また，これと同様に，サンプル体積 V 一定の条件下で得られる冷却速度 R 対 ΔT_{med} の

†2　この種の計算は Excel のソルバーを用いて簡単にできる。

データを用いても，B_1 を決定できる。さらに，中央値の代わりに平均値 ΔT_{av} を用いても B_1 の決定は可能である。この場合は，式 (5.14) を（k_{agent} を $k_{b1}V$ に置き換えて）用いればよい。小容量サンプルのデータから求められた核化速度 B_1 は，撹拌槽型晶析装置あるいは工業装置における一次核化速度でもある。しかし，これらの晶析装置における実際の核化は B_1 に従って進行しない。それは，このような懸濁型の晶析装置においては一次核化よりも二次核化がはるかに優先的に起こるからである。

5.4.2 核化速度の推定 ―大容量サンプルの場合―

大容量サンプルのMSZW実測値 ΔT_m から一次核化速度 B_1 を推定することも理論的には可能である。しかし，注意しなければならない問題が2つある。1つは検出感度 $(N/V)_{det}$ の値が通常は未知であることであり，もう1つは二次核化媒介機構（3.2.2項参照）の存在である。

$(N/V)_{det}$ の値は，ΔT_m 点における結晶粒子懸濁密度を実測すれば決定できるはずであるが，これは容易ではない。このほかに，小容量サンプルの実験データを利用する方法がある。この場合，パラメーター k_{b1} および b_1 がすでに手元にあるから，感度 $(N/V)_{det}$ の値を仮定すればMSZW ΔT_m を計算できる。この計算値と実測の ΔT_m が一致するように $(N/V)_{det}$ を定めることができる。ただし，二次核化媒介機構は回避されていなくてはならない。

二次核化媒介機構の影響を回避するためには，可能な限り感度の高い $(N/V)_{det}$ の小さい検出器を用いて，低撹拌速度領域でMSZWを測定すればよい。このような条件下では，二次核化媒介機構が働かないからである。このことは，MSZWの数値計算結果（図5.9および図5.10）を見れば明らかである。なお，二次核化媒介機構の影響が回避できているかどうかの実験的確認は，MSZWに対する撹拌の影響をチェックすればよい。撹拌の影響が無視できる場合は，二次核化媒介機構の影響は受けていないと判定できる。

核化速度 B_1 および B_2 の推定法は次のように行うことができる。種結晶は添加しないで，感度はある程度低く（$(N/V)_{det}$ は大きく）し，二次核化媒介機構が働く条件で ΔT_m を測定する（例えば，図5.5の肉眼によるデータ）。一方，成長速度パラメーター k_g，g は，別に行う成長実験のデータから決定できる。した

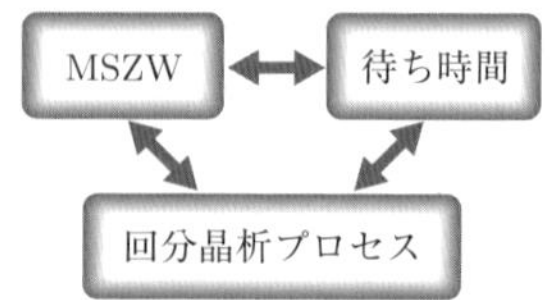

図 5.11　MSZW，待ち時間および回分晶析プロセスは密接に関係している

がって，一次核化速度および二次核化速度パラメーターを仮定して，数値計算によりMSZWを求めることができる。数値計算値と実験値を比較することによりパラメーター k_{b1}, b_1, k_{b2}, b_2 を決定できる。

もう1つの方法として，未知パラメーター $(N/V)_{det}$, k_{b1}, b_1, k_{b2}, b_2, k_g, g の探索問題として，一挙に一次核化速度，二次核化速度および結晶成長速度を決定する方法が考えられる。この際，同じ晶析装置を用いて回分晶析実験も行い，溶液濃度変化（すなわち過飽和度変化），結晶個数変化，粒径変化など実測可能なあらゆるデータを利用してパラメーター探索を行えば，より正確な値の探索が可能になる。というのは，MSZWの数値計算に用いるポピュレーションバランスモデルは，そのために作成した特別なものではなく，回分晶析に使えるモデル（第6章参照）でもあるからである。MSZW，待ち時間および回分晶析プロセスの三者は，当然のことながら密接に関係している（図5.11）。

5.4.3　MSZW利用の簡便法

MSZWと核化は密接に関係していることは明らかである。しかし，MSZWの値から核化パラメーターを厳密に推定することは，5.4.2項で述べたように，それほど単純ではない。MSZWの簡単な利用法が望まれる。ここで，1つの方法を提案する。この方法は数式はいっさい使用しない。この方法では定性的な核化情報しか得られないが，それでも晶析プロセスの操作法を考えるうえで有益であろう。

この方法では，標準装置を用いて標準化された手法でMSZWを測定する。例えば，数100 mL～1 L程度のガラス製撹拌槽を用意し，これを標準装置として用いる。撹拌速度は常に一定（例えば数100 rpm）に固定する。適当な濃度（飽和温度）の溶液を用意して，これを一定速度 R で冷却しMSZWを決定する。冷却速度は一定の範囲で変化させる。溶液濃度（飽和温度）および冷却速度は，通常の実験室で通常の設備で無理なく実現できる範囲に設定するのがよい。例えば，冷却速度は 1～10 ℃ h^{-1}，溶液飽和温度 40～50℃程度である。MSZW 点の決定は，肉眼でもよいし，濁度計でも Particle Track（FBRM）でもよい。最近，自動的に決定する装置も市販されているようであるが，あえてそのような機器を用いる必要はない。重要なことは検出感度$(N/V)_{\mathrm{det}}$が(その値は不明だとしても)常に一定になるようにすることである。特に肉眼法の場合は MSZW 決定法のマニュアル化が必要である。測定者によって MSZW が変わっては困る。このようにして，例えば図 5.5 のようなデータ（2 つの手法で測定する必要はなく，どちらか一方でよい）を取る。

一方，実機の運転条件（溶液仕込み量，溶液初濃度，初期温度，冷却温度パターン，冷却水温度，冷却水流量など），および製品結晶データ（粒径，粒径分布，結晶形状など）は，当然記録されているから，既存の物質に対して，これらの現場のデータと実験室の MSZW データを整理しデータベース化しておく。新規物質については，実験室で MSZW を測定し，データベースを参考に，新規物質の生産条件（仕込み濃度，撹拌速度，冷却温度など）を決める。この方法はデータの蓄積量が多くなれば，有効な方法になるに違いない。

MSZW 利用の簡便法は以上のとおりであるが，ここで一言断っておきたいことがある。従来から，「MSZW は核化の準備期間（14.2 節参照）であって MSZW 内の過飽和領域では一次核化は起こらない。核化を起こさず安全に操作できる。だから，実験室で MSZW を測定し，その値をあらかじめ知っておくことが重要だ」といわれている。この考えは，実は正しくないのであるが，広く信じられている。ここで述べた MSZW の利用法は，そのような従来の考えに沿ったものではない。むしろ，「MSZW 内の過飽和度でも核化は起こる」とする立場である。なお，従来の MSZW に関する従来の考え方については，第 14 章の解説を参考にしていただきたい。

引用文献

1) Kubota, N., Fujisawa, Y., Tadaki, T., Journal of Crystal Growth, **89** (1988) 545-552
2) Melia, T.P. and Moffitt, W. P., Journal of Colloid Science, **19** (1964) 433-447
3) Kubota, N., Journal of Crystal Growth, **418** (2015) 15-24
4) Simon, L. L., Nagy. Z. K., Hungerbuhler, K., Chemical Engineering Science, **64** (2009) 3344-3351
5) Mullin, J. W., and S. J. Jančić. Trans I ChemE, **57** (1979) 188-193
6) 久保田徳昭，化学工学会編：最近の化学工学 64,「晶析工学は，どこまで進歩したか」，第1章，三恵社 (2015) pp. 1-14
7) 及川収，修士論文（岩手大学）(1988)

演習問題

問 5.1 Excel シート上でモンテカルロシミュレーションを行い，塩化カルシウム融液の平均過冷却度を計算してみよ。サンプルの単位時間当たり核化確率 κ_{agent} は，図 5.7 のシミュレーションの場合と同様，式 (5.3) で与えられるとする。簡単のためにサンプル数 $N_0=10$ とする。また，冷却速度 $R=0.2$℃ min^{-1} とする。シミュレーションにおいては温度はステップ状に下げていく。ステップの時間間隔 $\Delta t=5\,\text{min}$ とする。すると，1 ステップごとに過冷却度は 0.5℃ずつ増加することになる。計算結果を図 5.7 と比較してみよ。

COLUMN

一次核化に対するろ過の効果

均質核化は実現が難しい。特に工業生産現場では，ほとんど均質核化は不可能である。それを示す直接的実験的証拠はないが，1 つの間接的な証拠として，MSZW（核化しにくさの指標）に対するろ過効果がある。図 C5.1 に示したのは $KBrO_3$ 水溶液の MSZW データ[1] である。ガラスアンプル 200 本に溶液を 1.2 mL ずつ封じ込み，これを一斉に徐冷して各サンプルの MSZW を求めたものである。小容量サンプルの実験だから，核化は確率的で MSZW の値は大きくばらつく。それはそれとして，注目すべきは MSZW に対するろ過の効果である。

ろ過しない場合は，MSZW は 10〜45℃の範囲に収まる。口径 1 μm のフィルターでろ過した場合，MSZW は 30〜55℃の範囲と，ばらつきの範囲は狭まりかつ高過冷却側にシフトする。さらに，0.1 μm のフィルターの場合は，MSZW の値は大きくなり，最小値でも 40℃，最大値は 65℃にも及ぶ。このように，ろ過により核化が起こりにくくなる。このことは，一次核化が均質核化ではなく不均質核化であることの証拠である。注意深く行った実験でもこのような状況であるから，工業生産現場ではほとんど不均質核化であることは容易に想像できる。

なお，MSZW の値は，$KBrO_3$ のメーカーによっても，また，同じメーカーでも製造ロットに違いによっても変わることが分かっている[1)]。

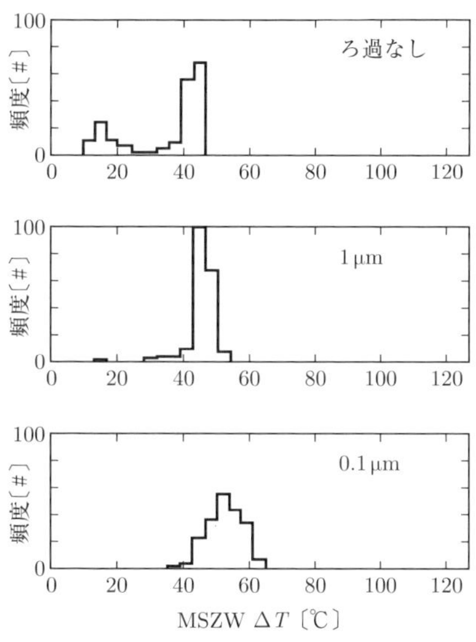

図 C5.1　MSZW に及ぼすろ過の効果

引用文献

1) Kubota, N., and Y. Fujisawa. Industrial crystallization 84: Proceedings of the 9th Symposium on Industrial Crystallization, The Hague, The Netherlands, Vol. 2. Elsevier (1984) 259-262

第6章

ポピュレーションバランスモデル

晶析プロセスの挙動やその詳細はどのようになっているのだろうか。本章では，晶析プロセスを数学的に記述するために，ポピュレーションバランスモデルを導入する。ポピュレーションバランスモデルは，**ポピュレーションバランス** <population balance>，**マスバランス** <mass balance> の2つの保存則からなる。ポピュレーションバランスモデルの基本は，**ポピュレーションバランス式** <population balance equation, PBE>，**マスバランス式** <mass balance equation, MBE> の2つの保存則であるが，核化速度，成長速度の表し方，結晶粒子の凝集と破壊を考慮するかしないかなどにより，モデルの構造は変化する。なお，より一般的には**エネルギーバランス式** <energy balance equation, EBE> を組み込むべきであるが，本章ではそれはしない。

晶析プロセスを記述するPBEは一般的には偏微分方程式であり，特殊な場合を除いて解析解を求めることはできない。PBEを解くための一般的手段は，**数値計算** <numerical calculation> である。数学的に記述された晶析プロセス（すなわち，ポピュレーションバランスモデル）は，コンピュータの中に再現され，晶析プロセスにおける結晶粒子数の変化や結晶成長，核化速度，溶液濃度の変化を明快に説明してくれる。

6.1　核化および成長速度の表現と個数密度の定義

ポピュレーションバランスモデルが晶析プロセスを適切に表現しているとすれば，そのモデルを用いて，現象に対する理解や晶析後の製品の粒径分布や結晶収量を予測することが可能となる。モデル構造の単純化はモデルの見通しを良くするので，可能な限りの単純化が望ましい。しかし，単純化が過ぎると正確さが低下する。モデル構造の単純化の程度は，モデルの見通しの良さと正確さのトレードオフにより決まる。

6.1.1 核化および成長速度

ポピュレーションバランスモデルを考えるうえで，核化（一次，二次）および結晶成長の取扱いは重要である。本章では，一次核化速度 B_1 および二次核化速度 B_2 に対する過飽和度の影響は，両者とも過冷却度 $T_s - T$ のべき関数で表現する。この表現は，式 (5.19) および式 (5.20) にすでに示した。再掲すると次のとおりである。

$$B_1 = k_{b1}\left(T_s - T\right)^{b_1} \tag{6.1}$$

$$B_2 = k_{b2}\left(T_s - T\right)^{b_2} \mu_3 \tag{6.2}$$

上式における $T_s - T$ は単なる温度差ではない。飽和温度 T_s は溶液濃度の関数であるから，これによって溶液濃度が考慮されている（図 2.6 参照）。また，二次核化速度は結晶懸濁密度に影響されることが知られているが，この効果は二次核化速度が結晶粒径分布の 3 次モーメント μ_3 に比例するとして表現した（式 (3.26) 参照）。結晶粒径分布の 3 次モーメントの定義は式 (3.27) に示したが，一般的な ***i* 次モーメント** <*i*'th moment of crystal size distribution> については後述する（式 (6.27) 参照）。3 次モーメントに結晶形状係数と結晶固体密度を掛けると単位溶液体積当たりの懸濁結晶総質量 M_T となる。結晶成長速度 G もやはり $T_s - T$ のべき関数で与える。成長速度式もすでに式 (5.21) に示したが，成長速度式もここに再掲する。

$$G = k_g\left(T_s - T\right)^{g} \tag{6.3}$$

現実の晶析装置から取り出した結晶を観察しても一次核と二次核を見分けることは不可能であるが，ポピュレーションバランスモデルを用いた数値解析では，これらを分けて取り扱うことができる。一次核と二次核を分離できることのメリットは，回分晶析過程における粒径分布の変化，待ち時間や MSZW に対する撹拌の影響，さらに結晶多形の溶液媒介転移現象の詳細な検討ができる点にある。

6.1.2　個数密度

ポピュレーションバランス式では**個数密度** <population density> が変数として使われる。個数密度は，次式に示すように単位溶媒質量[†1]当たりの個数密度関数 $n(L)$〔# m^{-1} kg-solvent^{-1}〕として定義する。

$$n(L)=\frac{1}{M}\lim_{\Delta L\to 0}\frac{\Delta N}{\Delta L}=\frac{1}{M}\frac{dN}{dL} \tag{6.4}$$

ΔN は区間 ΔL 内の粒子数〔#〕，M は溶媒質量〔kg-solvent〕である。

6.2　ポピュレーションバランス式

MSMPR 晶析装置に対して，**非定常ポピュレーションバランス式** <unsteady-state population balance equation> を導出し，その特殊なケースとして定常連続 MSMPR 晶析装置に対する定常ポピュレーションバランス式および回分冷却晶析に対する非定常ポピュレーションバランス式を導く。ただし，簡単のために以下の仮定をおく。

(1)　結晶成長速度は粒径に依存しない（McCabe の ΔL の法則の成立）。

(2)　核の粒径は，一次核，二次核を問わず，ゼロである。

(3)　晶析装置内は完全混合状態にある。

(4)　結晶粒子の凝集および破壊はない。

6.2.1　MSMPR 晶析装置に対するポピュレーションバランス式　―非定常の場合―

非定常連続 MSMPR 晶析装置（図 6.1）には，流量 Q〔kg-solvent s^{-1}〕で溶液が流入し，同じ流量で流出する。装置内溶媒質量は M〔kg-solvent〕で，流入および流出溶液中の結晶個数密度はそれぞれ n_{in} および n〔# m^{-1} kg-solvent^{-1}〕とする。

微小時間 Δt の間に微小粒径区間 ΔL の粒子が原料溶液とともに装置に流入（$Qn_{\mathrm{in}}(L,\ t)\Delta L\Delta t$）し，排出溶液とともに流出（$Qn(L,\ t)\Delta L\Delta t$）する。この

---

†1　単位溶媒体積あるいは単位懸濁液体積 V に対して次のように定義する場合（式 (3.27) 参照）もある。

$$n(L)=\frac{1}{V}\lim_{\Delta L\to 0}\frac{\Delta N}{\Delta L}=\frac{1}{V}\frac{dN}{dL}$$

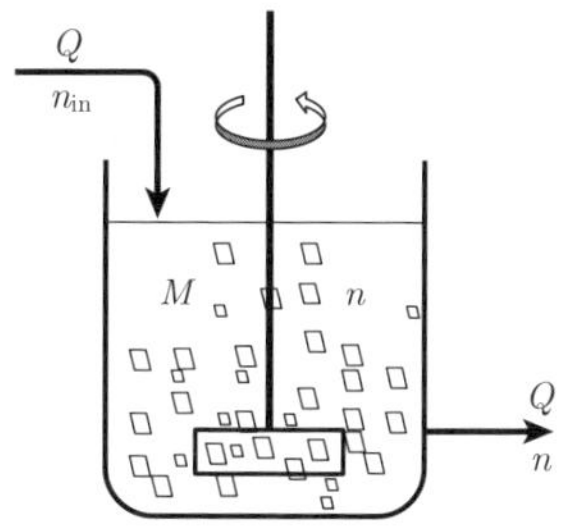

図 6.1 非定常連続 MSMPR 型晶析装置

Δt 間に座標 A（図 6.2 の A 点）にあった結晶個数密度 $n(L,\ t)$ が座標 B（同図 B 点）の個数密度 $n(L+\Delta L,\ t+\Delta t)$ に変化する。したがって，微小時間 Δt，粒径区間 ΔL に対して，ポピュレーションバランス（個数収支），式 (6.5) が成立する。左辺は装置内の懸濁結晶粒子数の増加である。右辺はその変化をもたらす結晶粒子の（装置外からの装置内への正味の）流入である。

$$M\left[n(L+\Delta L, t+\Delta t)-n(L,t)\right]\Delta L = Q\left[n_{\rm in}(L,t)-n(L,t)\right]\Delta L\Delta t \tag{6.5}$$

図 6.2 を参考にしながら，式 (6.5) の左辺を書き換えてみる。Δt および ΔL が充分小さい場合，図 6.2 の t 軸上および L 軸上における個数密度 $n(L,\ t)$ の増加量はいずれも直線近似可能で，それぞれ，$[\partial n(L,\ t)/\partial t]\Delta t$ および $[\partial n(L,\ t)/\partial L]\Delta L$ のように書ける。したがって，図 6.2 の A から B への個数密度の変化量の総和は，$[\partial n(L,\ t)/\partial t]\Delta t+[\partial n(L,\ t)/\partial L]\Delta L$ と表せる。

この個数密度のこの変化を式 (6.5) 左辺に代入すると，次の式 (6.6) が得られる。なお，ここで，$Q/M=1/\tau$ とおいた。

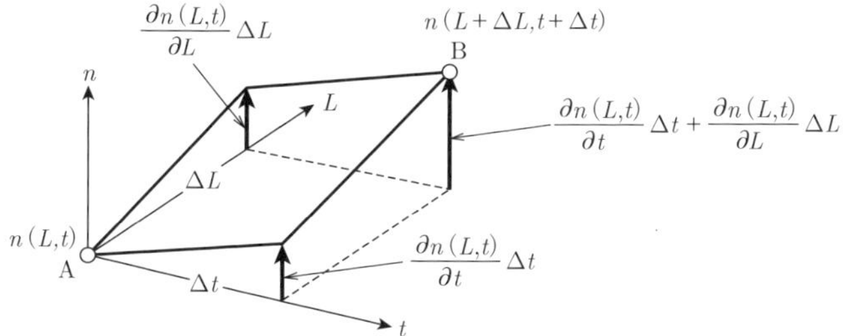

図 6.2 微小時間 Δt 間における A から B への個数密度の変化

$$\frac{\partial n(L,t)}{\partial t}\Delta t+\frac{\partial n(L,t)}{\partial L}\Delta L=\frac{1}{\tau}\left[n_{\mathrm{in}}(L,t)-n(L,t)\right]\Delta t \tag{6.6}$$

さらに，式 (6.6) の両辺を Δt で除し $\Delta L/\Delta t=G$（線成長速度）を代入すると，

$$\frac{\partial n(L,t)}{\partial t}+G\frac{\partial n(L,t)}{\partial L}=\frac{1}{\tau}\left[n_{\mathrm{in}}(L,t)-n(L,t)\right] \tag{6.7}$$

式 (6.7) は，McCabe の ΔL の法則が成立する場合の MSMPR 晶析装置に対する非定常ポピュレーションバランス式である。

6.2.2 MSMPR 晶析装置に対するポピュレーションバランス式 —定常の場合—

MSMPR 晶析装置において，$Q=$ 一定，$V=$ 一定，供給溶液濃度一定，温度一定で運転を続けると，やがて定常状態に到達し，排出される結晶の粒径分布は一定になる。このような定常状態に対しては，ポピュレーションバランスの一般式，式 (6.7) における左辺第1項をゼロとおいて，**定常ポピュレーションバランス式** <steady-state population balance equation> が得られる。

$$G\frac{dn(L)}{dL}+\frac{1}{\tau}\left[n(L)-n_{\mathrm{in}}(L)\right]=0 \tag{6.8}$$

さらに，原料溶液には結晶が含まれない（$n_{\mathrm{in}}(L)=0$）とすると，式 (6.8) は式 (6.9) のように簡単化される。

$$G\frac{dn(L)}{dL}+\frac{n(L)}{\tau}=0 \tag{6.9}$$

境界条件，すなわち核の粒径 $L_0=0$ における個数密度は，式 (6.10) で与えられる。

$$n(0)=n_0 \tag{6.10}$$

ここに，n_0 は核の個数密度〔# $\mathrm{m^{-1}}$ kg-solvent^{-1}〕である。この境界条件下で式 (6.9) の解析解は，式 (6.11) となる。個数密度関数 $n(L)$，すなわち結晶の粒径分布が，このように解析解として得られるのは，定常 MSMPR 型晶析装置の場合のみである。

$$n(L)=n_0 e^{-\frac{L}{G\tau}} \tag{6.11}$$

ここに，$G\tau$ は滞留時間 τ の間の結晶成長量であり，結晶の個数平均粒径でもある。$L/G\tau$ は無次元粒径〔–〕である。

定常 MSMPR 型晶析装置では結晶が常に懸濁しており，そのような状況では

二次核化が優先的に起こる。一次核化は無視できる。n_0 は次の式 (6.12)†2 により核化速度（ここでは二次核化速度）および成長速度と次のように関係づけられる。

$$n_0 = \frac{B_2}{G} \tag{6.12}$$

式 (6.11) の両辺の対数をとると式 (6.13) が得られる。

$$\ln n(L) = \ln n_0 - \frac{L}{G\tau} \tag{6.13}$$

縦軸を個数密度の対数横軸に粒径をとり，データをプロットすると，右下がりの直線となる。この直線の傾きが $1/G\tau$，切片 $\ln n_0$ である。直線の傾きから G が計算でき，切片から核の個数密度 n_0 が計算できる。さらに，式 (6.12) を利用して二次核化速度 B_2 を推定することができる（演習問題「問 6.1」参照)。

また，次式に示すように，3 次モーメント μ_3 に結晶形状係数 k_{v} と結晶固体密度 ρ_{c} を掛けると単位溶媒質量当たりの結晶量 M_{T} が得られる。

$$M_{\mathrm{T}} = k_{\mathrm{v}}\rho_{\mathrm{c}}\mu_3 = k_{\mathrm{v}}\rho_{\mathrm{c}}\int_0^{\infty} n(L)L^3 dL \tag{6.14}$$

定常 MSMPR 型晶析装置の場合は, 個数密度 $n(L)$ は式 (6.11) で与えられるので, 単位溶液当たりの結晶質量 M_{T} が計算できる。

$$M_{\mathrm{T}} = k_{\mathrm{v}}\rho n_0 \int_0^{\infty} e^{-\frac{L}{G\tau}} L^3 dL = 6k_{\mathrm{v}}\rho n_0 \left(\tau G\right)^4 \tag{6.15}$$

非定常の回分晶析の場合はこのような計算はできない。なお，結晶質量 M_{T} は実測可能であるから，実測の M_{T} と計算値の比較によりモデルの妥当性の確認ができる。

以上のようにして，定常 MSMPR 型晶析装置における二次核化速度，結晶成長速度を実験的に求めることができる。しかし，完全混合を実現することの困難さ，結晶の凝集や破壊，そして結晶成長速度の分散などのために $\ln n$ 対 L プロットの直線が得られない場合が多い。

---

† 2　個数密度の定義より，$n(0) \equiv \frac{1}{M}\frac{dN}{dL}\Big|_{L=0}$

右辺を書き換えて，$n(L_0) = \frac{1}{M}\frac{dN}{dt}\Big|_{L=0} \Big/ \frac{dL}{dt}\Big|_{L=0} = \frac{B_2}{G}$ が得られる。

6.2.3　回分冷却晶析装置に対する非定常ポピュレーションバランス式

回分冷却晶析装置に対する**非定常ポピュレーションバランス式** <unsteady-state population balance equation> は，先の一般式 (6.7) において $1/\tau=0$（すなわち右辺をゼロ）とおくことによって得られる。

$$\frac{\partial n(L,t)}{\partial t}+G\frac{\partial n(L,t)}{\partial L}=0 \tag{6.16}$$

この偏微分方程式の境界条件は，式 (6.17) で与えられる。

$$n(0,t)=n_0(t) \tag{6.17}$$

境界条件 $n_0(t)$（核の個数密度）は，(t)MSMPR 晶析装置の場合と同様に，核化速度と成長速度の比に等しい。この比は，種晶が存在し二次核化のみ起こる場合は式 (6.12) と同じ B_2/G であるが，種晶が存在しない場合は（一次核化も起こるから），式 (6.18) で与えられる。

$$n_0(t)=\frac{B_1+B_2}{G} \tag{6.18}$$

初期条件は，種晶が存在する場合には，

$$n(L,0)=n_{\mathrm{s}}(L) \tag{6.19}$$

$n_{\mathrm{s}}(L)$ は種晶の個数密度関数である。種晶が存在しない場合の初期条件は，

$$n(L,0)=0 \tag{6.20}$$

である。

回分冷却晶析に対するポピュレーションバランス式すなわち式 (6.16) は，解析解が存在しない。数値的に解かなければならない。数値解法には，有限差分法，特性曲線法，モーメント法などいくつか存在する。引用文献[1)]を参照されたい。

6.3　マスバランス式

後出の式 (6.30) を参考にすると，懸濁粒子の質量増加速度 dM_{T}/dt は式 (6.21) で与えられる。

$$\frac{dM_{\mathrm{T}}}{dt}=k_{\mathrm{v}}\rho_{\mathrm{c}}\frac{d\mu_3}{dt}=3k_{\mathrm{v}}\rho_{\mathrm{c}}G\mu_2 \tag{6.21}$$

ここでも，核の粒径は，一次核，二次核を問わず，ゼロとしている。μ_2 は結晶

粒径分布の2次モーメントである。式 (6.21) に負号を付けると，それは成長による溶質の消費速度になる。

溶質の消費速度および溶液の流入・流出による溶質の増加速度を考慮して，図6.1のMSMPR晶析装置に対するマスバランスの一般式として，式 (6.22) が得られる。

$$\frac{dC(t)}{dt} = -3\rho_c k_v G\mu_2 + Q\big(C_{in}(t) - C(t)\big) \tag{6.22}$$

ここに，C は晶析装置出口（および内部）の溶液濃度，C_{in} は溶液入口濃度である。濃度 C の単位は kg-solute kg-solvent^{-1} である。定常 MSMPR 晶析装置の場合，濃度の時間的変化はないので式 (6.22) の左辺はゼロとなる。したがって，式 (6.23) が得られる。

$$C = C_{in} - \frac{3\rho_c k_v G\mu_2}{Q} \tag{6.23}$$

定常 MSMPR 晶析装置における粒径分布は式 (6.11) で与えられるから，2次モーメント μ_2 が容易に計算できて，濃度 C を与える式 (6.24) のように表される。

$$\begin{aligned} C &= C_{in} - \frac{3\rho_c k_v G}{Q} n(0) \int_0^\infty e^{-\frac{L}{G\tau}} L^2 dL \\ &= C_{in} - \frac{6\rho_c k_v G}{Q} n(0) \big(G\tau\big)^3 \end{aligned} \tag{6.24}$$

一方，回分冷却晶析における非定常マスバランス式は，式 (6.22) において，$Q = 0$ とおくことにより式 (6.25) となる。

$$\frac{dC(t)}{dt} = -3\rho_c k_v G\mu_2 \tag{6.25}$$

式 (6.25) を初期条件 $C(0) = C_0$ および $\mu_3(0) = \mu_{30}$ で積分すると，式 (6.26)[†3] が得られる。

$$C(t) = \mathrm{C}_0 - \rho_c k_v \big(\mu_3 - \mu_{30}\big) \tag{6.26}$$

†3 濃度単位を C_h〔kg-solvate kg-free solvent^{-1}〕に置き換え，3次モーメント μ_3 も自由溶媒 free solvent 当たりの値に読み換えると，式 (6.26) は $C_h(t) = C_{h0} - \rho_c k_v(\mu_3 - \mu_{30})$ となり，溶媒和物に対してもそのまま成立する。

6.4　ポピュレーションバランスモデルの構造

ポピュレーションバランスモデルにより晶析プロセスの数学的記述が可能であることは，上述したとおりである。しかし，上述の説明のみでは，ポピュレーションバランスモデルの構造は分かりにくい。晶析の出発点は，冷却，蒸発操作などによる過冷却度あるいは過飽和度の生成である。晶析の推進力である過冷却度あるいは過飽和度は，一次核化，二次核化および成長速度を変化させる。二次核化は撹拌によっても変化する。一次核化，二次核化および成長の変化が溶液濃度の変化にフィードバックされ，過冷却度あるいは過飽和度が変わる。このような変化の最終結果として，結晶粒度分布が決まる。

一次核化，二次核化，成長，溶液濃度，過冷却度あるいは過飽和度，結晶粒度分布の関係をより分かりやすくするために，図 6.3 にポピュレーションバランスモデルの構造を示した。図 6.3 により，晶析プロセスにおけるポピュレーションバランス式，マスバランス式，核化速度，成長速度，各モーメント量などの相互

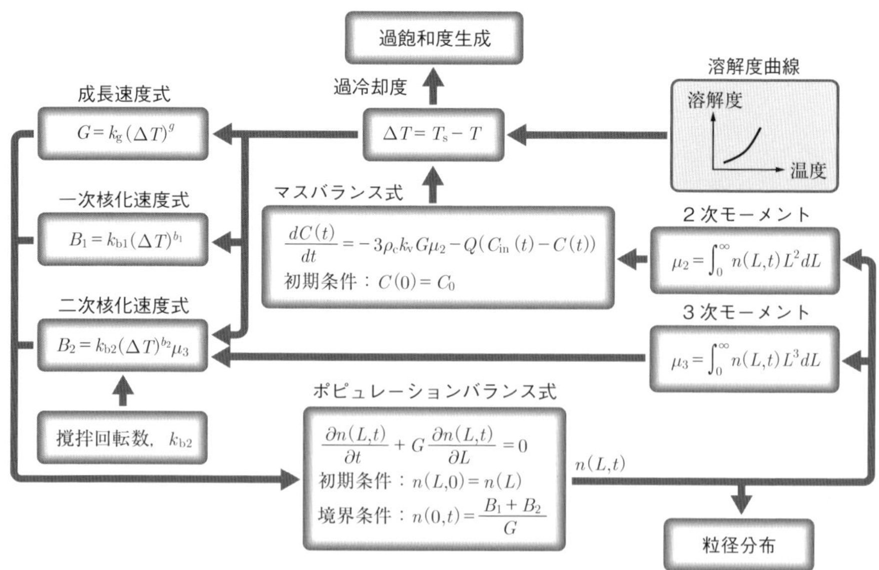

図 6.3　ポピュレーションバランスモデルの構造

関係，さらに過飽和度（図 6.3 では過冷却度 $\Delta T = T_s - T$ で表現），撹拌回転数，初期条件（種晶の有無，溶液濃度）に依存することが理解できる。過冷却度あるいは過飽和度とその生成速度および撹拌回転数が晶析プロセスを支配する操作変数である。

なお，本書にけるポピュレーションバランスモデルは，いくつかの仮定により簡単化されている。すなわち，結晶成長速度は，粒径に依存しない（McCabe の ΔL の法則の成立），核の粒径は一次核，二次核ともゼロである，晶析装置内は完全混合である，結晶粒子の凝集・破壊はない，などである。また，核化速度および結晶成長速度は過冷却度 $T_s - T$ のべき関数で簡単に表現した。より詳細に晶析プロセスを表現するためには，考慮すべき現象の追加，核化速度式および結晶成長速度式の精密化が必要である。しかし，モデルの基本構造は変わらない。

6.5　数値計算例

本節では，ポピュレーションバランスモデルの数値計算例を紹介する。まず，

(1)　回分冷却晶析の計算例

(2)　MSZW および待ち時間の計算例

である。さらに，

(3)　結晶多形の転移過程の計算

である。

非定常ポピュレーションバランス式 (6.16) の数値解法は，上述のようにいくつか存在する。以下の計算例では，その中でも比較的簡単な**モーメント法** <method of moments, MOM> を用いる。モーメント法の特徴は，

(1)　**数値拡散** <numerical diffusion> が生じない

(2)　計算負荷が非常に小さい

ことである。モーメント法は，PBE 式 (6.16)（偏微分方程式）の両辺に粒径 L の i 乗を掛けて粒径方向に積分することで，連立一階常微分方程式の初期値問題に変換して，解を得る方法である。

6.5.1 モーメント変換

2次あるいは3次モーメントについては，ここまでに何回か述べたが，改めて任意の次数 i に対してモーメントを式 (6.27) のように定義する。

$$\mu_i = \int_0^{\infty} n(L) L^i dL \quad i = 0, 1, 2, 3, \cdots \tag{6.27}$$

変換された各モーメント量の時間変化より，晶析過程を検討することができる。0次モーメント μ_0 は，単位溶媒質量当たりの結晶粒子数，1次モーメント μ_1 は単位溶媒質量当たりの結晶粒径の合計，2次モーメント μ_2 は単位溶媒質量当たりの粒径の2乗の総和（面積形状係数を掛けると結晶総面積），3次モーメント μ_3 は単位溶媒質量当たりの粒径の3乗の総和（体積形状係数を掛けると結晶総体積）である。また，結晶粒子の体積平均径は4次モーメントと3次モーメントの比 μ_4/μ_3 で与えられる。

まず，偏微分方程式 (6.16) の両辺に L^0 を掛けて粒径 0〜∞ の範囲で積分する。

$$\int_0^{\infty} \frac{\partial n(L,t)}{\partial t} \mathrm{d}L + G \int_0^{\infty} \frac{\partial n(L,t)}{\partial L} \mathrm{d}L = 0 \tag{6.28}$$

境界条件式 (6.17) さらに式 (6.18) を考慮して，式 (6.16) は次の0次モーメントに関する常微分方程式 (6.29) に変換される。

$$\frac{d\mu_0}{dt} = B_1 + B_2 \tag{6.29}$$

次に，式 (6.16) の両辺に粒径 L の i 乗を掛け，同様の積分を実行すると，i 次モーメントに関する常微分方程式 (6.30) に変換される（演習問題「問 6.2」参照）。

$$\frac{d\mu_i}{dt} = iG\mu_{i-1} \quad i = 1, 2, 3, \cdots \tag{6.30}$$

通常，数値計算の対象となるモーメントは4次モーメント μ_4 までである。したがって，常微分方程式に変換された後のポピュレーションバランス式は5本の連立一階常微分方程式である。数値計算は，この5本の連立常微分方程式の初期値問題を，式 (6.22) もしくは式 (6.25) のマスバランスを考慮しながら，解くことに帰結する。初期条件は，濃度については，式 (6.31) で与えられ，

$$C(0) = C_0 \tag{6.31}$$

モーメントについては，式 (6.32) となる。

$$\mu_0(0)=\mu_1(0)=\mu_2(0)=\mu_3(0)=\mu_4(0)=0 \text{（種晶なし）}$$

$$\mu_0(0)=\mu_{s0},\ \mu_1(0)=\mu_{s1},\ \mu_2(0)=\mu_{s2},\ \mu_3(0)=\mu_{s3},\ \mu_4(0)=\mu_{s4} \text{（種晶あり）} \tag{6.32}$$

ここまで述べたポピュレーションバランス式には，結晶の凝集や破壊を考慮していない。これらが無視できない場合，モデルに凝集プロセスや破壊プロセスを追加する。モーメント法では数値計算における数値拡散を回避できるメリットの代わりに，上記モーメント変換により粒径分布に関する情報が失われてしまうデメリットがある。しかし，粒径分布のリカバリーの手法[2)]が公表され，粒径分布の時間変化の追跡が可能になっている。

6.5.2 回分冷却晶析の数値計算

回分冷却晶析に関する小針の計算[3)]を紹介する。飽和温度55℃の硫酸カリウム水溶液を55℃から35℃まで60 min かけて直線冷却（冷却速度 $R=0.333$ ℃ min^{-1}）し，その後20 min 間35℃に保持した場合の冷却晶析過程の計算である。

図6.4に溶液濃度の時間的変化を示す。種晶なしの場合，結晶化による溶液濃度の低下は39 min 経ってからやっと始まる。濃度低下開始時期は**種晶添加比**

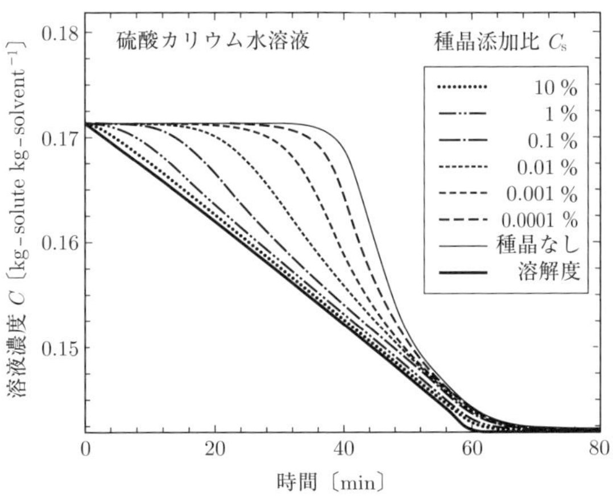

図6.4 溶液濃度の時間変化[3)]

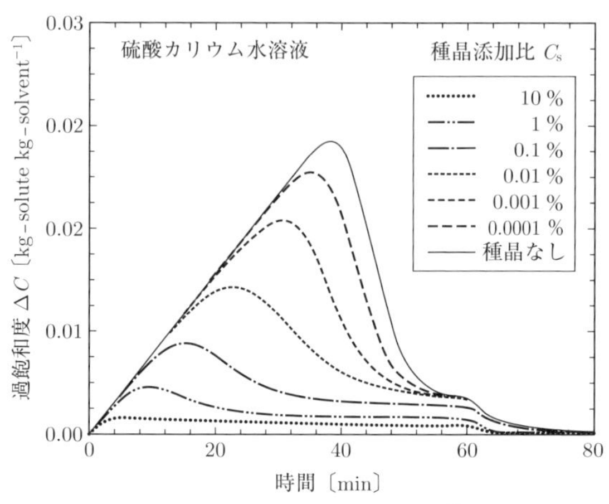

図 6.5　過飽和度の時間変化 [3)]

<seed loading ratio> C_s が増えるに従い早まる。種晶添加比は，$C_s = W_s / W_{th}$ で定義される。ここに，W_s は種晶添加量〔kg〕，W_{th} は回分晶析における理論結晶析出量〔kg〕である。W_{th} は式 (12.3) で計算される結晶収量 Y に等しい。

図 6.5 は，図 6.4 の濃度変化を過飽和度 ΔC の変化に書き換えたものである。最初，過飽和度はほぼ直線的に増加する。これは冷却による過飽和の生成のためである。やがて，過飽和度はピークを経て低下し始める。種晶なしの場合は過飽和度のピークの出現は遅く，しかもピークは高い。これは一次核化が，過飽和度が大きくなって初めて起こるからである。種晶を増やすとピークの出現は早まり，ピーク高さは低下する。種晶添加比が最大の 10%の場合は，過飽和度は低いまま推移する。過飽和度の低下は冷却停止（60 min）のところでいったん一休みした形になる。これは過飽和度の生成と消費がここでバランスするためである。60 min 以降は(冷却停止に伴い)過飽和の生成がなくなるためバランスが崩れ，再び過飽和度は低下し始める。最終的には過飽和度はすべて消費され，ゼロになる。

図 6.4 および図 6.5 のような濃度および過飽和度の変化，およびこの変化に対する種晶添加効果は実測例もしばしば報告されている。図 7.4(b) は，過飽和度変化実測例の 1 つである。ただし，図 7.4(b) の場合，直線冷却ではないので過飽和度変化の様子が，図 6.5 とは少し異なっている。

図 6.6 には，回分冷却晶析における一次核化速度 B_1 および二次核化速度 B_2

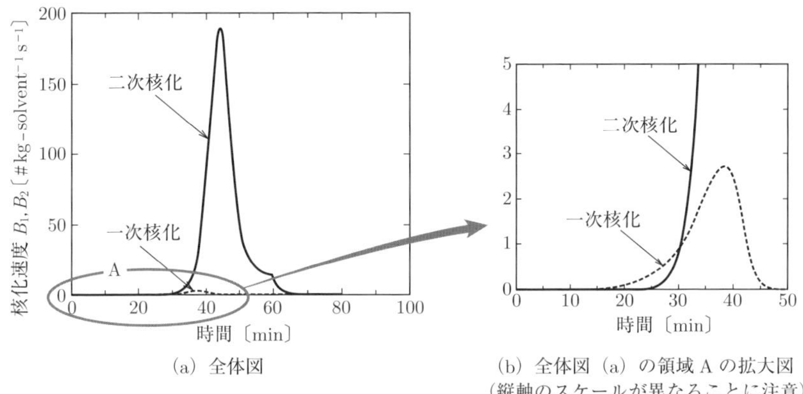

(a) 全体図

(b) 全体図 (a) の領域 A の拡大図
(縦軸のスケールが異なることに注意)

図 6.6 回分冷却晶析における核化速度の変化(種晶なし)

の変化を示した。種晶なしの場合である。図 6.5 の過飽和度ピーク(約 40 分)に至る前にまず一次核化が始まり,それに引き続き(成長した一次核化起因の)二次核化が起こっている(図 6.6(b))。二次核化は急速に発達し,その速度は一次核化速度を上回り,以後二次核化が主体となる。増加した結晶粒子の成長により過飽和度が急速に低下するので,二次核化速度も急速に低下する(図 6.6(a))。注目すべきは,種晶は添加していないのにも関わらず,核化の主体は二次核化であるということである。すなわち結晶数の増加は主として二次核化を介して,すなわち,二次核化媒介機構によって進行する。

種晶を添加すると種晶起因の二次核化が早くから優先的に起こる。例えば,図 6.7(a) に示すように種晶添加比が,0.0001%の場合でさえも,二次核化速度が早くから優勢である。図 6.7(a) では明らかに見えないが,初めから二次核化速度が一次核化速度を上回っている。この点が種晶なしの図 6.6 とは異なる。

ところが,種晶添加量を充分増やすと,その種晶成長による過飽和消費が冷却による過飽和増加を早い時期から上回り,過飽和度は増加できない。そのため,核化速度は低いまま推移する。例えば,図 6.7(b) の種晶添加比 10%の場合,二次核化速度は,毎分 1 個以下であり,非常に低い(一次核化速度は,さらに低く,ほとんどゼロ)。このように,種晶添加量を増やすと二次核化速度は著しく低下する。これは,閉鎖系である回分晶析においてのみ生ずる特徴で,開放系の連続

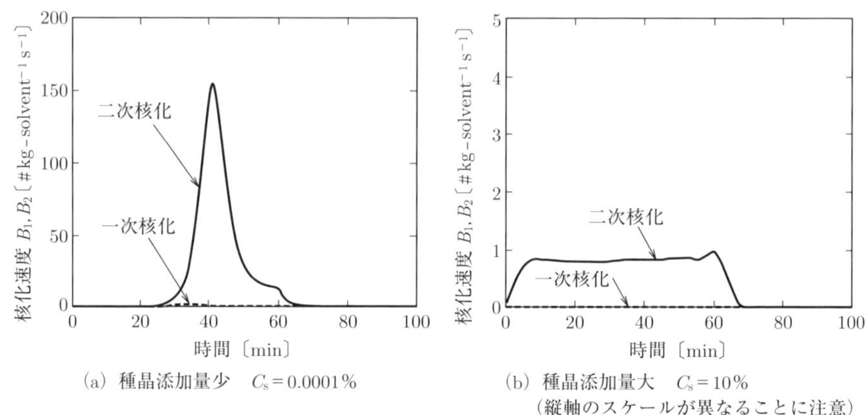

（a）種晶添加量少　$C_s = 0.0001\%$

（b）種晶添加量大　$C_s = 10\%$
（縦軸のスケールが異なることに注意）

図 6.7　回分冷却晶析における核化速度に対する種晶添加量の効果

晶析操作では種晶添加量を増やしても，このような過飽和度の低下も，それに伴う二次核化速度の低下も起こらない。

6.5.3　MSZW および待ち時間の数値計算

ポピュレーションバランスモデルを用いて不安定領域の幅 MSZW（ΔT_m）および待ち時間 t_{ind} をコンピュータ上で作り出すことができる。種晶なしの条件で硫酸カリウム水溶液について行った計算を，以下に紹介する。

MSZW（ΔT_m）の数値計算[4]はすでに，第5章において紹介した。MSZW は，実際の実験（図 5.4 参照）にならって，全結晶（一次核および二次核の合計）の個数密度（単位溶媒質量当たり）N/M が検出器感度 $(N/M)_{det}$ に到達するときの過冷却度 ΔT として決定した。数値計算は，実験における MSZW の挙動（冷却速度依存性，検出器感度の影響，撹拌の影響など）を合理的に説明できた（第5章参照）。数値計算において，撹拌の影響は成長した核に起因する二次核化による結晶数の増加，すなわち二次核化媒介機構（図 3.6 参照）によるとして数値計算に取り入れた。数値計算においては，撹拌速度を上げると MSZW は減少した。この傾向も実験と同じであった。

待ち時間 t_{ind} の計算も，ΔT_m の場合と同様，N/M が検出器感度 $(N/M)_{det}$ に到達するまでの時間として決定した。ただし，過冷却度つまり温度一定の条件

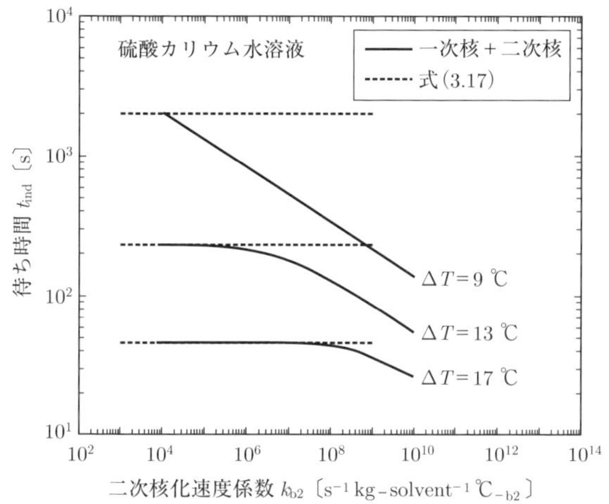

$k_{b2} \propto N_r^{\,j}$ の関係があるので，これは，撹拌の効果と見ることができる。

図 6.8 二次核化速度式の係数 k_{b2} の待ち時間への影響[5)]

下である。計算結果の例[5)]を図 6.8 に示す。図 6.8 には，待ち時間に対する二次核化速度係数 k_{b2} の影響が示してある。二次核化速度係数と撹拌回転数の間には $k_{b2} \propto N_r^{\,j}$ の関係があるので，k_{b2} の影響はすなわち撹拌速度の影響と解釈できる。図 6.8 から低撹拌速度領域では撹拌の影響は見られず，高撹拌領域においてのみ撹拌の影響が現れると考えられる。この傾向は，図 3.5（待ち時間に対する撹拌の影響）と同じである。

6. 5. 4 結晶多形転移の数値計算

上述のポピュレーションバランスモデルは非多形結晶に対するものであるが，このモデルを拡張すると，多形物質の晶析を扱うことができる。多形とは，1 つの化学物質が「異なる結晶構造を持つ現象」あるいは「異なる構造を持った結晶」のことである（2.1.3 項参照）。多形物質の晶析については第 10 章で詳しく述べるが，それに先立ちここでは，多形物質のポピュレーションバランスモデルによる数値計算例[6)]を示す。

系内に複数の種類の多形結晶が存在する場合，結晶は（溶解度の高い）不安定多形から（溶解度の低い）安定多形に溶液媒介機構（2.1.5 項 (d) 参照）により

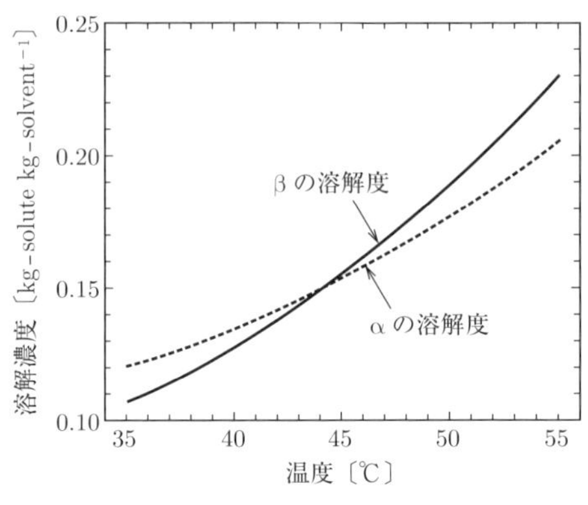

図 6.9　仮想多形物質の溶解度[6)]

転移する。所望の多形結晶を製品として得るためには，溶液媒介転移の挙動を把握する必要がある。数値計算は，互変形の溶解度を持つ仮想の α, β 2 つの多形を持つ物質の冷却晶析について行った。この仮想多形物質の溶解度を図 6.9 に示す。溶液を 55℃（α の飽和温度）から 35℃まで 0.167℃ min^{-1}（10℃ h^{-1}）の冷却速度で直線的に冷却し，35℃到達後はその温度に 8 時間保った。ポピュレーションバランスモデルの定式化，核化速度式，結晶成長速度式，溶解速度式，溶解度曲線，設定パラメーターの詳細については引用文献[6)]を参照されたい。

(a)　溶液媒介転移の再現

種晶なしの場合の溶液媒介転移をコンピュータ上に再現した。図 6.10 は，溶

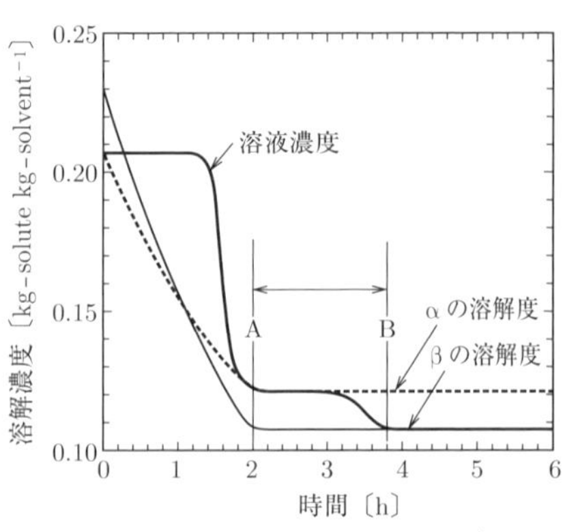

図 6.10　溶液濃度の時間変化[6)]

液媒介転移過程における溶液濃度変化である。なお，図中の破線および細い実線は，それぞれ α および β 結晶の溶解度である。

溶液濃度は冷却開始後 1 時間まで変化は見られない。その後，溶液濃度は急激に α の溶解度に漸近する。2 時間後（A 点）に，溶液濃度が α の溶解度に一致し，その状態が続く。この状態では，懸濁状態にある α 結晶の総溶解速度と同じく懸濁状態にある β の総結晶化速度がバランスしている。この間，α の結晶量は減少を続け，β 結晶は増え続ける（図 6.11 参照）。同図に示したのは 3 次モーメントであるが，3 次モーメントに形状係数，結晶密度を掛けると結晶量となる。やがて，α の総溶解速度が低下し，溶質の（溶液への）供給速度が低下するために，溶解と結晶化のバランスが崩れ，溶液濃度が低下し始める。最後には，α 結晶は消滅し溶液濃度は β の溶解度に一致する（B 点）。このようにして，溶液媒介転移が完了する。溶液濃度が一定の期間は，**プラトー** <plateau> と呼ばれる。なお，プラトーの出現は，α の溶解が律速過程であるためといわれることがあるが，そうではない。律速過程は β の成長である。β の成長による濃度の減少は α の溶解によって直ちに補われる（10.1.2 項参照）。図中の A–B の期間を転移時間と呼ぶことにする。A は溶液濃度が α 結晶の溶解度に到達した点，B は溶液濃度が β 結晶の溶解度に一致した点である。

なお，図 6.10 の転移挙動は実験においてもよく見られる（例えば図 10.1 およ

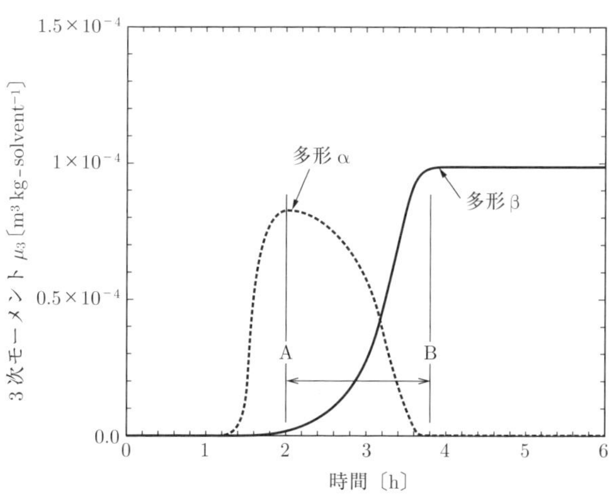

図 6.11　3 次モーメントの時間変化 [6)]

び図 10.4)。また，図 6.11 の結晶量の変化過程も実験において見られる。

(b)　溶液媒介転移と撹拌回転数の関係

一般に撹拌回転数は，二次核化速度に影響を及ぼす。溶液媒介転移における安定結晶の二次核化速度は，非多形結晶の場合と同様，撹拌回転数の影響を受けるはずである。したがって，安定結晶の生成速度（律速過程）が撹拌速度の影響を受け，転移時間が変わることが考えられる。数値計算においては，安定結晶βの二次核化速度 $B_{2\beta}$ は，非多形結晶の二次核化と同様，式 (6.33) で与えた。

$$B_{2\beta} = k_{2\beta}\left(T - T_{s\beta}\right)^{b_{2\beta}}\mu_{3\beta} \tag{6.33}$$

式 (6.33) においては，結晶存在量の影響は，3 次モーメント $\mu_{3\beta}$ によって考慮されている。

転移時間 t_{trans} に対する安定結晶の二次核化速度式 (6.33) の係数 $k_{2\beta}$ の影響を図 6.12 に示す。このように，ポピュレーションバランスモデルを用いて計算した転移時間は，二次核化係数 $k_{b2\beta}$ が大きくなると減少し，式 (6.34) に従う。

$$t_{trans} = a' - b' \log k_{b2\beta} \tag{6.34}$$

a', b' は実験定数である。非多形結晶のところで述べたように，二次核化係数 $k_{b2\beta}$ は撹拌回転数とともに増加し，$k_{b2\beta} \propto N_r^{\,j}$ の関係がある。この関係を式 (6.34) に代入すると，式 (6.35) が得られる。

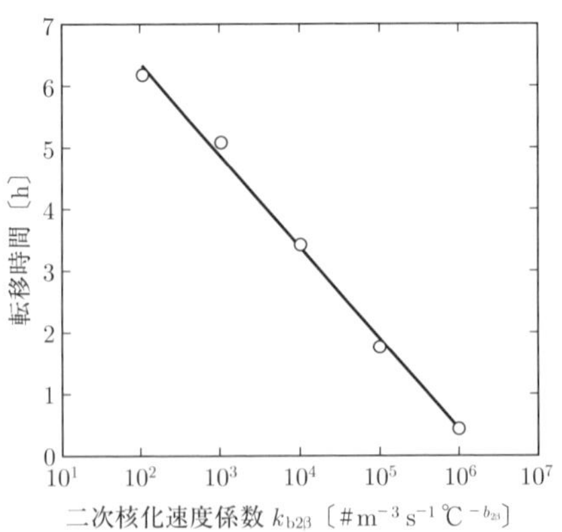

図 6.12　$k_{b2\beta}$ の変化による転移時間変化（数値計算）[6)]

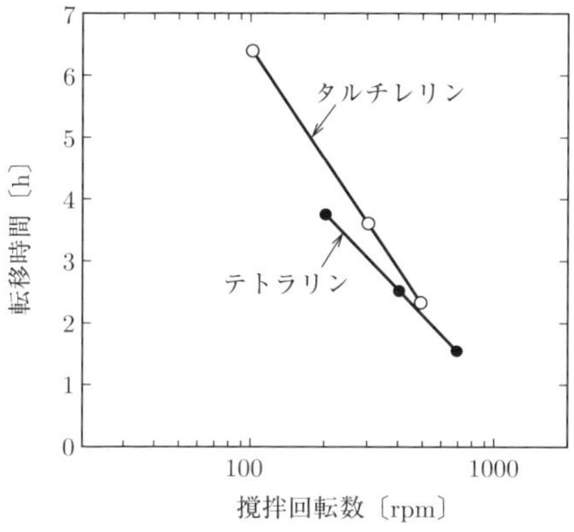

図 6.13 回転数変化による実測転移時間[6)]

$$t_{\text{trans}} = a - b \log N_{\text{r}} \tag{6.35}$$

ここに，a, b は実験定数，N_{r} は撹拌回転数である。すなわち，転移時間の実測値は式 (6.35) に従うと予想される。図 6.13 に，タルチレリン[7)]，テトラリン[8)]の撹拌回転数による実測転移時間の変化を示す。図中，○はタルチレリン，●はテトラリンを示し，おのおのの実線は式 (6.35) を当てはめた結果である。これらの実測転移時間は，式 (6.35) でよく表現できる。この結果は，本章で紹介したポピュレーションバランスモデルの妥当性を示唆している。

二次核化を媒介としたこのような溶液媒介転移の機構を，**二次核化媒介多形転移機構** <secondary nucleation-mediated polymorphic transformation mechanism>[6)] という。

引用文献

1) スタンリー・ファーロウ著，伊理正夫，伊理由美訳：偏微分方程式—科学者・技術者のための使い方と解き方，啓学出版 (1996)
2) Ward, J. D., AIChE Journal, **57** (2011) 2289
3) 小針昌則，化学工学会編，最近の化学工学 64,「晶析工学は，どこまで進歩したか」, 第 12 章，三恵社，(2015) pp.134-151
4) Kobari, M., Kubota, N. and Hirasawa, I., Journal of Crystal Growth, **317** (2011) 64-69
5) Kobari, M., Kubota, N. and Hirasawa, I., CrystEngComm **16** (2012) 5255-5261
6) Kobari, M., Kubota, N. and Hirasawa, I., CrystEngComm **16** (2014) 6049-6058
7) Maruyama, S., Ooshima, H. and Kato, J., Chemical Engineering Journal, **75** (1999) 193-200
8) 加々良耕二，町谷晃司，高須賀清明，河合伸高，化学工学論文集，**21** (1995) 437-443

演習問題

問 6.1　定常連続式完全混合槽型晶析器により得られた硫酸カリウム結晶の粒径分布（懸濁密度分布）$n(L)$ を以下の表に示す。このデータを解析して，二次核化速度 B_2 および結晶成長速度 G を求めよ。なお，この実験における懸濁液滞留時間 $\tau = 325$ s である。ただし，懸濁密度 $n(L)$ は単位懸濁液体積当たりの値である。

L〔μm〕	13.1	15.0	17.0	18.6	18.9	20.9	23.0	25.1
$n(L)$〔# mL^{-1}μm^{-1}〕	62.1	32.7	17.4	16.7	11.7	7.9	4.8	2.9

Randolph, A. D. and Rajagopal, K., IEC Fundamentals, 9 (1970) 165–171

問 6.2　式 (6.16) から出発して，式 (6.30) を導出せよ。

第7章

回分冷却晶析

本章では，まず**回分冷却晶析** <batch cooling crystallization> の研究の歴史を簡単に振り返る。これに続き，回分冷却晶析における種晶添加の重要性を説明し，**種晶成長法** <full seeding or growth seeding> について解説する。この方法は，添加した種晶すべてを成長させ製品とする方法である。なお，この種晶成長法の考え方は，貧溶媒晶析および蒸発晶析などにも適用できる。次いで，少量の種晶を二次核化の引き金として利用する**核化誘導法** <partial seeding or induction seeding> について述べる。核化誘導法は，核化タイミングの安定化あるいはその制御のために使われる。最後に，冷却晶析による微結晶の製造法について簡単に触れる。

7.1 歴史的流れ

回分冷却晶析に関する研究は，歴史も長く研究報告数も多い。ここでは，初期の Griffiths の提案[1)] から，最近の過飽和度のオンライン制御の研究[2)] までを概観する。これらの研究はすべて，種晶成長法に関するものである。また，これらの研究はいずれも従来の意味での準安定領域の存在を前提としたものである。この従来の意味での準安定領域は，「MSZW は核化の準備期間であって，MSZW 内の過飽和度では一次核化は起こらない」とする考え方（14.2 節参照）である。この考え方は，実は正しくないのであるが，現在でも広く信じられている。

7.1.1 Griffithsの研究

回分晶析操作に関する最初の報告は，おそらくGriffithsによる1925年の論文“Mechanical Crystallization”[1)]であろう。Griffithsはまず，「**過溶解度** <super-solubility>と通常の溶解度の間の領域（準安定領域である）では，結晶は成長するが**自然結晶化** <spontaneous crystallization>は起こらない」と考えた（図7.1）。自然結晶化というのは一次核化のことである。さらに，次のように考えた。すなわち，“種晶を添加した溶液を急冷すると，種晶の成長による濃度低下を待たずに温度が低下する（図7.1(a)）。そのため，溶液温度は直ちに過溶解度を通り過ぎて不安低域に入ってしまう。不安定域に入った瞬間に激しく自然結晶化が起こる。これに対して，種晶が充分添加されてしかも冷却速度が（適切に）調節されていれば，温度低下と同時に（種晶の成長による）濃度低下が起こり，溶液の状態は準安定領域内にとどまる（図7.1(b)）。この場合は，自然結晶化による新たな結晶の発生は起こらない。したがって，添加した種晶全量を成長させることができる。ただし，種晶の機械的摩耗による微結晶の発生（二次核化のことであるが，当時は二次核化という言葉はなかった）が起こらないことが条件である。”

ここで重要な点は，Griffithsは種晶を充分添加して冷却速度を調節すれば，自然結晶化（すなわち一次核化）を抑制できるといっているのであって，二次核化の抑制ができるとはいっていないということである。実は，二次核化も抑制できることは後述する。

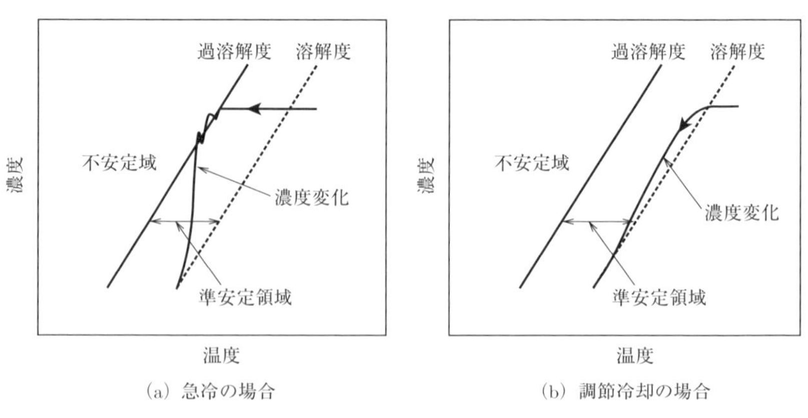

(a) 急冷の場合　　(b) 調節冷却の場合

図7.1　種晶の成長に伴う濃度変化（Griffithsの考え）

7.1.2　Mullin and Nývlt の研究

Griffiths は，充分な量の種晶存在下において冷却速度を調整すれば一次核化が抑制できると述べたが，具体的な種晶添加量も冷却速度も提案しなかった。冷却速度の具体化を最初に試みたのが，Mullin and Nývlt [2)] である。彼らは，マスバランス（結晶成長による溶質の消費速度＝結晶量の増加速度）から，種晶添加系で核化が起こらない場合に実現されるはずの温度プロファイルを求めた。しかし，彼らの求めた計算式 [2)] は少し複雑であった。そこで，Mullin [3)] は，過飽和度 ΔC 一定（したがって，成長速度 G も一定），および溶解度が温度の一次式で表されること（$dC^*/dT = \mathrm{const}$），および種晶粒径 L_s が製品粒径 L_p に比較して充分小さいことなどを仮定して，簡単な式 (7.1) を導いた（演習問題「問 7.1」参照）。

$$T = T_0 - (T_0 - T_\mathrm{f})\left(\frac{t}{\tau_1}\right)^3 \tag{7.1}$$

ここに，τ は**回分晶析時間** <batch crystallization time>（7.2.4 項参照），T_0 および T_f はそれぞれ冷却開始温度および冷却停止温度である。回分晶析時間 τ_1 は，$\tau_1 = (L_\mathrm{p} - L_\mathrm{s})/G$ により計算できる。この曲線が**制御冷却曲線** <controlled cooling profile> である。すなわち，核化が無視できる状態で種晶を成長させるための理論冷却曲線である。しかしこれは，単に結晶成長のみが起こると仮定した場合の冷却曲線であって，核化が起こらないことを何ら保証するものではない

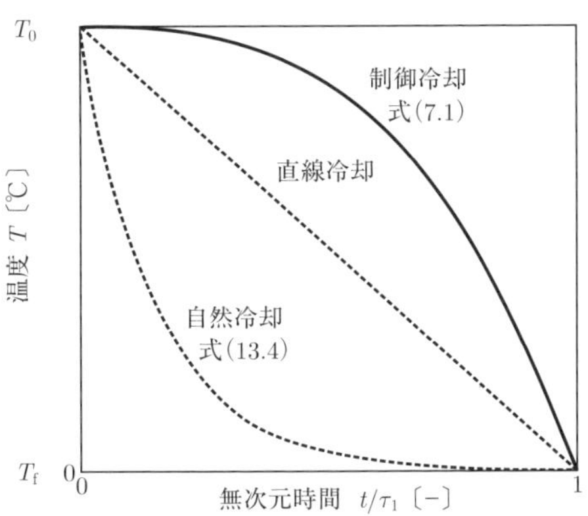

図 7.2　制御冷却曲線，自然冷却曲線および直線冷却曲線

ことに注意が必要である。

式 (7.1) を図 7.2 に示した。図中の実線がそれである。同図には，比較のために**自然冷却曲線** <natural cooling profile>（式 (13.4)）と直線冷却曲線も示した。自然冷却は，冷却開始初期に冷却速度が速い。つまり，冷却速度が Griffiths のいうように，“適切”に調節されていないため，図 7.1 (a) のような状況が生まれる。つまり，多量の一次核が発生してしまい，種晶のみを成長させるという目的は達成できない。これに対して，制御冷却曲線は種晶総表面積の小さい初期に冷却速度が低く，結晶総表面積の大きな後半で冷却速度が高い。つまり，冷却による過飽和度の生成と結晶成長による過飽和度の消費がバランスするように，冷却速度が“調節”されている。その結果，低過飽和が保たれ自然核化（一次核化）は起こらず，種晶のみが成長する…ということになる“はず”だった。しかし，Mullin and Nývlt の実験 2) ではそうはならなかった。その理由は，種晶量の不足により二次核が発生していたためである。図 7.3 に示したのは，Mullin and Nývlt 2) の回分冷却晶析の実験結果（製品結晶粒径分布）である。制御冷却法により得られた結晶（○）と，自然冷却法によって得られた結晶（●）を比較すると，1000 μm 以下の結晶粒子は前者の方が明らかに少ない。その意味では，制御冷却法の効果は一応認められる。確かにそのとおりだが，制御冷却の場合でも，依然としてかなりの量の 1000 μm 以下の結晶が含まれている。つまり，制御冷却法はうまくいっていない。

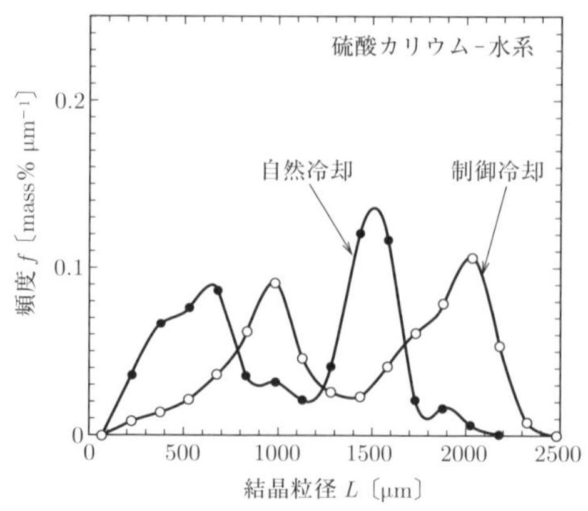

図 7.3　Mullin and Nývlt 2)（原報の図データから作成）

Mullin and Nývlt に続いて，冷却温度プロファイルの検討が多くの人々によってなされた。しかし，それらは本質的には Mullin and Nývlt の方法と変わらない。実際のところ，核化が Mullin and Nývlt 以上に抑制されたという報告は見当たらない。原因は種晶量に注意が払われていなかったためである。

ここで，二次核化抑制に必要な種晶添加量について考えてみよう。まず，装置内の結晶総数 N は $N = W/(\rho_c k_v L^3)$ で与えられる。ここに，W は結晶総質量，ρ_c は結晶固体密度，k_v は体積形状係数，L は結晶粒径である。晶析の進行中に核化が起こらなければ，晶析装置内全体の結晶総個数は不変である。体積形状係数 k_v 不変の場合，種晶と製品結晶の個数は不変だから式 (7.2) が成立する。

$$\frac{W_s}{{L_s}^3} = \frac{W_p}{{L_p}^3} \tag{7.2}$$

ただし，ここでは簡単のために，種晶および製品結晶いずれも**単分散粒子** <mono-dispersed particles>（粒径の揃った粒子）とした。W_s および W_p はそれぞれ種晶および製品結晶質量を表す。式 (7.2) によれば，$L_s = 10\ \mu m$ の種晶を用いて，$L_p = 100\ \mu m$ の製品結晶を $W_p = 1000$ kg 得たければ，種晶添加量は $W_p = 1000 \times (10/100)^3 = 1$ kg でなくてはならないことが分かる。1 kg 以上の種晶を添加すると，製品結晶は細かく（100 μm 以下に）なる。一方，1 kg 以下の場合は，製品結晶は大きく（100 μm 以上に）なる。ただし，以上の議論は核化が起こらなければの話である。つまり，式 (7.2) を用いて計算される種晶添加量は，必要条件であって十分条件ではない。種晶添加量がある臨界値以下になると，二次核化が起きてしまう。それは，冷却による過飽和度の生成が成長による過飽和度の消費を上回り，過飽和度が上昇するからである。図 7.3 に示した粒径分布（Mullin and Nývlt の実験）はまさにこのような場合だったといえる。種晶添加量の臨界値（必要条件）については，7.2.2 項で述べる。

7.1.3 過飽和度のフィードバック制御

最近，対象物質によっては溶液濃度のオンライン測定が可能になった。これを利用して，溶液濃度**フィードバック制御** <feedback control> を行い，過飽和度を準安定領域内に保持する方法[4)] がある。具体的には，結晶化の進行に伴って減少する濃度を検出し，その情報をもとに溶液温度を制御して過飽和度を一定に保つ。しかし，これはあくまで過飽和度の制御であって，粒径のフィードバック制御ではない。なお，先の Mullin and Nývlt 法も過飽和度の制御ではあるが，あの場合は過飽和度の**オープンループ制御** <open-loop control> であった。いずれの場合も，準安定領域内では自然核化は起こらないということを前提にしている。フィードバック制御法は，Mullin and Nývlt 法を高度化しただけの話である。これに関する研究例はいくつかあるが，この方法は原理的にいってうまくいかない。なぜなら，懸濁系における二次核化速度 B_{sus} は式 (3.25) に示したとおり過飽和度のべき乗に比例するので，溶液が過飽和である限り，二次核の発生は無視できないからである。式 (3.25) を念のために改めて再掲し，式 (7.3) とする。

$$B_{\mathrm{sus}} = k_{\mathrm{n}} N_{\mathrm{r}}{}^{j} M_{\mathrm{T}}{}^{k} \Delta C^{n} \tag{7.3}$$

7.2　種晶成長法

先に，回分冷却晶析における製品結晶の粒径分布形成に関する Griffiths の研究を紹介した。実は，Griffiths は冷却パターンの重要性のみならず，種晶添加量の重要性も指摘していた。しかし，彼に続く研究では種晶添加量についてはなぜか注意が払われてこなかった。種晶添加量は二次核化挙動に重要な影響を与える。

7.2.1　種晶添加効果　―充分な種晶を添加すると二次核は発生しない―

回分冷却晶析における種晶添加量の検討をした Doki ら[5] の研究を紹介しよう。彼らの使用したのは，ジャケット付きガラス製回分冷却晶析装置（図 7.4 (a)）である。この装置に 12.2 L のカリミョウバン水溶液を仕込み，ジャケットに一定温度の冷却水を流して冷却した。特に温度制御はしない。いわゆる自然冷却である。図 7.4(b) に示したように，温度は，最初急激に低下し，やがて一定値に漸近する。過飽和度は，最初急激に増加し，ピークを経て低下する（図 7.4 (b)）。種晶添加比 C_{s} の大小によってピークの高さが異なる。C_{s} が小さい（種晶添加量が不充分な）ときは，ピークは高い。しかし，種晶添加比が大きい場合は，ピークは低い。

図 7.5 に製品結晶の粒径分布を示す。種晶平均粒径 328 μm の場合（図 7.4 (b)

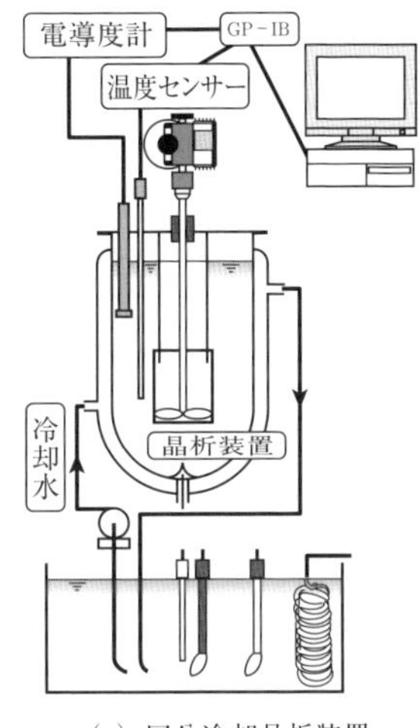

(a) 回分冷却晶析装置

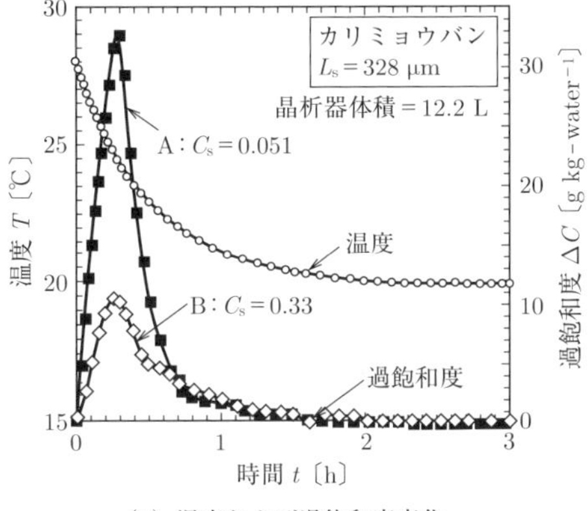

(b) 温度および過飽和度変化

図 7.4 回分冷却晶析実験 [5)]

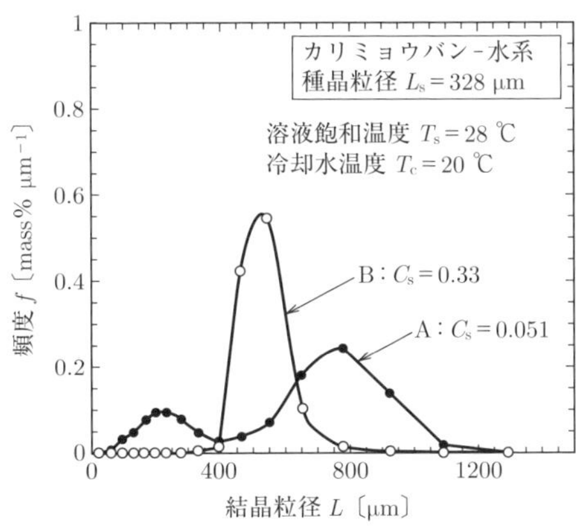

図 7.5 製品結晶粒径分布 [5)]

の実験)の結果である。製品結晶粒径分布に対する種晶添加効果は明らかである。種晶添加量が充分でない（A：$C_s = 0.051$）場合，粒径分布は**二峰性** <bi-modal> である。これは，成長した種晶（粒径の大きい領域のピーク）と成長した二次核（粒径の小さい領域のピーク）の混合物が製品結晶となっていることを示す。これに対して，種晶添加量が充分な場合（B：$C_s = 0.33$）は，粒径分布は**単峰性** <uni-modal> である。この場合は，二次核化の発生がほとんどなくなり，事実上添加した種結晶だけが成長している。C_s は種晶添加比で，$C_s = W_s / W_{th}$ で定義される（W_{th}：理論析出量〔kg〕）。図 7.5 に明らかなように，種晶を充分添加したときの，結晶粒径分布に対する種晶添加効果は，図 7.3 に示した制御冷却効果とは比較にならないほど大きい。このことは注目に値する。ところで，種晶を充分添加した場合，粒径分布のピーク位置は，シード添加量が少ない場合（粒径の大きい側）のピーク位置の左（小粒径側）に移動している。これは，添加した種結晶の数が増えたことにより，個々の種晶の成長量が減ったためである。

種晶添加効果の機構は次のようである。図 7.4(b) における過飽和度 ΔC は，上述したように最初は急激に増加しその後ピークを経て低下していく。過飽和度 ΔC は濃度差（$C - C_s$）（図 2.6 参照）であるから，初期の急増は急冷に伴う溶解度 C_s の低下のためである。これに対して，ピークを過ぎた後の過飽和度の減少は，種晶および二次核の成長による濃度 C の低下のためである。種晶添加比 C_s の影響は，過飽和度ピークの大小に現れる。種晶添加比が不充分な場合（A：$C_s = 0.051$），種晶の成長による濃度低下が少ないから，ピークは大きくなる。すると，結晶懸濁系における二次核の発生が，式 (7.3) 右辺 ΔC の効果により，激しくなる。これに対して，種晶添加量が充分な場合（B：$C_s = 0.33$）は，種晶の成長（総成長速度は結晶総表面積に比例する）による溶液濃度の減少がより顕著で，過飽和度のピークは大きくなることができない。過飽和度のピークが小さくなるから二次核の発生は事実上なくなる。結局，種晶のみが成長することになる。しかも，過飽和度の（小さな）ピークの継続時間が短く，過飽和度が短時間でゼロになることも二次核化の抑制には有利に働く。これが，種晶添加による二次核化抑制効果の機構である。このような，過飽和度変化および核化の状況は，第 6 章の回分冷却晶析の数値計算（図 6.5 および図 6.7）でも触れた。ただし，第 6 章の場合，自然冷却でなく直線冷却だったので，過飽和度変化の様子は少し異なる（例えばピーク位置の時間軸上での変化，過飽和度がゼロになる様子など）が，この差異は本質的なものではない。

この種晶添加効果（過飽和度ピークの低減と二次核化速度の抑制）は，回分冷却晶析のような**閉鎖系** <closed system> でのみ現れる。連続晶析のような**開放系** <open system> では，現れない。連続晶析の場合は，種晶量（式 (7.3) の M_T に相当）が増えれば二次核化速度は増加する。

なお，種晶成長法の重要な特徴は，温度あるいは過飽和度の制御は行っていないことである。過飽和度は，種晶の成長により自動的に低く保たれる。あえて準安定領域という言葉を使えば，「過飽和度は準安定領域内に自動的」に収まるということになる。

7.2.2 シードチャート

7.2.1 項に述べたように，添加量が充分であれば核化は抑制され，種晶のみを成長させることができる。準安定領域など考える必要はない。ところで，種晶成長法を粒径制御の技術として使うためには，“充分な種晶添加量”があらかじめ明らかになっていなくてはならない。この要求に応えるのが，図 7.6 の**シードチャート** <seed chart> である。

シードチャートは，両対数紙上で，種晶添加比 C_s に対して L_p/L_s をプロットした線図である。L_p は製品結晶の体積平均粒径，L_s は種晶の体積平均粒径である。図 7.6 は，カリミョウバン-水系の回分冷却晶析に対して得られたシードチャートである。他の系に対しても同様な線図が得られる[6)]。図中の右下がりの点線は，**理想成長曲線** <ideal growth line> である。この理想成長曲線は，核化が完全に抑制された条件下で単分散の種晶が成長してそのまま製品になったときの L_p/L_s 対 C_s の関係を示す。理想成長曲線は式 (7.2) から次のようにして導か

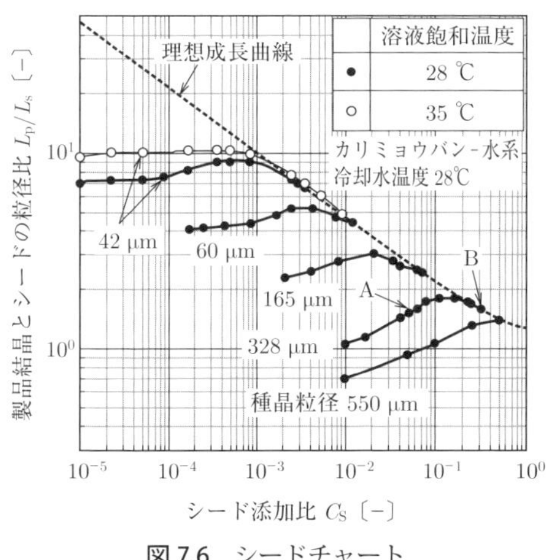

図 7.6 シードチャート

れる。W_{s}〔kg〕の種結晶が成長して W_{p}〔kg〕の製品結晶が得られるとすると，$W_{\mathrm{p}} = W_{\mathrm{s}} + W_{\mathrm{th}}$ が成立する。W_{th}〔kg〕は理論析出量である。この関係を，式(7.2) に代入し，$C_{\mathrm{s}} = W_{\mathrm{s}}/W_{\mathrm{th}}$ とおくと，理想成長曲線の式が得られる。

$$\frac{L_{\mathrm{p}}}{L_{\mathrm{s}}} = \left(\frac{1 + C_{\mathrm{s}}}{C_{\mathrm{s}}}\right)^{\frac{1}{3}} \tag{7.4}$$

この理想成長曲線式は物質に依存しない。つまり，一般的な関係である。それは導出の過程を見れば明らかである。

図 7.6 から次のことが読み取れる。C_{s} の小さい領域では，実測 $L_{\mathrm{p}}/L_{\mathrm{s}}$ は，理想成長曲線の値よりもはるかに小さい。しかし，C_{s} が増加していくと差は小さくなり，最後には理想成長曲線に一致する。この傾向は L_{s} に依存しない。この一致するときの C_{s} を**臨界種晶添加比** <critical seed loading ratio> と呼び C_{s}^{*} と記す。これ以上の C_{s} では，$L_{\mathrm{p}}/L_{\mathrm{s}}$ は常に理想成長曲線上にある。C_{s}^{*} の値は種晶粒径 L_{s} に依存する。C_{s} が小さい領域で，実測 $L_{\mathrm{p}}/L_{\mathrm{s}}$ が理想成長曲線から下に大きく外れるのは，二次核化によって生じた微結晶の寄与によって，平均粒径が低下するためである。例えば，図 7.6 のシードチャート上の A 点は，図 7.5 における $C_{\mathrm{s}} = 0.051$ の分布に対応している。分布は，微結晶の存在のため，二峰性になっている。一方，理想成長曲線上の B 点は，図 7.5 における $C_{\mathrm{s}} = 0.33$ の単峰性分布に対応している。この場合，二次核化による微結晶は含まれていない。なお，図 7.6 の種晶粒径 $L_{\mathrm{s}} = 550\,\mu\mathrm{m}$ の場合，C_{s} が小さい領域で $L_{\mathrm{p}}/L_{\mathrm{s}}$ が $10^{0} = 1$ 以下になっているが，これは発生した微結晶の混在のため平均粒径が L_{s} 以下に下がったためである。種晶が溶けたわけではない。

7.2.3　臨界種晶添加比

種晶添加効果において重要なのは，種晶添加比 C_{s} が臨界値 C_{s}^{*} 以上の領域で，実測 $L_{\mathrm{p}}/L_{\mathrm{s}}$ の値が理想成長曲線に一致するという事実である。実測の $L_{\mathrm{p}}/L_{\mathrm{s}}$ と理想成長曲線の一致は，二次核化が抑制されていることを意味するから，先の“充分な種晶添加量”は，臨界値 C_{s}^{*} 以上の添加量であり，式 (7.5) のように表現することができる。

$$C_{\mathrm{s}} \geq C_{\mathrm{s}}^{*} \tag{7.5}$$

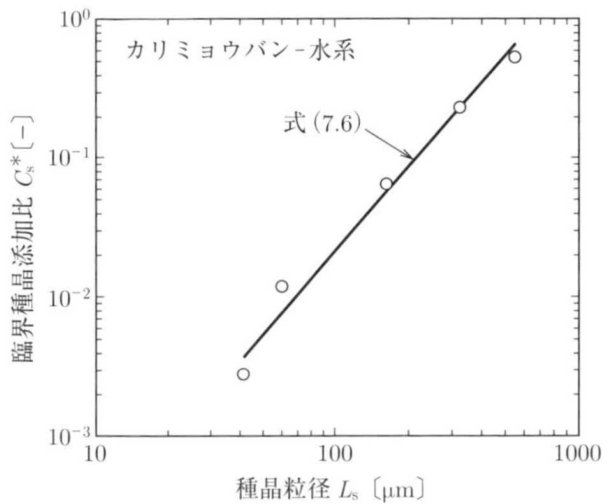

図 7.7 種晶平均径 L_s 対臨界種晶添加比 C_s^* の関係

ところで，臨界シード添加比 C_s^* は，図 7.6 に明らかなように，種晶粒径の減少とともに減少する。つまり，粒径の小さい種晶は，少（質）量でも二次核化を抑制することができる。逆に，大粒径の種晶は大量に添加しないと抑制効果は現れない。

図 7.6 のシードチャート上で決定された臨界種晶添加比 C_s^* を種晶平均粒径 L_s に対してプロットすると，図 7.7 が得られる。C_s^* 対 L_s の関係は両対数紙上で直線関係となり，次の実験式 (7.6) で表すことができる。

$$C_s^* = 2.17 \times 10^{-6} L_s^2 \tag{7.6}$$

ただし，式 (7.6) における種晶平均粒径 L_s の単位は μm である。係数 2.17×10^{-6} は，粒径単位が異なると変わることに注意が必要である。式 (7.6) は，カリミョウバン水溶液の回分冷却晶析に対して得られた実験的関係であるが，他のいくつかの物質系にも適用できることが明らかにされている[6)]。したがって，種晶添加量に関する情報が手元にない場合は，式 (7.6) を用いて臨界種晶添加比のおおよその値を推定できる。この式を用いた推定値の妥当性は，実験室の小型装置を用いた数回の回分晶析実験で容易に確認できる。

7.2.4 回分運転時間

1 回分当たりの製品結晶量が計算できたとしても，1 回分操作の運転にどれほどの時間がかかるかが分からなければ，単位時間当たりの生産速度 w_p〔kg s^{-1}〕は計算できない。**回分運転時間** <batch operation time> τ は，回分晶析時間 τ_1 と晶析前後の作業（装置の洗浄，原料溶液の張り込み，製品の取り出し，装置の洗浄など）に必要な**作業時間** <labor time between batches> τ_2 の合計である。作業時間は，実際の作業工程を検討することにより見積もることができるから，ここでは晶析時間について考える。なお，晶析時間は晶析の終了するまでの時間であるが，ここでは過飽和度がゼロになるまでの時間と定義しておく。

種晶成長法の場合，二次核化速度および結晶成長速度が既知であれば，ポピュレーションバランスモデルによって，晶析過程が数学的に記述できるから，回分晶析時間は計算可能である（図6.5参照）。理論的にはそうであるが，対象とする物質系および晶析装置に対して，二次核化および成長の速度式を推定するのは，容易ではない。特に二次核化速度は難しい。また，場合によっては，結晶間の凝集，結晶の破壊なども考慮しなくてはいけない。したがって，このオーソドックスな方法は必ずしも現実的ではない。

簡便な方法としては，小型装置を用いた晶析実験による方法がある。実験は簡単である。つまり，種晶添加の条件で回分冷却晶析を行う。種晶は式(7.5)の条件 $C_s \geq C_s^*$ を満たすべく添加するのがよい。このような条件下で回分晶析実験を行い，濃度（過飽和度）変化曲線を求める。例えば，図7.4(b)の曲線A，Bはカリミョウバン水溶液の冷却晶析における過飽和度変化曲線である。また，図

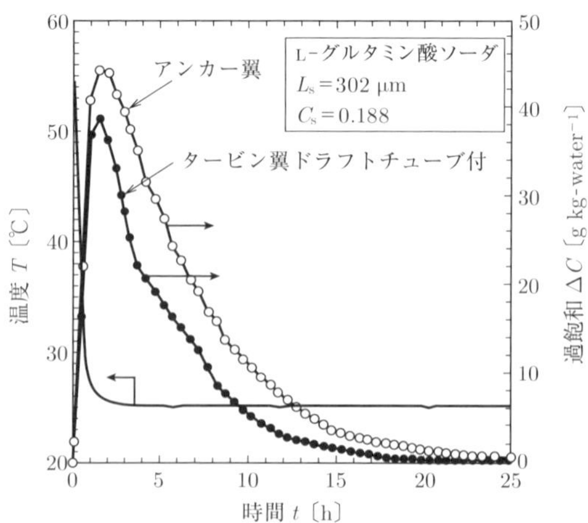

図7.8　L-グルタミン酸ナトリウムの冷却晶析における過飽和度と温度の変化

7.8にはグルタミン酸ソーダの冷却晶析実験における過飽和度変化を示す。図7.4(b)および図7.8のような過飽和度変化曲線から過飽和度がゼロになるまでの時間を読み取れば，それが回分晶析時間である。この時間は，種晶添加量，冷却モード，撹拌速度などによって変化するから，可能な限り想定される実プロセスに近い条件で測定するのが望ましい。図7.4(b)の場合は，$\tau_1 \simeq 2\,\mathrm{h}$と決定される。なお，物質系によって，この時間は変わるから注意が必要である。図7.8のグルタミン酸ナトリウム-水系の場合は，過飽和度がゼロになるまでの時間は，非常に長く$\tau_1 \simeq 25\,\mathrm{h}$にも及ぶことが分かる。

7.2.5　種晶添加のタイミングと種晶の準備

これまで，添加した種晶を成長させて製品とする方法，種晶成長法について述べてきたが，肝心の種晶を添加するタイミングについては何も触れなかった。種晶成長法においては,種晶は溶液が過飽和状態に入った直後に添加するのがよい。少々遅れて添加しても何ら問題はない。過飽和状態に入ったかどうかの判定は正確に行う必要がある。そのためには溶液の濃度（すなわち飽和温度）をあらかじめ把握しておくことが必要である。

種晶の準備は，それほど神経質になる必要はない。しかし，目的の製品結晶より細かい粒径のものでなくてはならないから，前の回分運転の製品結晶をそのまま種晶として使用することは勧められない。前の回分運転の製品結晶を用いる場合は，ふるい分けなどで分級し細かい粒子を使う。種晶は乾いた結晶をそのまま用いてもよいが，イニシャルブリーディング（3.3.1項参照）の影響を避けるためには，直前に飽和溶液あるいは貧溶媒で洗浄して，種晶に付着した微結晶を除去する。種晶をスラリーとして添加することも考えられる。なお，製品結晶の粒度分布に厳しい要求がない場合は，種晶の粒径を揃える必要はない。

7.3　核化誘導法

核化誘導法は，本章の初めに述べたように，少量の種晶添加により核化（二次核化）を促す方法である。核化しにくい物質系の晶析，あるいは核化開始時期の安定化のために使われる。これは回分間における製品特性のばらつきの低減につながる。工業的に広く使われているが，方法論が確立されているとはいえない。例えば，種晶の添加タイミング，種晶粒径は経験的あるいは試行錯誤的に決定される。種晶添加量は，種晶成長法における量よりはるかに少ない量である。

一般的な傾向として，核化誘導法に対して次のようなことがいえる。まず，種晶添加タイミングを遅らせると，製品結晶は細かくなる。ただし，あまり遅らせて種晶添加前に一次核を発生させてはならない。また，種晶添加量を増すと，製品結晶は細かくなる。さらに，種晶の粒径を大きくするとやはり製品結晶は細かくなる。なぜなら，種晶粒径の増加は種晶由来の二次核化を促進するからである。回分晶析はいわゆる閉鎖系で行われるため，生成二次核の数が増えれば結晶粒径は大きくなり得ないのは当然である。粒径の大きな製品結晶を得るためには，種晶添加タイミングの早期化，種晶添加量の低減，種晶粒径の低減をすればよい。しかし，これらの操作による製品結晶粒径の変化は顕著ではなく，正確な制御法も提案されていない。核化誘導法により得られる結晶は一般的に粒径分布が広い。

粒径分布を改善する方法として**温度スイング法** <temperature swing method> がある。この温度スイング法は，冷却の途中で発生してしまった微結晶を昇温により溶解除去する操作である。必要に応じて昇温操作を繰り返す。これにより微結晶はなくなり，粒径分布は狭くなる。しかし，昇温のタイミング，昇温の程度などの操作条件と製品結晶の粒径分布の関係は，定量的には把握されていない。定量的な把握には，第6章で述べたポピュレーションバランスモデルによる数値計算（シミュレーション）が有効である。ただし，モデルに溶解プロセスを組み込む必要がある。

7.4 冷却晶析における微結晶の製造

種晶成長法および核化誘導法のいずれも，微結晶（数 μm～数 10 μm 程度の粒子）の製造には適さない。なぜなら，種晶成長法では原理的に種晶（通常数 10 μm 以上）より大きな結晶しかできないからであり，また，核化誘導法では数 100 μm にも及ぶ分布幅の広い結晶粒子ができてしまうからである。しかし，難溶性物質の反応晶析では，数 μm～数 10 μm 程度の粒径の粒子は特に工夫しなくても簡単にできる（9.1 節参照）。

原理的には，急冷により高過飽和状態を作り，多数の核を一度に発生させれば微結晶は得られる。実験室レベルであれば，装置は小型で，したがって，急冷も可能であるが，実機レベルの回分撹拌槽型装置では急冷は難しい。回分冷却法による微結晶の製造は難しい。一般に，冷却晶析による微結晶の製造には特別な工夫が必要である。例えば，連続小型撹拌槽（あるいは管型装置）で急冷により連続的に微結晶を作り，排出される懸濁液を大きなタンクに貯めることも1つの方法である。貧溶媒晶析における微結晶の製造については8.3.3項を参照されたい。

引用文献

1) Griffiths, H. Mechanical Crystallisation, J. Soc. Chem. Ind. **44** (1925) 7T-18T
2) Mullin, J. W. and Nývlt, J., Programmed cooling of batch crystallizers, Chemical Engineering Science, **26** (1971): 369-377
3) Mullin, J. W., "Crystallization", Butterworth Heinemann, Oxford (2001) p. 425
4) 例えば，Liotta, V. and Sabesan, V., "Monitoring and feedback control of supersaturation using ATR-FTIR to produce an active pharmaceutical ingredient of a desired crystal size." Organic process research & development, **8** (2004) 488-494
5) Doki, N., Kubota, N., Yokota, M. and Chianese, A., Journal of Chemical Engineering of Japan, **35** (2002) 670-676
6) Kubota, N. and Onosawa, M., Journal of Crystal Growth, **311** (2009) 4525-4529

演習問題

問7.1　第6章のマスバランス式(6.25)から式(7.1)を導け。

問7.2　容積（溶液体積）10 m^{3}の晶析装置を用いて，飽和温度60℃のカリミョウバン水溶液を20℃まで冷却して，種晶のみを成長させたい。種晶の平均粒径は，$L_s = 50\ \mu m$とする。必要な最少種量W_sおよびそのとき得られる製品結晶の体積平均粒径L_pを求めよ。

問7.3　問7.2において，種晶粒径を$L_s = 500\ \mu m$としたらどのようになるか検討せよ。

問7.4　問7.2および問7.3と同じ条容積（溶液体積）10 m^{3}の晶析装置を用いて，

飽和温度60℃のカリミョウバン水溶液を20℃まで冷却して製品結晶を得る。製品結晶の粒径を $L_{\mathrm{p}} = 250\ \mu\mathrm{m}$ とするための，種晶粒径および種晶添加量を求めよ。

COLUMN

思い込みが論文の正しい理解を妨げる

Mullin and Nývlt [1] の制御冷却法の論文の最後の部分に“不思議な”表現がある。そもそも，この論文の目的は核化抑制のはずなのに，「微結晶が製品に含まれるのは，核化が起こったためだ」と書いてあるのだ。そのうえで，その無視できない核化は，「一次核化ではなく二次核化だ」といっている。筆者（久保田）は，この表現が長い間理解できなかった。制御冷却法は，一次核化のみならず二次核化も抑制する方法と思い込んでいたので，一体何をいっているのだと思ったのだ。しかし今思うと，Mullin and Nývlt は（論文には一言も述べていないが）一次核化を抑える方法を提案していたのだった。

多分，彼らの頭の中には「MSZW内で操作すれば一次核化（自然核化）は抑制できる」とするGriffithsの考えがあって，だから，二次核化が起きていても論理的には何らおかしくないということなのだ。彼らの実験は，彼らのいうように，「一次核化が抑制できたのだから」，例え微結晶の発生があったとしても（それは二次核化のせいだから）成功ということになる。筆者は，「微結晶が発生した」のだから（核化抑制には）失敗と思ったのだが，…。

これは，読み手の思い込みが論文の正しい理解を妨げるという例でもある。

引用文献

1) Mullin, J. W., and J. Nývlt, “Programmed cooling of batch crystallizers.” Chemical Engineering Science, **26** (1971) 369-377

第8章

貧溶媒晶析

冷却晶析では，温度を下げて過飽和状態を作り出す。これに対して貧溶媒晶析では，貧溶媒を添加して過飽和状態を作る。核化と結晶成長の機構は，冷却晶析と本質的な違いはない。しかし，貧溶媒添加ノズル近傍の局所的核化は，貧溶媒晶析特有の現象である。貧溶媒晶析には，冷却晶析には見られない長所がある。それは，(1) 高温を必要としないこと，(2) 高収率達成の可能性があること，(3) 操作条件の多様性，などである。貧溶媒晶析は，反応混合物から目的成分を取り出す手段として，有機合成の分野では実験室的に古くから行われてきた。その意味では，特に新しい晶析法ではないが，工業的な操作法としては必ずしも確立しているとはいえない。

本章では，貧溶媒晶析の基本的な説明を試みる。同時に，貧溶媒晶析操作においてしばしば遭遇する**オイル化** <oiling out> についても解説する。オイル化は，溶液が２つの液相に分離する現象で，**液-液相分離** <liquid-liquid phase separation, LLPS> ともいわれる。なお，貧溶媒晶析には，良溶媒溶液に貧溶媒を添加するタイプと，貧溶媒に良溶媒溶液を添加するタイプの２通りのタイプがあるが，本書では前者のみを扱う。

8.1 貧溶媒晶析における過飽和度の表現

まず初めに，貧溶媒晶析における過飽和度の表し方を図 8.1 を用いて説明する。図 8.1(a) の縦軸は（混合溶媒中の）良溶媒に対する溶質の質量比（溶質質量比）C〔kg-solute kg-solvent^{-1}〕で，横軸は（同じく混合溶媒中の）良溶媒に対する

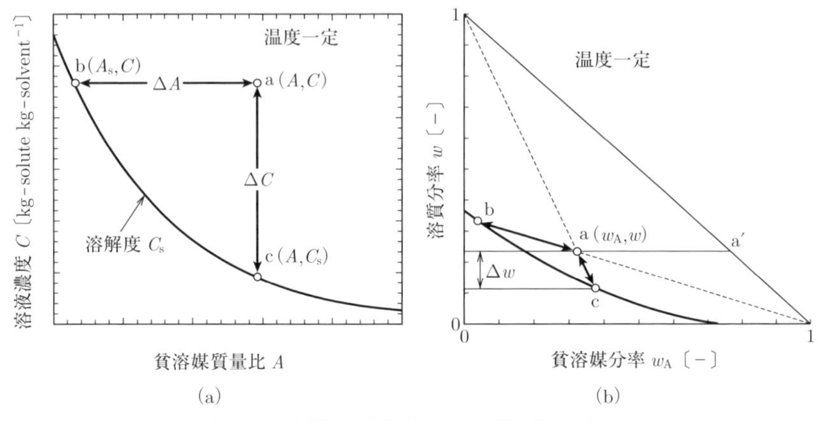

図 8.1　貧溶媒晶析における過飽和度の表現

貧溶媒の質量比（貧溶媒質量比）A〔kg-anti-solvent kg-solvent^{-1}〕である。良溶媒溶液に貧溶媒を添加するタイプの貧溶媒晶析では，このように良溶媒質量(不変量）を基準に表す。不変量を基準にすると計算上便利だからである。図 8.1(a) の右下がりの曲線は溶解度 C_s である。任意の溶液 a 点の過飽和度（すなわち溶解度からの隔たり）は，溶質質量比の差 ΔC あるいは貧溶媒質量比の差 ΔA で表すことができる。ここに，$\Delta C = C - C_s$ および $\Delta A = A - A_s$ である。C_s は貧溶媒質量比 A における飽和溶質質量比，A_s は溶質濃度比 C における飽和貧溶媒質量比である。それぞれ，冷却晶析における飽和濃度，飽和温度に対応する（図 2.6 参照)。

図 8.1(a) の関係を質量分率 w〔−〕を用いて直角 3 角座標上に書き換えると，図 8.1(b) が得られる。両図の点 a, b, c はそれぞれ同じ組成を示している。直角三角座標上では，過飽和度は例えば溶質重量分率の差 Δw で表す。また，過飽和度は線分 ab, bc の長さでも表すことができる。さらに，過飽和の度合いは，相対過飽和度 $\Delta C/C_s$, $\Delta A/A_s$, $\Delta w/w_s$ など，あるいは過飽和比 C/C_s, A/A_s, w/w_s によって表すことも可能である。質量分率の代わりにモル分率を用いることも可能である。このように過飽和度の表現は多様である。過飽和度の表現は，熱力学的には，モル分率を用いた表現が正しいが，工学的には，計算しやすい表現 ΔA あるいは ΔC がよい。

8.2　貧溶媒晶析における核化と結晶成長

貧溶媒晶析における核化と結晶成長について簡単に述べる。核化は貧溶媒添加ノズルの位置あるいは貧溶媒添加速度の影響を受ける。これはノズル近傍の局所過飽和度の問題である。ノズル近傍の混合が充分早くて局所的過飽和度が形成されなければ，核化および成長速度は溶液全体の平均 ΔC あるいは ΔA のべき関数として表現できる。

8.2.1　MSZW データから探る核化機構

貧溶媒晶析の場合も，準安定領域の幅 MSZW から核化に関する情報を得ることができる。混合溶媒溶液（A_0, C_0）に貧溶媒を添加すると，結晶の析出がなければ溶質質量比 C_0 は不変のまま，貧溶媒質量比 A が増加する。A の増加に伴って飽和濃度 C_s が低下し過飽和度 ΔC が増加する，やがて結晶化により溶液が白濁する。この白濁点（A_m）までの貧溶媒質量比の増加量 ΔA_m（$= A_m - A_0$）を貧溶媒晶析における MSZW と定義する。このように定義される MSZW は，冷却晶析における準安定領域の幅 ΔT_m に相当し，やはり核化の起こりにくさの指標である。

図 8.2 に安息香酸のエタノール溶液に水（貧溶媒）を添加した場合の MSZW の実測値を示した。図 8.2 は，O'Grady らのオリジナルデータ[1]をもとに Kubota[2]

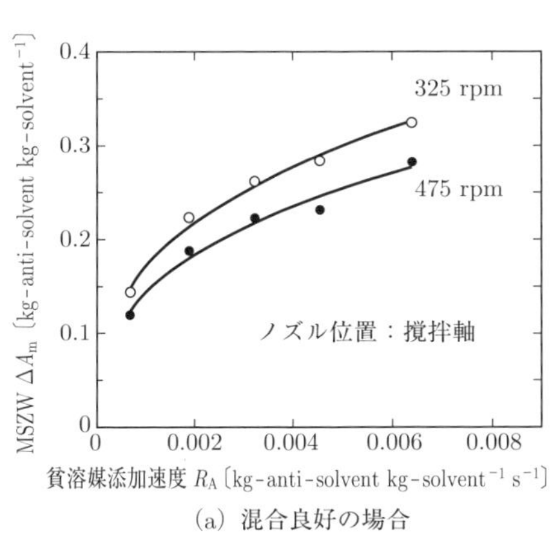

(a) 混合良好の場合

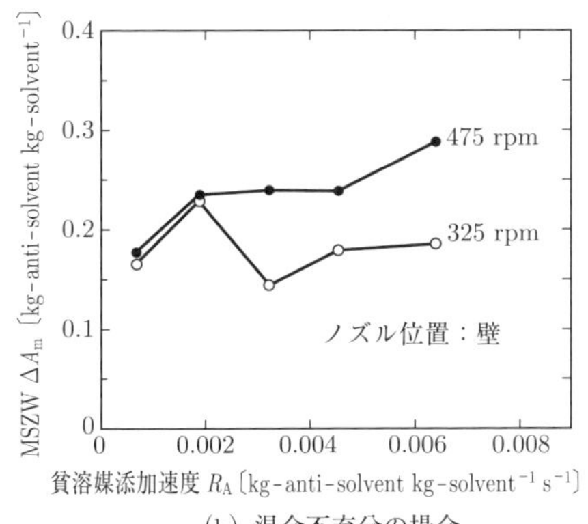

(b) 混合不充分の場合

図 8.2　安息香酸の貧溶媒晶析における MSZW[2]：ノズル位置（混合状態）の影響

が作成した。横軸は貧溶媒添加速度 R_A〔kg-anti-solvent kg-solvent^{-1} s^{-1}〕である。図 8.2(a) は貧溶媒添加ノズルを撹拌軸近傍に置いた場合（混合良好）の MSZW である。この場合，貧溶媒は添加された直後に素早く混合され撹拌槽内の溶媒組成は常に均一である。その均一場で核化が起こる。MSZW は貧溶媒添加速度 R_A の増加に伴って単調に増加する。これは，高添加速度においては，検出感度 $(N/V)_{det}$ に到達する間に貧溶媒添加量が多くなるためである。核化速度の低下のためではない。一方，MSZW は撹拌速度の増加に伴って減少する。この撹拌速度の影響は，冷却晶析の場合と同様な二次核媒介機構による結晶粒子増加速度の増加のためである。

しかし，ノズルを槽壁付近に置いた場合（混合不充分）は，様子が全く異なる（図 8.2(b)）。貧溶媒添加速度の増加に対して MSZW が単調には増加しない。むしろ高添加速度領域で MSZW が低下している。これは，貧溶媒の混合が不充分で，ノズル近傍に局所的高過飽和領域ができて，そこでの核化が盛んに起きているためである。撹拌の影響も逆転している，すなわち撹拌速度の増加に伴って MSZW が増加している。これも，低撹拌速度領域で局所高過飽和による局所核化が起こりやすい状態であったものが高撹拌速度では局所高過飽和が減少し，通常の二次核化媒介機構による粒子数増加に戻っていくためである。

このように，貧溶媒添加位置には充分注意が必要である。過度な局所的核化を避けるためには，撹拌軸近傍に添加ノズルを設置するのが望ましい。局所的高過飽和を避けるのには，あらかじめ添加貧溶媒を良溶媒で希釈する方法もある。

8.2.2　結晶成長と溶媒組成

上述したとおり，貧溶媒晶析における結晶成長の機構が，冷却晶析における結晶成長と比較して，本質的に異なるということはない。ただ，貧溶媒晶析においてはプロセスの進行中に溶媒組成が変化する。この溶媒組成が結晶成長速度に影響する。Nonoyama ら[3] は，化合物 P（分子量約 400 の有機化合物，化合物名非公表）の結晶成長速度を測定した。化合物 P は非極性溶媒（これも物質名非公表）にはよく溶けるが，水にはほとんど溶けない。得られた質量結晶成長速度 R_m〔g h^{-1}〕を過飽和比の対数 ln (C/C_s) と相関した。ln (C/C_s) は（熱力学推進力の）ケミカルポテンシャル差 $\Delta\mu$ に比例する（2.2.2 項参照）。

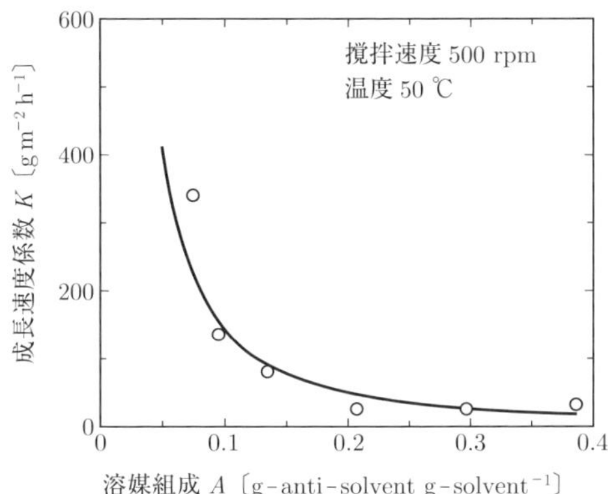

図 8.3　式（8.1）の成長速度係数 $K\text{g}$ の溶媒組成による変化

$$R_{\mathrm{m}} = K_{\mathrm{g}} S \left(\ln\left(\frac{C}{C_{\mathrm{s}}} \right) \right)^2 \tag{8.1}$$

式 (8.1) における S は懸濁結晶総表面積である。ここに，濃度 C および溶解度 C_{s} の単位は〔g-solute g-solvent^{-1}〕である。なお，過飽和度が小さい（すなわち $C/C_{\mathrm{s}} \approx 1$）場合は，$\ln\ (C/C_{\mathrm{s}}) \approx 1 - C/C_{\mathrm{s}} = \Delta C/C_{\mathrm{s}}$ の近似が成立するので，式 (8.1) は式 (8.2) のように書き換えられる。

$$R_{\mathrm{m}} = K_{\mathrm{g}} S \left(\frac{\Delta C}{C_{\mathrm{s}}} \right)^2 \tag{8.2}$$

成長速度係数 K_{g}〔g m^{-2} h^{-1}〕は，溶媒組成 A に大きく依存する。その様子を図 8.3 に示した。

8.3　貧溶媒晶析の実験例

貧溶媒晶析は回分式で行われることがほとんどである。種晶を添加しない場合もあるが，種晶を添加する場合もある。貧溶媒晶析では，貧溶媒添加速度および貧溶媒濃度が主な操作因子である。また，種晶成長法における種晶添加は，冷却晶析の場合と同様，核化の抑制に有効である。

8.3.1　塩化ナトリウムの貧溶媒晶析

Doki ら[4]による塩化ナトリウムの貧溶媒晶析実験を紹介しよう。塩化ナトリウムは水にはよく溶けるが，エタノールにはほとんど溶けない。35℃の塩化ナトリウム飽和水溶液 1 L を撹拌槽に取り，貧溶媒としてエタノールを添加した実験である。添加ノズルは内径 1 mm のガラス毛細管，ノズル位置は撹拌羽根近傍，撹拌速度は 150 rpm である。

図 8.4 に種晶添加系実験（$C_s = 0.345$）で得られた結晶の粒径分布を示した。良溶媒の水で希釈した低濃度貧溶媒（75 vol%エタノール）を添加した場合は，種晶のみが成長し粒径分布は単峰性である。しかし，高濃度の貧溶媒（99 vol%）を添加すると細かい結晶粒子が発生して粒径分布は二峰性になっている。これはノズル近傍の一次核発生のためである。

図 8.5 には，種晶無添加の条件で得られた製品結晶の粒径分布を示した。高濃度（99 vol%エタノール）の貧溶媒を添加すると細かく分布幅の狭い結晶（▲）が得られ，高添加速度ではより微結晶（●）となるのが分かる。この場合，ノズル近傍で局所的高過飽和域が形成され，一次核化が優先的に起こるためである。このことを積極的に利用すれば，微結晶製造法となり得る。これに対して，溶媒で希釈した低濃度（75 vol%エタノール）の貧溶媒を添加すると，比較的大きな分布幅の広い結晶（○，△）が得られる。貧溶媒が晶析装置全体に均一に混合されノズル近傍以外でも核が発生し，同時に結晶成長も起こるためである。

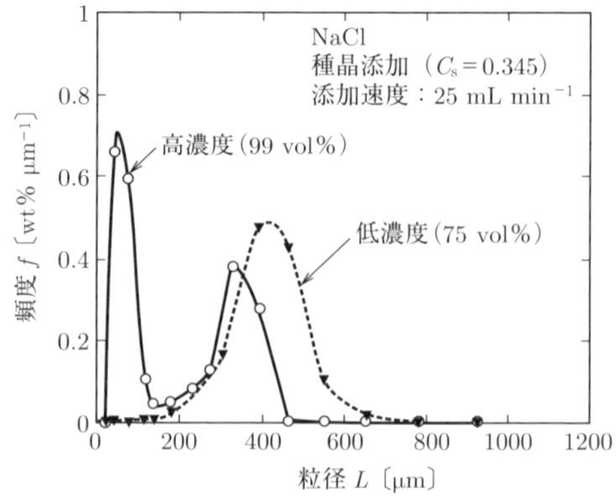

図 8.4　種晶添加系塩化ナトリウムの貧溶媒晶析[4]：貧溶媒濃度の粒径分布への影響

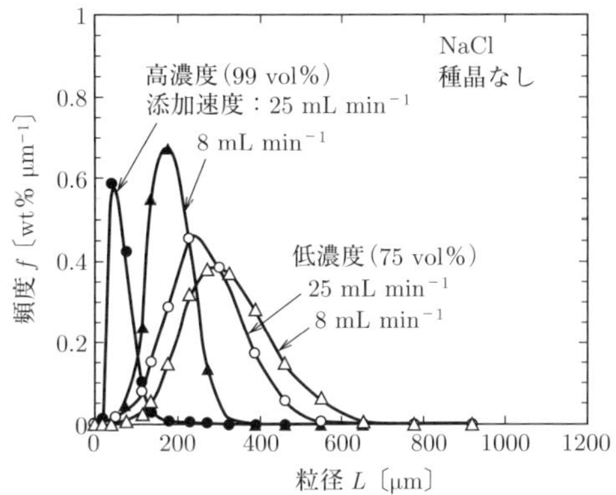

図 8.5 種晶無添加系塩化ナトリウムの貧溶媒晶析[4]：貧溶媒濃度と添加速度の粒径分布への影響

図 8.6 には，種晶を晶析装置内部で発生させ，それを成長させて製品とする実験，すなわち**種晶内部発生** <internal seeding> 実験の結果を示す。この実験では，まず初めに，種晶無添加の溶液に高濃度貧溶媒（99 vol%エタノール）を添加して微結晶を発生させる。次に，低濃度貧溶媒（75 vol%エタノール）に切り替え，この微結晶（を種晶として）成長させる。こうしてできた製品結晶は，（図 8.5 の最初から低濃度貧溶媒を添加した実験（○）に比較して）粒径分布幅は狭い。

なお，Doki ら[4]によると，この方法で微結晶を発生させた場合，微結晶個数

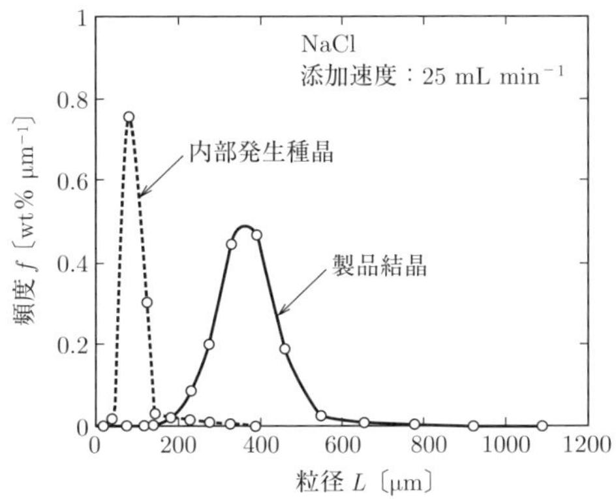

図 8.6 塩化ナトリウムの貧溶媒晶析[4]：内部発生種晶の成長

は貧溶媒総添加量に比例したが，微結晶の粒径は不変であった。つまり，種晶作成時の高濃度貧溶媒の添加量を調節することにより，（粒径を一定に保持したまま）種晶量を制御できる。したがって，微結晶を大量に発生させれば製品結晶は細かくなり，少量発生させれば製品結晶は大きくなる。

8.3.2　パラセタモールの貧溶媒晶析

Yu ら[5)]は，パラセタモールの貧溶媒晶析における過飽和度制御の効果を検討した。アセトン 45 mass％の水混合溶媒にパラセタモールを溶解し，これに貧溶媒の水を添加した。図 8.7 に，相対過飽和度を $\sigma = 0.05$ に制御した場合と制御しない場合の比較を示した。結論は過飽和度の制御のいかんによらず，製品結晶の粒径分布は変わらない。これは充分な種晶が添加されていたからである。実際，この実験における種晶添加比は $C_\mathrm{s} = 0.005$ であり，この値は臨界種晶添加比 C_s^*（式 (7.6) 参照）に比較して充分大きい（$C_\mathrm{s} \gg C_\mathrm{s}^*$）。このように，冷却晶析の場合と同様，$C_\mathrm{s} \gg C_\mathrm{s}^*$ であれば，二次核化は起こらず種晶のみが成長する。ことさら過飽和度制御などする必要ない。

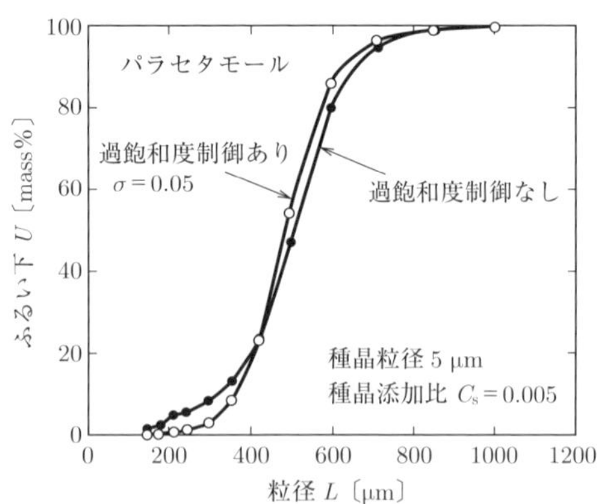

図 8.7　貧溶媒晶析における過飽和度制御の結晶粒径分布への影響[5)]

8.3.3　貧溶媒微晶析における微結晶製造の試み

五十嵐ら[6]は，ミリリットルスケール（0.9 mL）の連続晶析装置を用いて，貧溶媒晶析によるグリシンおよびL-アラニンの微結晶を作成した。

図 8.8 に五十嵐らの実験装置と結果を示す。晶析器にグリシン水溶液と貧溶媒メタノールを連続的に供給し，急速に混合した。この装置で得られた結晶の粒径分布を図 8.8(b) に示す。粒径および分布は溶液平均滞留時間 τ に依存し，$\tau = 0.33$ s の場合には，平均 7.5 μm のシャープな分布の結晶が得られている。急速に大量の結晶を発生させることにより，微粒化が達成される。滞留時間が長くなると瞬間的な混合（高過飽和）ができなくなり，結晶成長時間も伸びるので，粒径は大きくなり，分布も広がっている。この装置は非常に小型である。スケールアップの問題があるが，微粒化の原理（高過飽和の急速形成）を示すものとして興味深い。五十嵐らの実験で得られたグリシンの結晶写真を図 8.9 に示した。滞留時間によって結晶粒径が変化しているのが分かる。

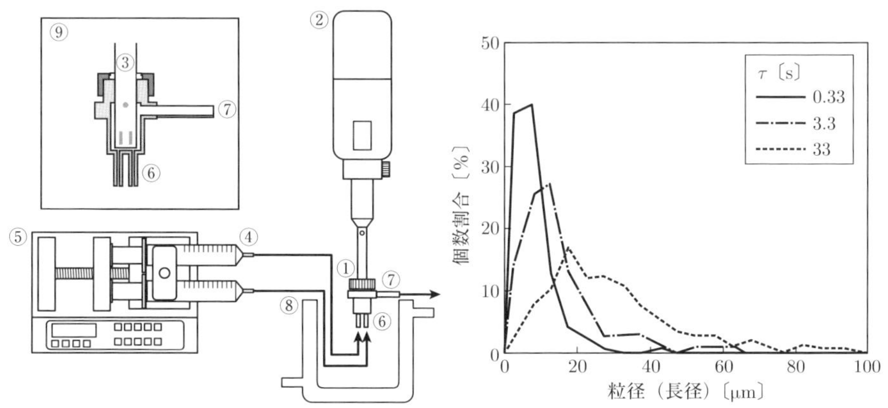

①晶析器，②高速撹拌機，③撹拌シャフト，④シリンジ，⑤シリンジポンプ，⑥原料供給口，⑦スラリー出口，⑧恒温槽，⑨拡大図

(a) 装置図

(b) グリシン結晶の粒径分布

図 8.8　ミリリットルスケール晶析器によるグリシンの貧溶媒晶析

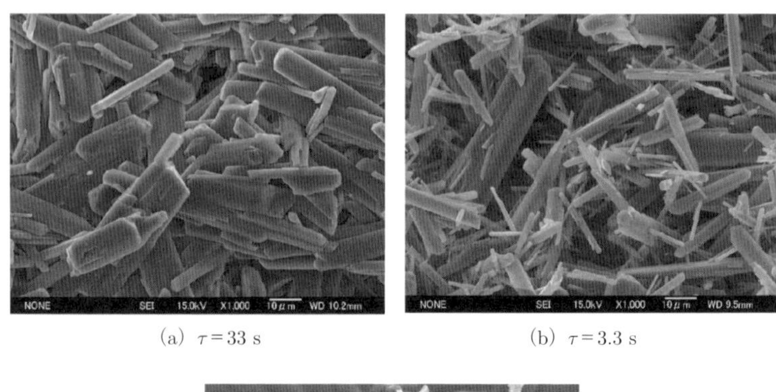

(a) $\tau = 33$ s　　(b) $\tau = 3.3$ s

(c) $\tau = 0.33$ s

図 8.9　ミリリットルスケール晶析器によるグリシンの貧溶媒晶析で作成した結晶

8.4　オイル化

オイル化は，融点の低い物質や分子量の大きい有機化合物の晶析において比較的多く見られる。単一溶媒を用いた冷却晶析においてもまれに見られるが，貧溶媒晶析あるいは混合溶媒を用いた冷却晶析においてしばしば見られる。一般的にいって，オイル化は避けたい。なぜなら，オイル化によって目的の結晶が取得しにくくなることがあるからである。

8.4.1　オイル化曲線

オイル化の理解には，**オイル化曲線** <oiling-out curve> が役に立つ。まず，オイル化曲線の決定法について説明しよう。ある一定溶質濃度の良溶媒溶液に，穏やかに撹拌しながら貧溶媒を滴下する場合を考える。滴下初期には貧溶媒と良溶媒は互いに溶ける（そもそも晶析を目的にしているから，互いに溶ける系を対象とするのが普通）ので，溶液は透明である。しかし，滴下を続けていくと，ある時点で急に溶液が白濁する。この点を**曇点** <cloud point> という。白濁は溶液中に多数の微小液滴ができるために起こる。溶質濃度を何通りかに変えて白濁点を決定し，それをプロットすると1つの曲線が得られる。これがオイル化曲線である。オイル化曲線は，液々抽出操作でいうところの**相互溶解度曲線** <mutual solubility curve> あるいは**液々平衡曲線** <liquid-liquid equilibrium curve> である。図8.10(a) にオイル化曲線（実線）を模式的に示した。同図には溶解度曲線も示した（破線）。

次に，図8.10(a) を使って，貧溶媒晶析を考えてみる。同図のA点で示した未飽和溶液に貧溶媒を滴下していくとB点（飽和溶解度）に到達し，過飽和領域に入る。滴下が進んで，オイル化曲線上のC点に至り，ここで白濁化する。さらに滴下を続けると白濁化が進む。例えばD点では，撹拌中は液滴が懸濁した状態であるが，静置すると重力によって上下二液相（I，II）に分かれる。このように，オイル化曲線（実線）の左上の領域では，溶液は均一相としては存在できない。なお，I，II点を結ぶ直線（**タイライン** <tie line>）は実験的に決定される。以上の説明は，貧溶媒晶析に関する説明である。冷却晶析の場合も同様にオイル化曲線を決定することができる。冷却晶析の場合は図8.10(a) の横軸が温度に代わる。

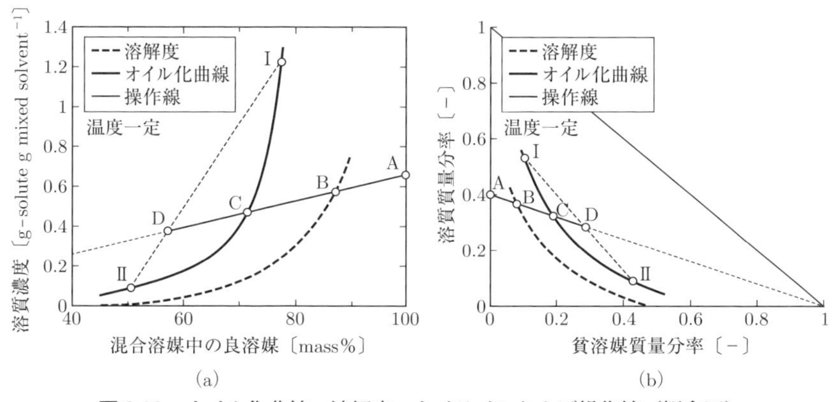

図8.10　オイル化曲線，溶解度，タイラインおよび操作線（概念図）

ここで，オイル化曲線の表示法について付け加えておく。通常，貧溶媒晶析の場合，横軸に溶媒組成をとり縦軸に溶質濃度をとって表される（図 8.10(a)）。しかし，第2章の溶解度表示（図 2.3(b)）と同様に，同じオイル化曲線を直角三角座標上に表現することもできる。ちなみに，図 8.10(b) は図 8.10(a) を直角三角座標に書き換えたものである。図 8.10(a)，(b) 中の点 A，B，C，D および I，II は各々対応している。

8.4.2　オイル化対処法

オイル化が生じてもさほど問題にならない場合もあるが，装置壁へのスケーリング障害を引き起こすこともある。また，結晶が得られなくなることもある。そのような場合，どのように対処したらよいだろうか。まず，考えられるのは溶媒組成，溶液濃度あるいは温度の組み合わせを広範囲に変化させて，オイル化が起こらない条件を探ることが考えられる。このような工夫をしてもオイル化がどうしても避けられない場合は，次の手段として，種晶成長法（充分な種晶の添加）を適用する方法がある。あるいは，核化誘導法（少量の種晶の添加）により二次核化を促し，発生した二次核を成長させて製品とすることも考えられる。このような種晶添加法を用いる場合は，貧溶媒添加速度あるいは冷却速度は比較的低く保ち，溶液組成がオイル化曲線に近づかないように操作する。一方，オイル化後油滴内に結晶を析出させる手法[7]もある。

引用文献

1)　Kubota, N., Journal of Crystal Growth, **310** (2008) 4647-4651

2)　O'Grady, Barrett, M., Gasey, E. and Glennon, B., Trans IChemE. Part A, **85** (2007) 945-952.

3)　Nonoyama, N., Hanaki, K. and Yabuki, Y., Organic Process Research & Development, **10** (2006) 727-732

4)　Doki, N. Kubota, N., Yokota, M., Kimura, S. and Sasaki, S., Journal of Chemical Engineering of Japan, **35** (2002) 1099-1104

5)　Yu, Z. Q., Chow, P. S. and Tan, R. B. H., Ind. Eng. Chem. Res. **45** (2006) 438-444

6)　五十嵐，大嶋：化学工学, **79** (2015) 892-895, Igarashi, K., Yamanaka, Y., Azuma, M. and Ooshima, H., Journal of Chemical Engineering of Japan, **45** (2012) 28-33

7)　Takasuga, M. and Ooshima, H., Crystal Growth & Design, **14** (2014) 6006-6011

演習問題

問 8.1 貧溶媒，溶質，良溶媒の質量分率 w_{A1}, w_1, w_{S1} がそれぞれ 0, 0.4, 0.6 の溶液 A 100 kg に，貧溶媒 B を 60 kg 添加したときの溶液 C の組成 w_{A2}, w_2, w_{S2} を求めよ。また，混合前後の溶液を直角三角図上に示せ。

問 8.2 20℃における水-エタノール混合溶媒に対する安息香酸の溶媒基準表示の溶解度 C は，下表のとおりである。このデータを質量分率表示 w, w_A, w_S に変換し，直角三角座標表に図示せよ。

C_A〔kg-water kg-ethanol^{-1}〕	2.330	1.500	1.000	0.667	0.429	0.250	0.111
C〔kg-benzoic acid kg-ethanol^{-1}〕	0.037	0.069	0.154	0.242	0.358	0.435	0.486

第9章

反応晶析

反応晶析は，化学反応により溶質を生成させ，その溶質の過飽和状態を作ることで結晶を析出させる晶析法である。この晶析法は，古くから行われてきた。教科書にも載っているアンモニアソーダ法における重炭酸ナトリウム $NaHCO_3$ および炭酸ナトリウム Na_2CO_3 の製造，硫酸ソーダ Na_2SO_4 そして炭酸カルシウム $CaCO_3$ の製造など枚挙にいとまがない。対象は，溶解度の大小に関わらず広い範囲にわたっている。しかし，化学工学あるいはプロセス化学の分野で反応晶析という場合，溶解度の低い難溶性物質を対象としているのが普通である。難溶性の場合は，それ特有の現象が見られるからである（9.1 節参照）。

本章では主として，難溶性物質に関する反応晶析について述べる。ただし，炭酸カルシウムの製造などに見られるような気液反応による晶析は，本章では取り扱わない。液液反応による晶析に話題を限定する。なお，英語では，反応晶析の意味で precipitation を用いることもあるが，これに対応する日本語の沈殿生成は化学工学分野ではほとんど使われない。

9.1 溶解度と晶析特性 —定性的議論—

まず初めに，溶解度の違い（難溶性か可溶性）が晶析特性にどのように関係するか考えてみる。難溶性，可溶性の厳密な定義は存在しないが，ここでは，室温の溶解度が 100 mg L^{-1} 程度以下の物質を難溶性，10000 mg L^{-1} 以上の物質を可溶性としておく。

例えば，$AgNO_3$ と KCl（いずれも可溶性）の水溶液を混合し反応させると AgCl が生成する。AgCl は難溶性であるから，直ちに結晶として析出する。こ

の反応は式 (9.1) のように書くことができる。

$$A^+ + B^- = AB \tag{9.1}$$

このような反応により生成物 AB を結晶として得る場合，晶析操作法として連続法と半回分法，および回分法が考えられる。連続法は，反応物 A^+ と反応物 B^- を晶析装置に連続的に供給し，反応混合物を連続的に取り出す方法である。半回分法では，A^+ および B^- は連続的に供給し，反応混合物は反応終了後に取り出す。半回分法には，図 9.1 に示すように 3 つの方法がある。

(a)　反応物 A^+ を晶析装置中の反応物 B^- に（あるいは逆に，反応物 B^- を晶析装置中の反応物 A^+ に）連続的に供給する方法

(b)　A^+ および B^- を同時に連続的に晶析装置に供給する方法

(c)　A^+ と B^- を先に混合して晶析装置に連続供給する方法

である。これに対して回分法は，最初に A^+ と B^- を装置内に仕込み（その後は供給しないで）反応させる方法である。ここでは半回分法および回分法を対象として，難溶性と可溶性物質の晶析特性を定性的に比較検討してみる。

表 9.1 に難溶性および可溶性物質の晶析特性の比較をまとめて示した。原料反応物（A^+ および B^-）の濃度は，難溶性，可溶性いずれの場合も，同程度と考えられる。またいずれの場合も，反応は非常に速く，混合直後に溶質 AB が生成すると仮定する。混合直後の溶質 AB の濃度は，反応原料供給ノズル近傍（あるいは混合部）で最高値 C_{max} になるが，その値は難溶性，可溶性を問わずほぼ同じである。しかし，過飽和比の最大値 $S_{\mathrm{max}} = C_{\mathrm{max}}/C_{\mathrm{s}}$ は，大きく異なる。難溶性の場合，（C_{s} が非常に小さいから）S_{max} は非常に大きい。逆に可溶性の場合，S_{max} は小さい。過飽和度 $\Delta C_{\mathrm{max}} = C_{\mathrm{max}} - C_{\mathrm{s}}$ の違いも同様で，難溶性の場

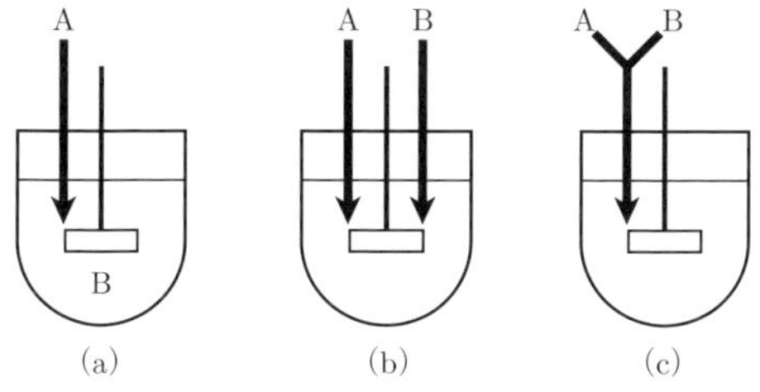

図 9.1　半回分法における代表的な反応物供給方法

表 9.1　溶解度と晶析特性

	難溶性	可溶性
溶解度 C_s	100 ppm(mgL^{-1}) 以下	10000 ppm(mgL^{-1}) 以上
過飽和比 $S = C_{max}/C_s$	非常に大	小
相対過飽和度 $\sigma = S - 1$	非常に大	小
過飽和度 $\Delta C_{max} = C_{max} - C_s$	大（$\approx C_{max}$）	小
核化速度	高（一次核化のみ）	低（一次核化＋二次核化）
製品結晶粒径	0.1〜10 μm	10〜1000 μm
オストワルドライプニング	あり	なし

合は大きく，可溶性の場合は小さい。一次核化速度は，過飽和比 S あるいは過飽和度 ΔC の増加に伴い急激に増加するから，難溶性の場合が圧倒的に大きい。その結果，混合部で生成する結晶粒子の数は，難溶性の場合は非常に多い。したがって，個々の結晶粒径は大きくなり得ない。条件にもよるが，粒径はおおむね 0.1〜10 μm 程度である。これに対して，可溶性の場合は，（過飽和度が低いから）核化速度は低く，生成粒子数は少ない。その結果，結晶粒子は大きくなり得る（おおむね数 10〜1000 μm 程度）。

溶解度によって，核化機構にも違いが見られる。難溶性の場合は一次核化のみが起こる。一方，可溶性物質の場合，一次核化のみならず二次核化も起こる。さらに，核化機構のみならず核化後の粒子の挙動にも違いがある。難溶性の場合，結晶粒径が小さいため**オストワルドライプニング** <Ostwald ripening> が起こる。オストワルドライプニングとは，粒径の異なる粒子が懸濁しているとき，臨界核粒径 r_c（式 (9.2) 参照）以下の小さな粒子が溶けて，それより大きな粒子が成長する現象である（9.2 節において再び触れる）。オストワルドライプニングは，ギブス・トムソン効果による粒子粗粒化ということができる（4.4.2 項 (a) 参照）。しかし，可溶性の場合はそもそも粒径が大きく，ほとんどの粒子が r_c 以上のため，オストワルドライプニングは起こらない。その結果，製品結晶の粒径は広く分布するのが普通である。

9.2　単分散化の要件

9.1 節で述べたように，難溶性物質の場合は生成結晶の粒径は細かい。しかし，生成結晶の粒径が常に揃っているというわけではない。粒径の揃った粒子，すなわち単分散粒子を得るためには，それなりの工夫が必要である。

9.2.1 混合の問題

反応液の混合過程が，結晶粒径分布に影響を与える。混合機構は，**マクロ混合** <macro-mixing> と**ミクロ混合** <micro-mixing> に分けられる。マクロ混合は，異なる流体（反応物 A の溶液と反応物 B の溶液）が流体塊として混合されていく過程であり，ミクロ混合は分子サイズレベルの混合である。ミクロ混合には分子拡散が関与する。混合開始直後この 2 つの機構は並行して進行し，マクロ混合が終了した後にはミクロ混合過程のみが続く。化学反応とそれに続く核化・成長は，イオン A^+ とイオン B^- が出会わなくては起こらない。化学反応は混合の途中でも起こるが，（ミクロ）混合終了後に主として起こる。混合速度に比較して，化学反応速度が非常に遅い場合，反応のほとんどはミクロ混合終了後に起こるから，撹拌速度あるいは反応物添加ノズルの位置など（の混合過程に影響する因子）は，反応晶析過程に影響を与えない。しかし，反応と混合の速さが同程度，あるいは反応が混合より速ければ，混合条件が結晶の生成に影響を及ぼす。

粒径分布に対する混合の影響の例として，図 9.2 に安息香酸結晶の粒径分布に対する撹拌速度および反応物添加継続時間の影響を示す。この実験では，撹拌槽（1 L）に安息香酸飽和水溶液に安息香酸ナトリウムを溶解しておき，これに塩酸を添加して安息香酸結晶を析出させる[1)]。この反応は，$HCl + C_6H_5COONa \rightarrow C_6H_5COOH$ のように表される。反応物供給方法は，図 9.1(a) のタイプである。添加ノズルは撹拌翼の先端近傍に取り付けた。撹拌速度は 2 通り（200 rpm と 1600 rpm）に変化させ，それぞれの撹拌速度において HCl 溶液の添加継続時間を変えた。総添加量は一定としたから，添加継続時間は添加速度に反比例する。なお，この実験で対象とした安息香酸は，難溶性ではないので，生成した結晶の粒径は大きい。したがって，オストワルドライプニングは起きない。図 9.2(a) は撹拌速度 200 rpm の場合で，混合は不充分であって，混合は添加終了に至ってもおそらく完全ではない。この場合，添加継続時間によらず粒径は常に広く分布している。その理由は，反応・核化が添加終了後もだらだらと継続するためである。一方，図 9.2(b) の場合は撹拌速度 1600 rpm であり，

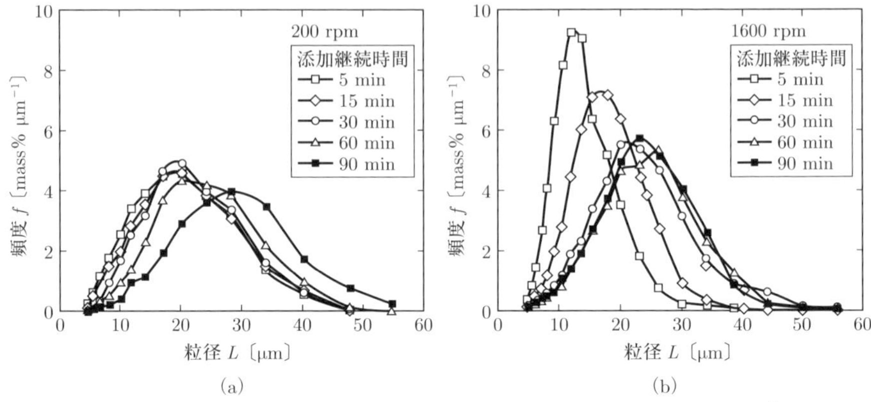

図 9.2　安息香酸の結晶粒度分布：撹拌速度および添加継続時間の影響[1)]

混合速度は速い。添加終了時に混合は完了する。この場合は，添加継続時間の影響が現れる。添加時間が長くなると，反応物（HCl）が長時間にわたって添加されることになり，反応・核化が長く続く。そのため，核が発生し続けて，粒径分布は広くなる。逆に，添加時間が短かければ，反応・核化は短時間で終了し，短時間に生成した核が一斉に成長するから粒径分布は狭くなる。このように，混合の仕方が結晶粒径分布に影響を及ぼす。このような事情は，難溶性物質の場合も基本的には同じである。ただし，難溶性物質の場合は，オストワルドライプニングが起こるので，混合の影響は減少する。

9.2.2　核化と成長の分離　―ダブルジェット法―

ダブルジェット法 <double-jet method> は，実験的および理論的に詳細な研究がなされている。この方法では，2種類の原料溶液がそれぞれ別のノズルから晶析装置に添加される。図 9.1(b) のタイプの半回分法である。ダブルジェット法は，ハロゲン化銀の工業的製造法として発明された方法である。典型的な装置[2)]を図 9.3 に示す。また，図 9.4 には，ダブルジェット法における過飽和比 C/C_s（S と記す）の変化（図 9.4(a)）とそれに対応する粒子懸濁密度の変化（図 9.4(b)）を示す。図 9.4 は，Leubner[2)] を参考に作成した。なお，この概念図の横軸の時間スケールは，必ずしも等間隔目盛ではないことを注意しておく。以下，Leubner[2)]，Stávek ら[3)] および Sugimoto[4)] に従って，ダブルジェット法における粒子生成過程を説明する。

溶液の初期濃度は，飽和濃度（$S=1$）とする。添加を開始すると，直ちにダブルジェットノズル近傍に局所的高過飽和状態が形成され，この局所的高過飽和領域（**反応ゾーン** <reaction zone>）（図 9.3 参照）でクラスター（3.1.1 項参照）が発生し始める。同時に，装置全体の平均過飽和比が増加し，添加開始後直ちに臨界過飽和比 S_c を超える（図 9.4(a) の時刻 t_1）。すると，発生したクラスターの安定化（成長）が反応ゾーン以外の全領域（バルク領域）内で始まる。ただし，このときすべてのクラスターが安定化するのではなく，粒径の大きなクラスターのみが安定化すなわち生き残る。小さなクラスターは溶解してしまう。これはオストワルドライプニング現象である。この現象が続き，結果として，装置全体の安定核の数が増える。この間，クラスター粒子の安定化（成長）の進行により溶

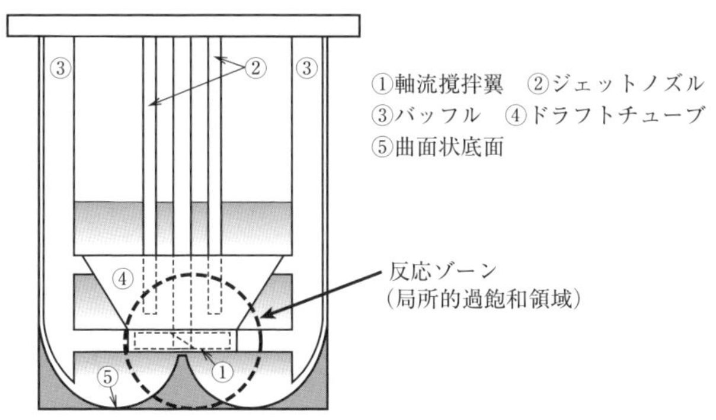

図 9.3　ダブルジェット晶析器装置

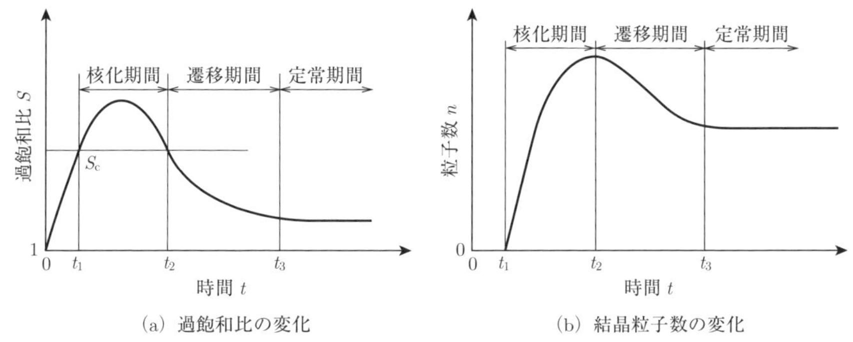

図 9.4　ダブルジェット法における晶析過程

質が消費される。安定化した粒子数の増加に伴って（成長による）溶質消費速度が増加するので，過飽和比の増加は弱まり，過飽和比は最大値を経て下がり始める。やがて,過飽和比は再び S_c 以下になる（時刻 t_2）。図9.4(b) に示したように，t_2 までは安定核の増加が続くので，期間 t_1〜t_2 は**核化期間** <nucleation period> といわれる。時刻 t_2 以降は,過飽和比の減少による臨界核サイズ r_c（式(9.2) 参照）の増大のため，（核化期間では安定であった粒子が不安定化し始め）安定核の数は減少する。しばらく粒子数の減少が続き（遷移期間），やがて定常期間が始まる（時刻 t_3）。t_3 以降の定常期間では，反応ゾーン以外の領域においては安定核の成長のみが起こり安定核の数は増加しない。一方，反応ゾーンでは（局所的に常に高過飽和だから）t_3 以降でもクラスターが連続的に形成されている。すなわち，反応ゾーン以外では（すでに低過飽和だから）粒径の小さいクラスターは素早く溶解し，クラスターは（すでに存在している）安定核の成長による消費に対して溶質供給源として働く。定常期間では，反応原料の添加による溶質の増加と結晶成長による消費が動的に釣り合っている。

このような変化がどの程度の時間スケールで進むかといえば，条件にもよるが，例えばハロゲン化銀の場合，t_1 は 10^{-6}〜10^{-3} s，つまり添加開始とほぼ同時にクラスターの生き残り（安定核の形成）が始まり，核化期間 t_1〜t_2 は 1〜2 min である。このように，数分間は安定核の増加が続く。また，反応ゾーンにおける過飽和比は，ハロゲン化銀の場合 10^5〜10^7，バルク溶液の臨界過飽和比 S_c は2以下と推定されている[2)]。このように，反応ゾーンとバルク溶液の過飽和比の差は非常に大きい。

上述したように，初期（核化期間 t_1〜t_2）に集中的に安定核を発生させ，それを成長させると，単分散粒子が得られる。核化と成長の分離である。この核化と成長の分離（単分散粒子形成のモデル）を最初に提案したのは，LaMer and Dinegar[5)] である。このモデル（LaMer モデルという）は,ダブルジェット法（外部から反応物を連続的に供給する方法）ばかりでなく，回分反応晶析（最初に反応原料を仕込んでおく方法）に対しても適用可能である。実際のところ，LaMer and Dinegar によるこのモデルの提案[5)] は，ダブルジェット法ではなく，硫黄粒子の回分反応晶析に対してのモデルであった。

なお，核化と成長の分離と述べたが，それは晶析装置全体を1つの晶析場とみなした場合の表現である。装置内を反応ゾーンとバルク領域に分けて考えれば，反応ゾーンでは常に核（あるいはクラスター）が発生していて，バルク領域内で核の一部が生き残り（核化期間）あるいはすべて溶解している（定常期間）ことを忘れてはならない。

ダブルジェット法における粒子単分散化の要件は，核化期間 $t_1 \sim t_2$，すなわち安定核の増加期間を短くすることである。核化期間が長くなると核化と成長の分離が不可能になり，単分散化は難しくなる。もう1つの要件は，反応ゾーンでの充分な混合，および装置全体の充分な混合である。反応ゾーンでの混合が悪いと，核化の不安定化を招く。また，装置全体の混合が不充分な場合は，不安定核の生き残り過程が安定せず，単分散化の障害になる。

ここで，クラスター生き残りの機構（オストワルドライプニング）について少し補足しておく。第3章で述べたように，クラスターが臨界核のサイズを超えることが一次核化であった。臨界核の半径 r_c は，式 (3.3) で与えられる。ここに式 (9.2) として再掲する。なお，再掲に際して，過飽和比 C/C_s を S に置き換えた。

$$r_\mathrm{c} = \frac{2\sigma v}{RT\ln S} \tag{9.2}$$

このように，臨界半径は過飽和比 S に依存する。過飽和比が大きな反応ゾーンでは，臨界半径は小さいので，小さなクラスター粒子も生き残る。しかし，溶液がバルク領域に広がると，そこでは過飽和比 S は小さいので，反応ゾーンで生まれた粒子のうち小さな粒子は溶解し，大きな粒子のみが生き残る。また，バルク領域の過飽和比は時々刻々と変化するから，臨界半径も時々刻々と変化する。これが，ダブルジェット法におけるオストワルドライプニングである。時間的変化を強調して，**動的オストワルドライプニング** <dynamic Ostwald ripening> という場合もある。

さらに，ダブルジェット法におけるもう1つの重要なポイントは，凝集の抑制である。生成した微粒子は，装置内で電気的作用あるいは分子間力で凝集する。この凝集を抑制するには，親溶媒性の保護コロイドがしばしば用いられる。写真工業ではゼラチンが凝集抑制剤として古くから使われている。

9.2.3　ダブルジェット法による単分散粒子作成例　―臭化銀，KBr粒子―

Sugimotoの研究[4)]を紹介する。1Nの硝酸銀（$AgNO_3$）水溶液と1.002N臭化カリウム（KBr）水溶液を1000mLのゼラチン水溶液に連続的に供給し，臭化銀（AgBr）を析出させた。このゼラチン水溶液は，ゼラチン2wt%，pH＝5.0，KBr濃度$[Br^-] = 1 \times 10^{-3}$ mol（すなわち$pBr = -\log[Br^-] = 3$）に調整した。また，析出反応の間も，pBr（$= -\log[Br^-]$）は一定値3.0に保った。KBr粒子の総数nの時間的変化を図9.5に示す。図9.4(b)に模式的に示した粒子総数の変化が見事に実現されている。すなわち，KBr粒子の総数は，時間とともにいったん増えた後，減少し一定値に近づいていく。LaMerモデルのとおりである。また，温度の上昇とともに粒子総数が減少するのは，主として溶解度および表面エネルギーが変わるためである（式(9.3)参照）。図9.6は，実験終了時の粒子（運転時間$t = 10$ minにおける粒子）の総数n_∞と原料供給速度Qの関係を示す。n_∞はQの増加とともに直線的に増加する。この直線関係は，Sugimoto[4)]によればn_∞は理論的に式(9.3)で与えられる。

$$n_\infty = \frac{1.567QRT}{8\pi D\sigma v C_s} \tag{9.3}$$

ここに，Rは気体定数，Tは絶対温度，Dは溶質の拡散係数，σは結晶の表面エネルギー，C_sは溶解度である。

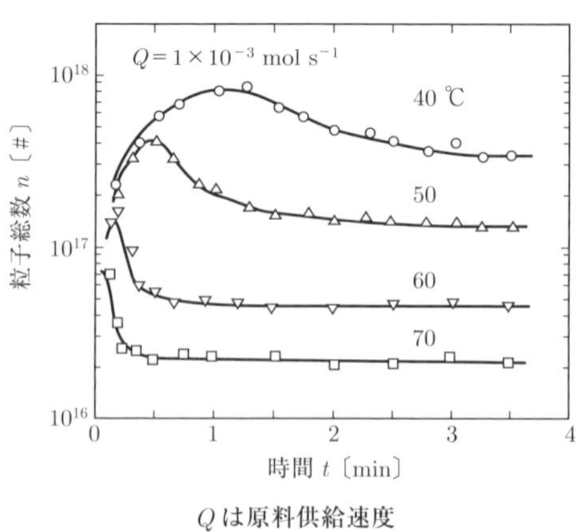

Qは原料供給速度

図9.5　KBr粒子の時間的変化[4)]

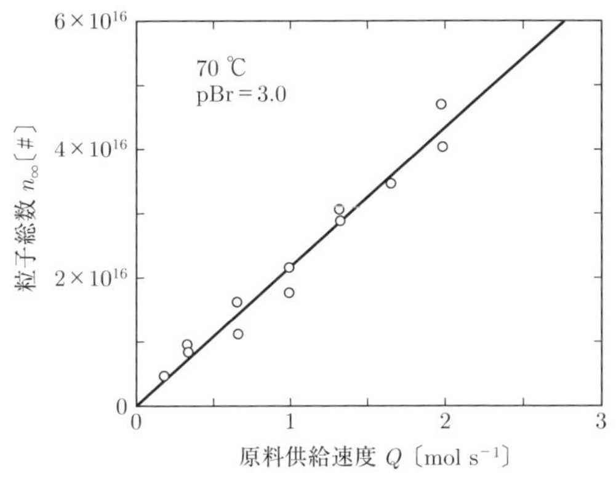

図 9.6 KBr 粒子の最終個数と原料供給速度 Q の関係[4)]

9.3 環境分野における反応晶析

反応晶析を用いて廃液から有用物質を回収する試みが以前からなされてきた。反応晶析を環境分野に適用する場合，対象は一般的に難溶性物質であるので，通常の方法では微結晶が生成してしまう。すると，晶析工程に続く固液分離が非常に困難になる。しかも，環境分野の場合は，処理すべき量は膨大である。そのため，固液分離（あるいは回収）の難易は，プロセスの成否に関わる重大かつ深刻な問題になる。環境分野の場合，結晶は固液分離しやすい大きな結晶でなくてはならない。大きな結晶を生成させること，これが晶析プロセスを環境分野に適用する際の，重要なポイントである。以下に，下水処理水からのリンの回収およびフッ素含有排水からのフッ素の回収プロセスを紹介する。いずれも晶析による方法である。リンはリン酸マグネシウムアンモニウムの結晶として，フッ素はフッ化カルシウムの結晶として回収される。いずれのプロセスも，晶析法の工夫により粒径の大きな結晶を生成させ，固液分離を容易にしている。

9.3.1 リンの除去

食品残渣，畜産排泄物などのメタン発酵処理（嫌気性消化処理）工程から排出される消化液には，リンおよびアンモニウムイオンが含まれている。この消化液からリンを回収する方法として MAP 法が提案されている。これはリンをリン酸マグネシウムアンモニウム <magnesium ammonium phosphate：MAP> $MgNH_4PO_4 \cdot 6H_2O$ の結晶として回収する方法である。反応は式 (9.4) で示される。

$$Mg^+ + NH_4^+ + PO_4^{3-} + 6H_2O \rightarrow MgNH_4PO_4 \cdot 6H_2O \qquad (9.4)$$

ここでは，島村らの半回分実験[6)] を紹介する。島村らの用いた装置（容積 10L）を図 9.7 に示す。まず初めに，消化液（8L）を装置内に張り込んで撹拌しておく。そこに，マグネシウム源（図の例では $MgCl_2$ 溶液）を連続的に供給する。供給量は全量で 2L，最終量論比 Mg/P＝1.7 とした。MAP の溶解度は pH を上げると著しく低下するので，NaOH により pH をコントロールし，溶解度を一定に保った。そのまま反応させると，MAP 結晶は微細粒子となってしまう。そこで，平均粒径 0.32 mm の MAP 結晶を種晶として添加し，装置内に懸濁させておいた。島村らは，撹拌速度，種晶量，初期過飽和度などの影響を検討して，種晶添加による核化抑制効果を確認した。

島村ら[6)] は，この実験をベースに，実機スケールの実証実験（撹拌晶析槽体積 $5\,m^3$，消化廃液処理速度 $2\,m^3\,h^{-1}$）を行った。16 か月の連続運転結果を図 9.8 に示す。消化廃液中のリン濃度が変動しても処理水中のリン濃度は $23\,mgL^{-1}$ 以下に保たれており，全期間にわたりリンは MAP 結晶として高収率で回収された。回収されたリンは，肥料として再利用可能であった。図 9.9 に MAP 法によって回収された MAP 結晶の写真[7)] を示す。なお，MAP 法はすでに実プロセスとして稼働している[7)]。

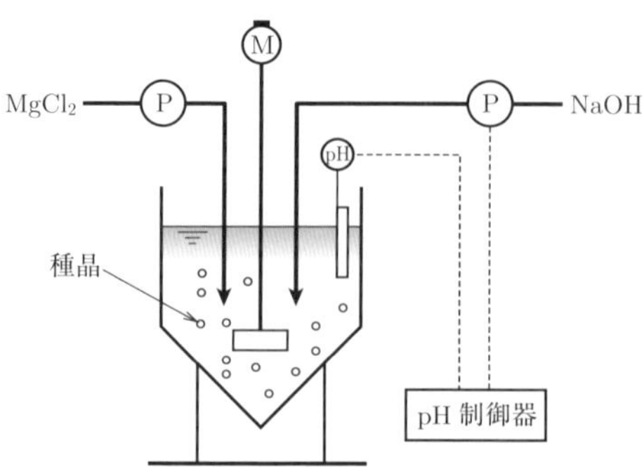

図 9.7　MAP 法によるリン回収実験の装置[6)]

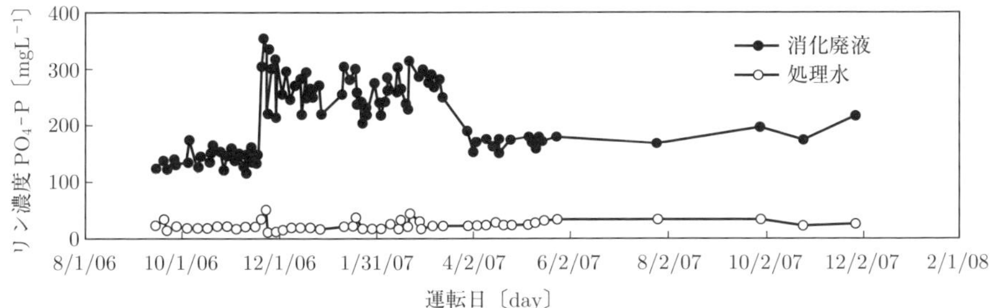

図 9.8　MAP 法によるリン回収実証実験の結果：消化廃液および処理水中のリン濃度の変動[6)]

図 9.9　MAP 結晶粒子の写真[7)]

9.3.2　フッ素の除去

従来，フッ素含有排水は凝集沈殿法により処理されてきた。凝集沈殿法は，排水に消石灰を添加してフッ化カルシウムの結晶粒子を生成させる方法である。得られる結晶粒子は微細（1 μm 以下）なので，凝集剤を用いてフロック（凝集体）を形成させ，沈殿分離する。沈殿分離された汚泥は，廃棄処理されてきた。この方法では，有用資源のフッ素は回収再利用はできない。

これに対して，種晶成長法によるフッ素除去・回収法では，フッ素は資源として再利用できる。図 9.10 に種晶成長法によるフッ素除去プロセスと得られた結晶の写真[7)]を示した。反応晶析装置は流動層型である。この方法では，フッ素は次の反応によりフッ化カルシウム CaF_2 として回収される。

$$2F^- + Ca^{2+} \rightarrow CaF_2 \qquad (9.5)$$

この反応自体は，従来の凝集沈殿法の反応と変わらない。そのままでは，フッ化カルシウム CaF_2 は微細な結晶として析出する。これに対して種晶成長法では，200 μm 程度の CaF_2 の種晶を懸濁共存させて晶析を行う。種晶はもちろん成長す

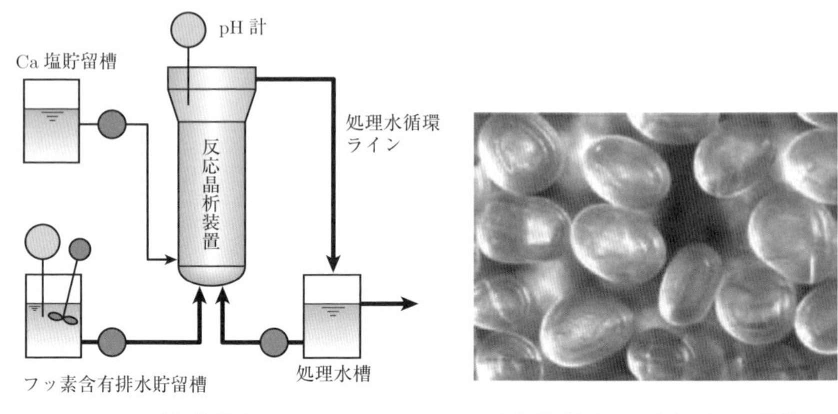

(a) 装置図　　(b) 生成したフッ化カルシウム結晶（粒径 2〜3 mm）

図 9.10　フッ素回収プロセス[7)]

るが，微細結晶の発生も起こる。発生した微細結晶は種晶に付着凝集する。成長および付着凝集の結果，フッ化カルシウム種晶は粗大化し，粒径 2〜3 mm の粒子として回収される。回収されるフッ化カルシウム結晶は高純度で，フッ素資源として再利用可能である[7)]。

引用文献

1) Aslund, B. L. and Rasmuson, A. C., AIChE Journal, **38** (1992) 328-342
2) Leubner, I. H., The Journal of Physical Chemistry, **91** (1987) 6069-607
3) Stávek, J., Šipek, M., Hirasawa, I. and Toyokura, K., Chemistry of materials, **43** (1992) 545-555
4) Sugimoto, T., Journal of Colloid and Interface Science, **150** (1992) 208-225
5) Lamer, V. K. and Dinegar, R. H., Journal of the American Chemical Society, **72** (1950) 4847-4854
6) 島村和彰，黒澤建樹，平沢泉：化学工学論文集 (2009) 127-132
7) 平沢泉，化学工学，**79** (2015) 901-904

演習問題

問 9.1　ダブルジェット法では過飽和度が時々刻々と変化するから，臨界半径 r_c（式 (9.2) で与えられる），すなわち粒子が溶解するか生き残るかの境界が，時々刻々と変化する。ダブルジェット法の実験（Sugimoto[4)]）における臭化銀 KBr の臨界半径と過飽和比の関係を計算してみよ。ただし，KBr 結晶の表面エネルギーは $\sigma = 177$ erg cm^{-2}，KBr 結晶のモル体積 $v = 2.90 \times 10^{-5}$ mol m^{-3} である。

第10章

多形制御と結晶化による光学分割

本章では，多形および**光学異性体** <optical isomer> の晶析について概説する。多形，光学異性体の分離精製は，医薬品分野においては非常に重要な問題である。最初に多形の晶析すなわち多形制御について，次いで光学異性体の中の**ラセミ混合物** <racemic mixture or conglomerate> の結晶化による分離（**光学分割** <optical resolution>）について述べる。多形とラセミ混合物はそれぞれ種類の異なる結晶が存在するという点では共通性がある。しかし，異なる点がある。多形の場合は溶けている溶質分子は1種類であるが，結晶は2種類以上の構造の異なるものが存在する。例えば，L- グルタミン酸は水溶液中ではL- グルタミン酸分子のみであるが，結晶にはα形とβ形の2種類の多形が存在する。一方，ラセミ混合物の場合は，溶けている分子もD体，L体の2種類であり，結晶にもD体，L体の2種類が存在する。また，多形の場合は晶析操作中にしばしば（溶解度が高い）不安定形から（溶解度の低い）安定形への溶液媒介転移が起こるが，ラセミ混合物の晶析操作中にはこのような転移は起こらない。

10.1 多形制御

多形転移には溶液を媒介して進行する溶液媒介転移と，固相のままで転移する**固相転移** <solid-solid transformation or solid-state transformation> の2種類がある。ここでは前者の溶液媒介転移についてのみ述べる。

10.1.1 結晶多形

多形とは，「1つの化学物質が異なる結晶構造を持つ現象」あるいは「異なる構造を持った結晶そのもの」のことである（2.1.3 項）。一般に，異なる多形は異なる溶解度を示す。溶媒和物（水の場合は水和物）は，溶媒和の有無あるいは溶媒和数によって溶解度が異なるのみならず，異なる溶媒和物間で溶液媒介転移が起こるので，**擬多形** <pseudo-polymorph> と呼んで多形に準ずる扱いをする。

多形現象は広く存在する。Davey and Garside は，著書[1)]の中で次のように述べている。

The famous American chemical Walter C. McCrone,（中略）, commented in 1963 that virtually all compounds are polymorphic; the number of polymorphs of a material is in direct proportion to the time and money spent looking for them.

すなわち，ほとんどの物質において多形が存在し，研究費と手間を惜しまなければいくらでも新しい多形が見つかるというのだ。有機物は，結晶を構成する分子間の結合の仕方が多様である。したがって，有機物に多形の数が多いのは当然である。例えば，解熱剤のアスピリンあるいは抗菌作用を示す医薬品サルファチアゾールは，いずれも医薬品としては簡単な構造の分子であるが，それでも，それぞれ 4 つの多形の存在が知られている。構造の複雑な化合物の場合，多形の数はさらに多くなる。

異なる多形間には熱力学的な安定性の差，すなわちケミカルポテンシャルの差がある。ケミカルポテンシャルが高い（すなわち不安定な）多形は溶解度が高い。溶解度の高い多形は不安定多形あるいは準安定多形といわれる。一方，溶解度の低い多形は安定多形という。溶解度の高低がある温度範囲にわたって同じ場合（単変系）と，ある温度を境に溶解度が逆転する系（互変系）が存在する。これらのことは，すでに第 2 章で述べた。なお，単変系および互変系の分類は絶対的なものではない。温度領域を広くとればどこかで溶解度が交差し，互変形と分類されるかもしれない。

10. 1. 2　溶液媒介転移

溶液媒介転移とは，溶液状態を媒介して（経由して）不安定多形が安定多形に転移する現象である。実プロセスにおいても小規模の実験においても，この現象

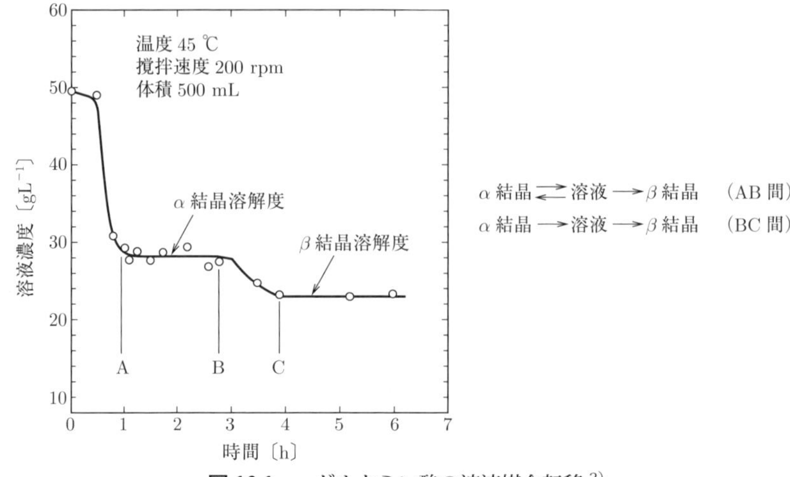

図 10.1　L-グルタミン酸の溶液媒介転移[2)]

はしばしば見られる。図 10.1 に L-グルタミン酸の溶液媒介転移過程[2)]を示した。転移は α 結晶が溶け，β 結晶が析出することにより進行する。図 10.1 の実験では，飽和温度より 10℃高い温度の溶液を急冷して一定温度 45℃に保持した。急冷によって過飽和状態となった溶液から，準安定多形 α および安定多形 β の結晶が核化し成長する。溶液の濃度は減少し，やがて準安定多形 α の溶解度に到達する（図中 A 点)。A 点以降では α の成長は止まる。しかし，安定形 β に対して溶液は依然として過飽和であるから，β 型は成長を続ける。AB 間では，β の成長による溶液濃度の減少は α の溶解によって直ちに補われ，溶液濃度は一定（α の溶解度）に保たれる。さらに転移が進むと，α 結晶の溶解による溶質の補給が間に合わなくなる。そのため，濃度は減少し始める（B 点)。AB 間の平坦部をプラトーという。最後には溶液濃度は β の溶解度に到達し，それ以降の濃度の減少は起こらない。このようにして，準安定多形の α が消失し安定多形の β のみが残る。

図 10.2 は，パラセタモール結晶のベンジルアルコール溶液中における転移の様子を顕微鏡下で観察したもの[3)]である。不安定多形（Form II，針状）が溶解し安定多形（Form I，粒状）が成長する様子が分かる。

しばしば，転移過程は α の溶解過程が律速であるといわれるが，これは正し

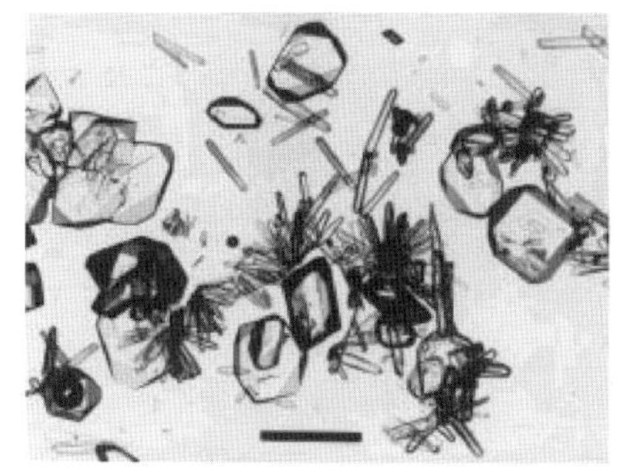
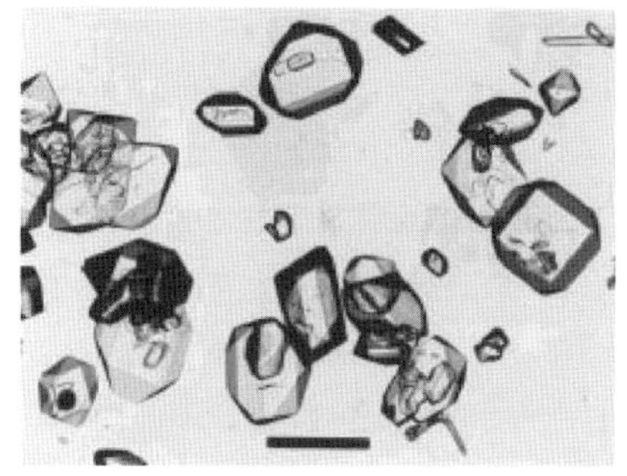

(a) FormⅡ(針状)→FormⅠの転移進行中　　(b) 写真 (a) からさらに30分後，転移完了後

室温，ベンジルアルコール溶液，スケールバー：250 μm

図10.2　パラセタモール結晶の転移の様子[3)]

くない。AB間では，懸濁状態にあるα結晶の溶解と成長の動的平衡およびβ結晶の成長（図10.1の右側参照）が起きている。β結晶の成長による濃度の減少がαの溶解によって，動的平衡を保ちながら補われる。βの成長過程が転移速度（プラトーの長さ）を律している（6.4.4項参照）。一方，BC間では事情が異なる。動的平衡はなくなり，α結晶の溶解とβ結晶の成長のみ（図10.1の右側参照）が関与している。このβ結晶の成長過程は1番遅い過程ではない。BC間ではα結晶の溶解過程が一番遅い。だから溶液濃度が低下する。単純に転移速度を律しているのはβ結晶の成長過程であるとはいいにくい。このような転移過程は，6.5.4項のポピュレーションバランスモデルによる数値計算でも触れた。

AB間の長さすなわちプラトーの長さ（転移時間）は，安定多形結晶全体の成長に依存する。図10.1の例では，晶析の初期（A点以前）において不安定多形のαのみならず安定多形のβも核化していた。そのため，比較的早くプラトーが消滅し転移の終了も早かった。もし安定形βの核化が遅れれば（あるいは人為的に遅らせれば），プラトーはずっと長くなる。そもそも，安定多形の結晶が存在しなければ転移が始まらない。安定多形の一次核化の難易は，温度に依存する。上述のL-グルタミン酸-水系の場合，温度を下げると転移時間は伸びた[2)]。これはβ結晶の一次核化が遅れたためであった[2)]。

安定多形の一次核化は，溶液媒介転移における重要な問題である。この一次核化の機構の1つとして，不安定多形の表面をテンプレートとして安定多形の核が発生するとする説がある。しかし，この説よりも，先のL-グルタミン酸-水系に見られたように，初期段階において安定および不安定多形の両者の一次核が発生するとするのが自然だろう。

転移時間の長さに対しては，転移中における安定多形の二次核化の影響も大きい。初期に発生した安定多形の一次核が成長すると，成長した結晶粒子が撹拌翼などと衝突し二次核が発生する。この二次核化により安定多形の結晶数ひいては結晶総面積が急速に増加する。その結果，安定多形粒子の成長による転移の進行が早まり，転移時間が減少する。二次核化は撹拌速度の増加に伴って増加するから，撹拌速度の増加とともに転移時間は減少する。この機構は二次核化媒介多形転移機構という（6.5.4 項 (b) 参照）。第3章で待ち時間に対する撹拌効果を説明する際に用いた二次核化媒介機構と同じである。

10.1.3　溶液媒介転移の制御

通常，結晶の溶解度，溶解性，融点，保存安定性，**バイオアヴェイラビリティ** <bio-availability>（生物学的有効性，薬理活性）などの性質は，結晶多形によって変わる。製品として安定多形が要求される場合もあるが，不安定多形が望まれる場合もある。

(a)　種晶添加による転移の防止

種晶添加法（種晶成長法）が回分冷却晶析における粒径制御に有効であることは，第7章で述べたとおりである。種晶成長法は多形の制御にも有効である。Doki ら[5)]の研究を紹介する。彼らは，グリシンをモデル化合物として種晶添加の溶液媒介転移に対する効果を検討した。グリシンには，α，β，γの3種類の多形があり，常温ではγが安定多形でαとβは準安定多形である。βは水溶液系では，もっとも不安定で常温付近では析出しない。

Doki ら[5)]の実験（回分冷却晶析）における過飽和度 ΔC の変化を図 10.3 に示した。図 10.3 は，図 10.1 と同様，溶液媒介転移の様子を示している。種晶添加なし（$C_s = 0$）の場合は，冷却に伴って過飽和度がいったん上昇したところで急激に核化が起こり（おそらくαとγが同時に），その核の成長により過飽和度が下がり始める。αからγへの転移も同時に進行し，過飽和度はαの飽和溶解度

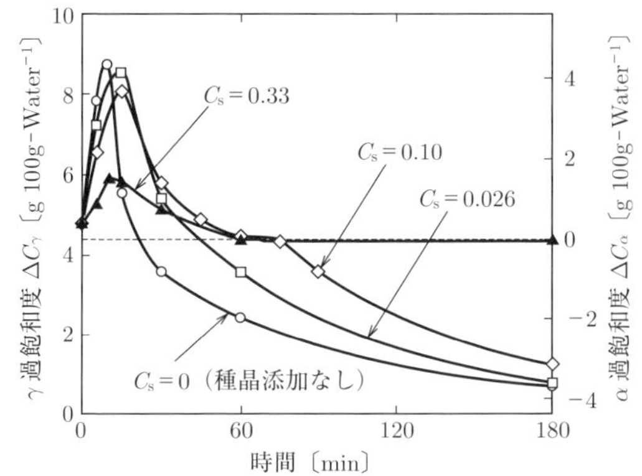

図 10.3　L-グリシンの多形転移に対する種晶添加の効果[5)]

$(\Delta C_\alpha = 0)$ 以下に下がっていく。αの種晶を 2.6%$(C_s = 0.026)$ 添加した場合も，ほぼ同様な過飽和度変化を示している。しかし，10%（$C_s = 0.10$）添加すると転移の過飽和度変化にプラトーが現れる。さらに，種晶量を上げ 33%$(C_s = 0.33)$ にすると，プラトーが回分運転終了時まで続く。この場合はβへの転移が全く起こっていなかった。こうして，製品結晶はすべてα結晶ということになる。Doki ら[5)] によれば，このような不安定多形αのみの成長は，7.2.3 項で述べた臨界種晶添加比 C_s^* 以上の種晶添加量であれば，少なくとも回分運転時間 180 min 内では，保証された。

不安定多形の種晶を添加する方法は上述したとおりであるが，（不安定多形でなく）安定多形の種晶を添加すれば，逆に転移時間を大幅に短縮することができる。転移の進行促進に有効な方法である。この転移時間の短縮法は，種晶成長法（種晶のみが成長）および核化誘導法（種晶による二次核化の誘導）いずれもともに有効である。

(b)　添加物法による転移の防止

添加物により転移時間を延ばす方法がある。Okamoto ら[6)] の研究を紹介する。医薬品原料 AE1-923（化合物名非公表）の晶析実験である。添加物としては合成過程で生成する中間体を添加した。一般に合成過程で生成する副反応生成物は，目的物質と構造が似ている。したがって，テイラーメイド添加物ということができる。AE1-923 には A，B，C の 3 種の多形があり，A がもっとも不安定で，その次がB，もっとも安定な多形はCである。合成過程における中間体（AE1-923のメチルエステル）が添加物効果を示し，BからCへの溶液媒介転移を抑制した。この効果は，Cの成長が抑制されたためと思われる。このように，添加物により安定形への転移を防止し，不安定形を製品として得ることが可能である。

(c)　超音波照射による転移時間の短縮

安定多形の核化が起こりにくい場合は，プラトーが伸びてしまい回分晶析時間が長くなってしまう。そのような場合，超音波照射が転移時間の短縮に有効である。超音波照射により核化を促し，回分晶析時間を短縮した例を紹介する。Kurotaniら[7)]は，サルファメラジン（SMZ）のアセトニトリル溶液における溶液媒介転移に対する超音波照射の影響を検討した。図10.4のForm IはSMZの不安定多形，Form IIは安定多形を示す。超音波を照射しない場合は，100h以上たっても安定多形（Form II）への転移は完了しない（□）。超音波を360s照射しても，まだプラトーのままである（○）。しかし，5sの照射を1min間隔で間欠的に12h続けると，転移が70h程度で完了している（◇）。10sの照射を1min間隔で24h続けると転移はさらに早まり，転移は50h程度で完了している（▽）。このように，核化しにくい系に対して，超音波を利用して安定多形結晶の析出時間を短縮することができる。

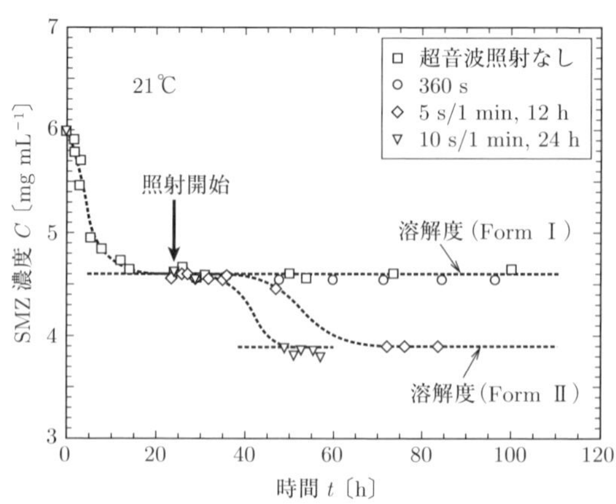

図10.4　サルファメラジン（SMZ）の多形転移に対する超音波照射の影響[7)]

(d)　撹拌による転移時間の制御

撹拌速度は転移時間に影響を与えるので，撹拌も多形転移時間の制御に利用できる。第6章のポピュレーションバランスモデルで，転移時間に対する撹拌の影響はすでに紹介したので，ここでは繰り返さない。引用文献[4),8),9)]のみを再掲しておく。

10.2　結晶化による光学分割

光学異性体（**エナンチオマー** <enantiaomer> ともいう）は，不斉炭素を持つ有機化合物で，2つの異性体D体，L体の構造は互いに鏡像の関係にある。光学異性体の結晶化による分割について基本的な部分の解説をする。光学異性体の分離は医薬の分野では非常に大切である。D体，L体の違いによって，バイオアヴェイラビリティが全く異なるからである。生体の中ではすべてL体であることもよく知られている。

10.2.1　ラセミ混合物

ラセミ体 <racemate>（D体およびL体の等モル混合物）の結晶には2種類が存在する。ラセミ混合物と**ラセミ化合物** <racemic compound> である。ラセミ混合物は，D体の結晶およびL体の結晶の物理的混合物である。一方，ラセミ化合物の結晶はD体，L体の分子対で構成されている。ラセミ混合物は，結晶化によってD体，L体に分離（光学分割）することができる。それに対して，ラセミ化合物を形成する場合は結晶化による分離はできない。ラセミ混合物の数は少なく，光学異性体の10%以下といわれている。

光学異性体の場合，溶液中にもD体，L体の2種類の分子が存在する。2種類の物質（溶媒を含めると3種類）の濃度を示す必要があるから，溶解度の表示には直角三角座標を用いる。ラセミ混合物系の溶解度を図10.5に模式的に示す。図10.5の原点Sは溶媒100 mol%，頂点LはL体100 mol%，頂点DはD体100 mol%を表す。三角形の内部の任意の点が溶液の組成を表す。縦軸上の点はL体–溶媒Sの2成分系の組成，横軸上の点はD体–溶媒Sの2成分系の組成を表す。B点は，ラセミ混合物（D体，L体のモル比1対1）の溶解度で，その

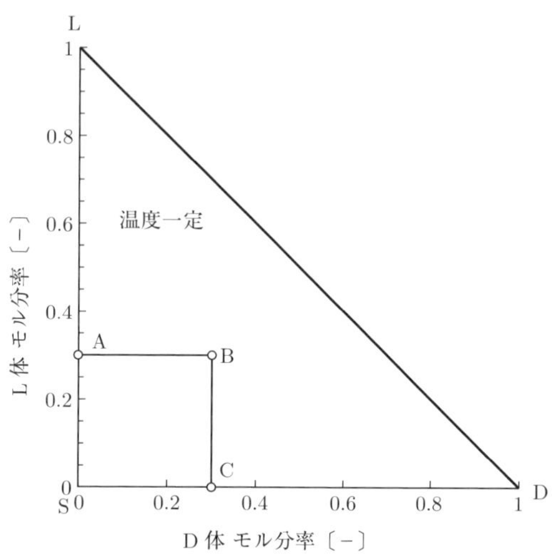

図 10.5　理想系ラセミ混合物の溶解度（模式図）

組成は L 体 0.3 モル分率，D 体 0.3 モル分率（ラセミ混合物全体としては 0.6 モル分率）である。図 10.5 の場合，ラセミ混合物全体の溶解度は，それぞれのエナンチオマーの溶解度の 2 倍になる（Meyerhoffer rule という）。A–B–C–S に囲まれた領域が未飽和領域であり，その外側が過飽和領域である。

ここに示した溶解度はもっとも単純な場合で，溶液中において D 体，L 体分子間の相互作用がない。そのため，一方のエナンチオマーの溶解度はもう一方のエナンチオマーの存在に影響されない。D 体も L 体も解離しない。その結果，Meyerhoffer rule が成立し，さらに溶解度 A–B，B–C はそれぞれ S–D および S–L に平行な直線になっている。ラセミ混合物を形成する系でも溶液中の分子間相互作用が無視できない場合があり，その場合の溶解度は A–B，B–C のような直線にならない（演習問題「問 10.1」参照）。

10. 2. 2　優先晶析

ラセミ混合物の結晶化による光学分割として，**優先晶析法** <preferential crystallization> が従来から行われてきた。過飽和状態にあるラセミ混合物溶液（図 10.6 の点 a）に，例えば L 体の種晶を添加すると種晶が成長する。種晶の成長とともに，てこの法則に従って，L 体組成が b 点に向かって減少していく。この減少がどこ

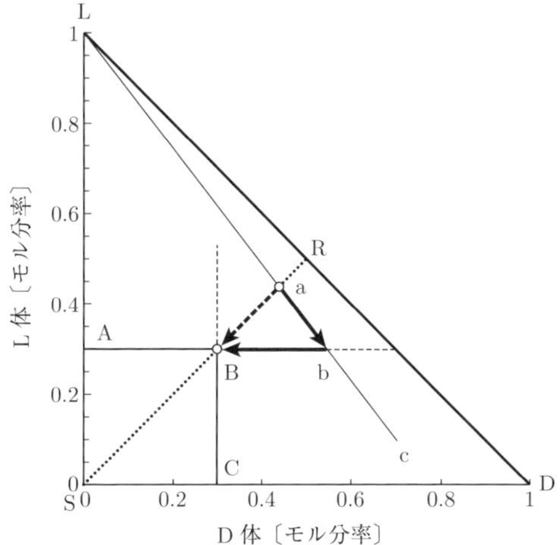

矢印 a-b：理想的優先晶析
矢印 a-B：粒径差種晶成長法（10.2.3 項参照）
矢印 a-b-B：添加物法（10.2.4 項参照）

図 10.6　理想的優先晶析における組成変化

で止まるかといえば，L 体溶解度 A-B の延長線上の点 b である†1。理想的には，b 点に至るまで D 体は析出しない。その場合，この b 点で結晶を系外に取り出せば，L 体結晶を選択的に取得できる。しかし実際は，b 点に到達する以前に D 体の核化と成長が自然に始まり，結晶は D，L 体の混合物になってしまう。同時に，溶液組成は b 点に到達する前にラセミ混合物の溶解度 B に近づいていく（この変化は図に示していない）。優先晶析においては，他方のエナンチオマー（上の例では D 体）の析出を防止することがポイントである。その 1 つの方法として，添加物により他方のエナンチオマーの核化・成長を抑える方法がある。

10. 2. 3　粒径差種晶成長法

優先晶析法とは別に，積極的に両方のエナンチオマーの種晶を同時に成長させる方法がある。この方法では，粒径差のある L 体および D 体の種晶を添加して，二次核化が起こらない状態で両方の種晶を同時に成長させる。両方のエナンチオマーを同時に成長させたときの溶液組成の変化は，図 10.6 の矢印 a-B（太い破線）

---

†1　Profir and Matsuoka の論文[10)]を参考にした。

である。この**粒径差種晶成長法** <size-difference seeding> について次に述べる。

Doki ら[11]は，粒径差種晶成長法によって DL-アスパラギンの光学分割を行った。50℃の DL-アスパラギン飽和水溶液に，目開き 300 μm および 355 μm の2つのふるいに挟まれたD体種晶（平均粒径 328 μm）と 100 μm および 150 μm の2つのふるいに挟まれたL体種晶（平均 125 μm）を同時に添加して晶析を行った。400 rpm で撹拌しながら 10℃ h^{-1} の冷却速度で冷却し，20℃になった時点で運転を止め，成長した結晶を全量取り出した。得られた結晶を乾燥し，ふるいで粒径分布を求めた。結果を図 10.7 に示す。図に見られるように，粒径分布は2つのピークを持っている。200 μm 以下と 500 μm 以上の両群に分けたところ，200 μm 以下の粒子は純度 100％のL体であり，500 μm 以上の粒子は純度 100％のD体であった。このようにして，D体，L体の結晶が同時に得られる。得られた結晶の写真を図 10.7 の右側に示した。この粒径差種晶成長法において重要なのは，種晶添加量である。Doki ら[11]はこの実験において種晶は，D体，L体ともそれぞれの理論析出量に対して，種晶添加比（理論析出結晶量に対する種晶質量比）として $C_s = 0.31$ の種晶を添加している。この大量の種晶の成長により，晶析中のD体，L体の過飽和が低く抑えられ，D体，L体とも二次核化が抑制されたと考えられる。

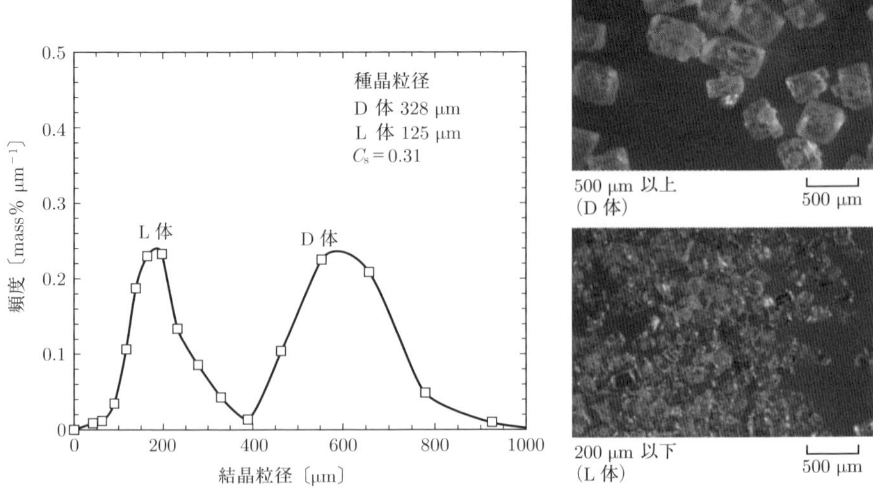

図 10.7　粒径差種晶成長法によって得られたアスパラギン結晶の粒径分布と写真[11]

種晶添加による二次核化抑制については，第7章の回分冷却晶析で詳しく説明した。

10. 2. 4　添加物法

添加物がD体の核化，成長を抑制しかつL体には影響しないとすれば，L体を選択的に結晶化できることになる。DL-アスパラギンの光学分割に添加物効果を応用した例[12]を紹介する。添加物としてL-システインを添加した光学分割実験である。この実験では種晶はいっさい添加していない。

L-システイン添加系では，L-アスパラギンの核化が著しく抑制される。その結果，まず最初に，D体結晶が核化しそれが成長する。しばらくしてからL体が核化し成長した。その結果，大粒径のD体と小粒径のL体結晶が得られた。しかしながら，小粒径側にD体の混入が見られ，分離は完全ではなかった。この小粒径のD体結晶はD体の二次核化により発生したと思われた。Dokiら[12]は晶析の後半に昇温操作を加えることにより，小粒径側の（混入）D体を溶解し光学分割を完全にした。図10.8にDokiらの得た結晶の写真を示した。大粒径側の結晶は100％D体結晶であり，小粒径側の結晶は100％L体結晶であった。添加物法に昇温を組み合わせたこの方法は，実プロセスにも応用可能な光学分割手法である。

添加物法においては，添加物の選定が重要である。構造の似ている有機物質は結晶の成長速度に影響を与える添加物となり得ることが知られている。一般に，このような添加物は合成によって作成できるので，テイラーメイド添加物（4.3.2項）といわれている。有機物の場合，その分子構造が添加物の選定の助けになる。なお，添加物法における溶液組成の変化は，図10.6に矢印a-b-Bとして示した。

図10.8　添加物法によって得られたD体およびL体の結晶（添加物としてL-システインを添加した）[12]

引用文献

1) Davey, R. and Garside, J., From molecules to crystallizers. Oxford University Press (2000)
2) Kitamura, M., Journal of Crystal Growth, **96** (1989) 541-546
3) Nichols, G. and Frampton C. S., Journal of Pharmaceutical Sciences, **87** (1998) 684-693
4) Kobari, M., Kubota, N. and Hirasawa, I., CrystEngComm, **16** (2014) 6049-6058
5) Doki, N., Yokota, M., Kido,K. Sasaki, S. and Kubota, N., Crystal Growth & Design, **4** (2004) 103-107
6) Okamoto, M. Hamano, M. Igarashi, K. and Ooshima, H., J. Chem. Eng. Japan, **37** (2004) 1224-1231
7) Kurotani, M. and I.Hirasawa, Chemical Engineering Research and Design, **88** (2010) 1272-1278
8) Maruyama, S., Ooshima, H. and Kato, J., Chemical Engineering Journal, **75** (1999) 193-200.
9) 加々良耕二・町谷晃司・高須賀清明・河合伸高, 化学工学論文集, **21** (1995) 437-443.
10) Profir, V. M. and Matsuoka, M. Colloid and Surface A: Physicochemical and Engineering Aspects, **164** (2000) 315-324
11) Doki, N., Yokota, M., Sasaki, S., Sasaki, S. and Kubota, N., アジア・太平洋化学工学会議発表論文要旨集 (Vol. 2004, No. 0, pp. 50-50)
12) Doki, N., Yokota, M., Sasaki, S. and Kubota, N., Crystal Growth & Design, **4** (2004) 1359-1363

演習問題

問 10.1 次表は Estine らによるアセチルロイシン <acetyl leucine> の水に対する溶解度（20℃）である。このデータを図 10.5 にならって，直角三角座標にプロットせよ。ただし，x_{D}, x_{L}, x_{S} はそれぞれ D 体，L 体および水（溶媒）のモル分率である。また，（溶媒の水を除く）溶質中の L 体の割合〔mol%〕と溶解度 C〔mol L^{-1}〕の関係も図示せよ。

L 体の割合〔mol%〕	溶解度 C〔mol L^{-1}〕	x_{D}〔−〕	x_{L}〔〔−〕	x_{S}〔〔−〕
0	1.05	0.09	0	99.91
10	1.15	0.088	0.01	99.902
20	1.3	0.089	0.022	99.889
30	1.47	0.088	0.038	99.874
40	1.65	0.085	0.056	99.859
50	1.93	0.083	0.083	99.835
60	1.68	0.058	0.087	99.856
70	1.44	0.037	0.086	99.877
80	1.33	0.023	0.091	99.886
90	1.18	0.01	0.091	99.899
100	1	0	0.086	99.914

Estine, N. et al., Journal of Crystal Growth, Journal of Crystal Growth **342** (2012) 28-33

COLUMN

幻の多形 —Disappearing and appearing polymorphs—

多形に関するちょっと不思議な現象が知られている。今まで順調に結晶化できていた多形が，ある日突然できなくなり，新たな多形が出現するという現象である。筆者も実際に経験したことがある。この現象は実験室だけでなく，工場の生産現場でも起こる。そのうえ，この現象は伝染もするから厄介である。ある工場でこの現象が起こると，同一企業の別の工場に飛び火し，あるいは，海外の工場に伝染することもある。だからことは深刻である。エイズ抗ウイルス薬 Norvir の例[1]は有名である。

この現象は，新たな多形が安定多形である場合に起こる。「安定結晶が最初にどのようなきっかけで発生するか」に対する明確な説明はないが，多分通常の一次核化機構で自然に発生するのであろう。問題はいったん安定結晶が発生すると，それ以降，不安定結晶が生産できなくなることである。おそらく，装置壁や撹拌翼の小さなキズの中に安定結晶が析出し，洗浄後にも残留して，これが次の回分操作において種晶として働くためと考えられる。それならば，装置をていねいに洗浄すればこの現象を避けることができるかというと，これがなかなか難しいから厄介である。いったんこのような状況が発生すると，もはや今まで得られていた結晶は得られなくなる。

Ni ら[2]は，L- グルタミン酸についてこの現象を詳細に検討した。彼らは，装置を念入りにアルカリ洗浄しても β への転移を防止できなかった。つまり，以前生成していた不安定多形の α を再び得ることができなかった。彼らは，この現象を β の残留のためと結論し，preseeding effect と呼んでいる。

引用文献

1) Chemburkar, S. R.et al., Organic Process Research & Development, 4 (2000) 413-417
2) Ni, X.-W., Valentine, A., Liao, A., Sermage, S. B. C., Thomson, G. B. and Roberts, K. J., Crystal Growth & Design, 4 (2004) 1129-1139

第11章

結晶純度と結晶形状

本章では，結晶の純度と形状を扱う。まず初めに，不純物の結晶への取り込み機構と純度向上の手段について解説する。溶質-溶媒間で固溶体を形成しない場合，すなわち共晶系においては，1回の結晶化で結晶の純度は理論的には100%になるはずである（2.1.4項参照）。しかし，実際の製品結晶には不純物が含まれることはさけられない。不純物を可能な限り除くこと，すなわち純度の向上は晶析操作の目的の1つである。

本章の後半では，**結晶形状** <crystal shape, crystal morphology or crystal habit> の形成機構を解説し，次に工業的な結晶形状制御の方法ついていて考える。結晶の形状は，結晶粒子の流動性，嵩密度などの紛体特性に関わる重要な問題である。

11.1 結晶純度

結晶純度といっても，工業製品に要求される純度はその製品の使用目的によって異なる。通常の工業薬品では，95 mass%程度の純度で充分であることが多い。一方，不純物濃度を ppb<parts per billion> 以下に抑える必要がある場合もある。

11.1.1 不純物取り込みの４つの機構

共晶系における晶析では，不純物は結晶内に分子レベルで取り込まれることは理論的にはない。そもそも，溶液晶析の対象となるのは共晶系であるから，晶析により高純度の結晶が得られるはずである。しかし実際には，純度100%の結晶は得られない。純度はいくつかの機構で低下する。まず，不純物は**置換型不純物**

<substituted impurity> あるいは**侵入型不純物** <interstitial impurity> として結晶内に取り込まれる。前者では，溶質分子あるいは原子に代わって不純物分子あるいは原子が格子点を占める。後者では格子間に不純物分子あるいは原子が侵入する。このように，不純物が**点欠陥** <point defect> として取り込まれる機構が第1の機構である。第1の機構で取り込まれる不純物は，結晶の洗浄では除去できない。再結晶操作が必要である。さらに，**液胞** <liquid inclusion> 形成による不純物の取り込みがある。これは，母液が直接結晶に取り込まれる現象である。これが第2の機構である。この場合も洗浄では不純物は除去できない。さらに，第3の機構として，凝集粒子間にトラップされた母液が，（凝集物の中に）液胞として残ることがある。これも洗浄による除去は不可能である。第4の機構として，結晶粒子表面あるいは結晶粒子間に付着残留した母液が乾燥後に不純物となることがある。付着不純物は洗浄により除くことができる。

11.1.2　液胞の形成

溶液晶析では，数多くの結晶が懸濁した状態で結晶化が進行する。そのような場合，結晶間の衝突が頻繁に起こる。また，結晶は装置壁あるいは撹拌翼と衝突を繰り返す。このような状況下で得られる結晶には，溶液（母液）が液胞として取り込まれ，そのため結晶の純度が低下する。

4.4.2 項 (d) で述べたように，成長中の結晶に微結晶が衝突・付着するとマクロステップが発生し，結晶成長速度が一時的に増大する。同時に，溶液が結晶内に取り込まれ液胞が形成される。結晶に機械的な衝撃が与えられた場合も，同様な成長速度の増加と液胞の形成が観察される。懸濁条件下で成長させた塩化ナトリウム結晶の観察[1)]によると，液胞は 60 μm 程度の小さな結晶（図 11.1(a)）中には存在しないが, 170 μm 程度の大きな結晶(図 11.1(b))には存在する。しかも，液胞は結晶の中心部には存在しないで，結晶面に平行に（結晶内部に）2 次元的に並んで“液胞を含む”層を形成している。層はしばしば重なっている。図 11.1 の結晶は実験室で得られたものであるが，工業装置内でもこのような液胞の形成が起こっていると推定される。実際，工業的に製造された結晶を顕微鏡で（内部に焦点を合わせて）観察すると，このような液胞を見つけることができる。

結晶 1 個当たりの母液質量 $w(L)$ は，図 11.2 に示すように，結晶平均粒径 L

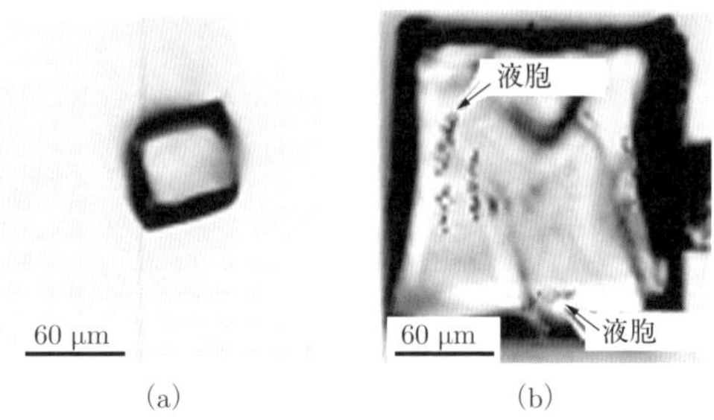

図 11.1　懸濁晶析条件下で成長させた塩化ナトリウム結晶の断面写真[1)]

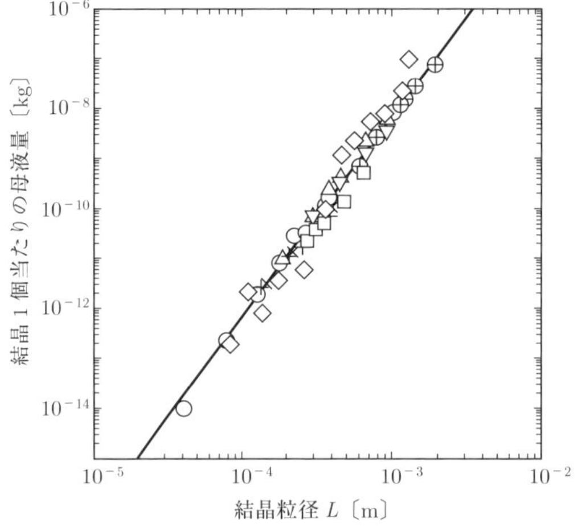

図 11.2　液胞質量と結晶粒径の関係[2)]

の4乗に比例する[2)]。図中のデータは，塩化ナトリウム，塩化カリウム，フタル酸2水素カリウム，コハク酸，過塩素酸アンモニウムのデータをまとめたものである。なお，図中の実線は最小二乗法によって得られた実験式，

$$w(L) = 6.82 \times 10^3 L^4 \tag{11.1}$$

である。ここに，$w(L)$ の単位は kg，L の単位は m である。結晶粒径の増大とともに母液取り込み量が急速に増加する。図 11.2 および式 (11.1) を見ると，液胞量は随分多いような印象を受けるが，実は液胞による純度低下はそれほど大きくはない。式 (11.1) の $w(L)$ を（液胞がすべて不純物と仮定して）純度を計算すると，例えば粒径 100μm の立方体，密度 2 g mL^{-1} の結晶の場合，99.97 mass%

と計算される。1000μm でも 99.7% である。液胞が入っても純度はそれほど低下していないことが分かる。

11. 1. 3 発汗による分子性結晶の純度向上

上述した液胞は，溶液晶析において形成されるものであったが，有機物の精製晶析においても液胞の形成が見られる。精製晶析操作は，溶液晶析と様子が少し異なる。まず，溶質濃度が高く，晶析は溶質の融点近くで進行する。というよりむしろ，融液に微量の不純物が溶解している状態での晶析である。もう 1 つの特徴は，精製が目的であって結晶粒子製造が目的ではないことである。

精製晶析装置には，粒子懸濁型と層型の 2 種類がある。粒子懸濁型精製晶析装置の一種のフィリップ型晶析装置（図 1.6）においては，純度を向上させる機構が装置内に備わっている。塔頂の冷却部で生成した結晶粒子は装置内で沈降し，上昇してくる高温の融液と向流接触する。その際に結晶粒子の温度および液胞圧力が上昇し，不純物が結晶の欠陥や粒界に沿ってにじみ出てくる。温度の上昇によって母液とともに不純物を外に吐き出すこの現象を，**発汗** <sweating> という。発汗により純度の上がった結晶は，塔最下部に到達しそこで融解されて製品として取り出される。発汗による結晶純度向上の現象は，ファンデルワールス力あるいは水素結合で分子が結合している分子性結晶において一般に見られるが，イオン結合あるいは共有結合でできている結晶においては見られない。

発汗による有機結晶の精製速度は，式 (11.2) で表すことができる[3)]。

$$\frac{dw_\mathrm{s}}{dt} = k_\mathrm{p}\left(w_{\mathrm{s}\infty} - w_\mathrm{s}\right) \tag{11.2}$$

ここに，w_s は結晶純度（質量分率），t は時間，$w_{\mathrm{s}\infty}$ は与えられた条件下で到達可能な最高純度，k_p は精製速度定数である。式 (11.2) を，$t=0$ のとき $w_\mathrm{s}=w_{\mathrm{s}0}$ の初期条件で積分すると，

$$w_\mathrm{s} = w_{\mathrm{s}0} + \left(w_{\mathrm{s}\infty} - w_{\mathrm{s}0}\right)\exp\left(-k_\mathrm{p}t\right) \tag{11.3}$$

が得られる。固溶体を形成する場合の結晶純度向上の例[3)]を図 11.3(a) に示した。結晶純度の向上は，式 (11.3) に従う。純度は，初期に急速に進行し，やがて一定値 $w_{\mathrm{s}\infty}$ に落ち着く。また，図 11.3(b) には，共晶系の例[4)]を示した，共晶系の場合は固溶体系に比較して，初期の純度も最終純度もはるかに高い（図

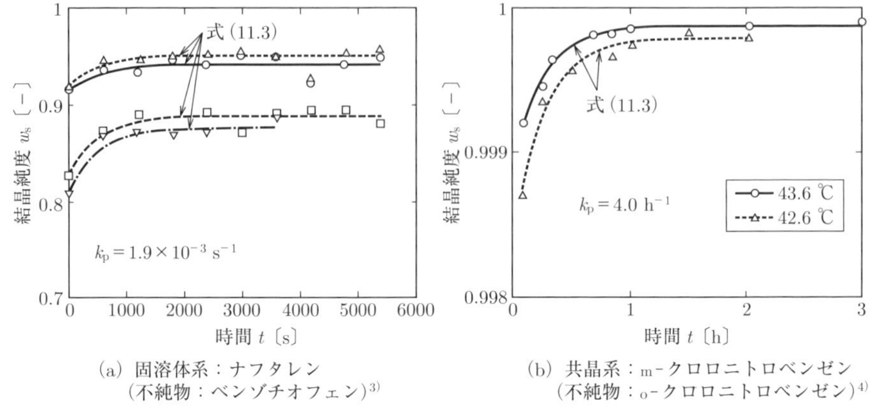

(a) 固溶体系：ナフタレン（不純物：ベンゾチオフェン）[3)]

(b) 共晶系：m-クロロニトロベンゼン（不純物：o-クロロニトロベンゼン）[4)]

図 11.3　発汗による結晶の純度の向上

11.3 の (a), (b) の縦軸スケールの違いに注意）。共晶系の場合も純度向上過程は，式 (11.3) で表現できる[†1]。

11.1.4　イオン結晶あるいは共有結晶の純度向上

上述したが，イオン結合あるいは共有結合でできている結晶の場合は，発汗による不純物の除去はできない。そもそも発汗が起こらないからである。これは結晶の機械的強度が高く，母液が外に滲み出すことができないからである。このような結晶の純度を上げるためには，得られた粗結晶を再び溶解し再結晶することが必要である。再結晶により，第 1 の機構によって分子レベルで取り込まれた不純物も同時に除去できる。

なお，再結晶操作は分子性結晶においても，有効な純度向上の手段であることはいうまでもない。

11.2　結晶形状

結晶形状は，粉体流動性，かさ密度などの粉体特性に影響を与える。工業的には，粒状の結晶が好まれる。粉体流動性がよく，かさ密度も小さいからである。

† 1　Matsuoka らの原報[4)] では式 (11.3) は使われていない。

逆に，針状結晶および板状結晶は，粉体流動性に乏しくかさ密度も高いので，一般には好まれない。

11. 2. 1 結晶形状と内部構造の関係

結晶の外形は高密度面，すなわち結晶格子点数密度の高い面で囲まれていることが多い。これを，**ブラヴェの法則** <Bravais'law> という。高密度面は，それぞれのブラヴェ格子に対して複数存在する。単純立方格子の場合 {010} 面，面心立方格子の場合 {111} 面，体心立方格子の場合 {110} 面が高密度面である。図 11.4 にそれぞれの単位格子と高密度面（網掛けした面）の例，およびそれに対応する結晶形状を示した。ブラヴェの法則に従えば，単純立方格子は立方体，面心立方格子の場合は正八面体，体心立方格子の場合はひし形十二面体の結晶が得られることになる。このように，面心立方格子の場合は結晶形状は正八面体が期待されるが，2 種類の原子からなる塩化ナトリウム結晶の場合，単位胞は面心立方格子であるにも関わらず，形状は立方体である。一見，塩化ナトリウムはブラヴェの法則に従わないように見える。しかし，実はそうではない。塩化ナトリウム型結晶（図 2.7）の場合，高密度面は {100} 面であって，図 11.4 の面心立方体とは異なる高密度面を持っている。塩化ナトリウム結晶も，ブラヴェの法則に従っ

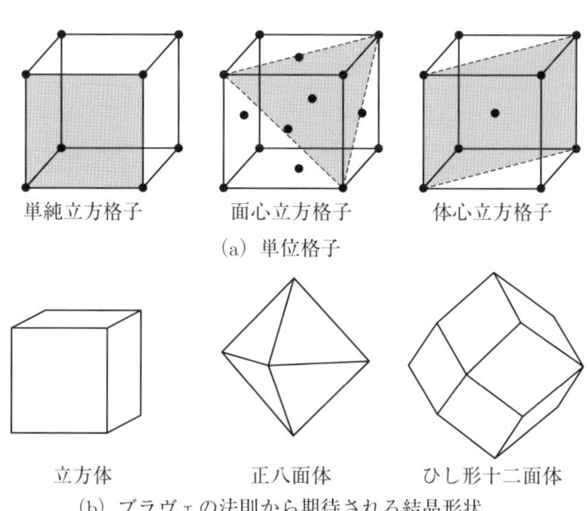

図 11.4 高密度面（網掛けした面）と結晶形状の関係（ブラヴェの法則）

て立方体になっているといえる。

結晶の内部構造と結晶形状の関係は，ブラヴェの法則の後にも多くの研究がある。しかし，内部構造によって一義的に結晶形状が決まってしまうとしたら，形状制御はできないことになってしまうから，本書ではこれ以上は触れない。幸い結晶の形は内部構造だけでは決まらない。

11. 2. 2　結晶形状の形成機構　―成長形―

結晶の形状は内部の構造のみでは決まらないとはいえ，結晶形状は内部構造と関係なく自由に制御できるわけではない。以下に，制御を念頭に，結晶形状の形成機構の簡単な解説を試みる。

実際の結晶形状は，結晶面の成長速度の違いによって形成される。図 11.5 に，面成長速度の違いによって結晶形状が変わる様子を模式的に示した。立方体の結晶も特定の結晶面の成長速度が変化すると形状が変わる。例えば，立方体結晶の側面の成長が抑制されると縦に長い柱状 (a) になり，上下の面の成長が抑制されると板状 (b) になる。また，通常の成長条件下では現れていない結晶面，例えば立方体の角の面が発達して正八面体 (c) になったりすることもあり得る。このように面成長速度の違いによって形成される結晶形状のことを，**成長形** <growth form> という。通常の結晶形は成長形であって，成長速度の遅い面によって構成されている。なお先に，結晶の形がその内部構造を反映していると述べたが，こ

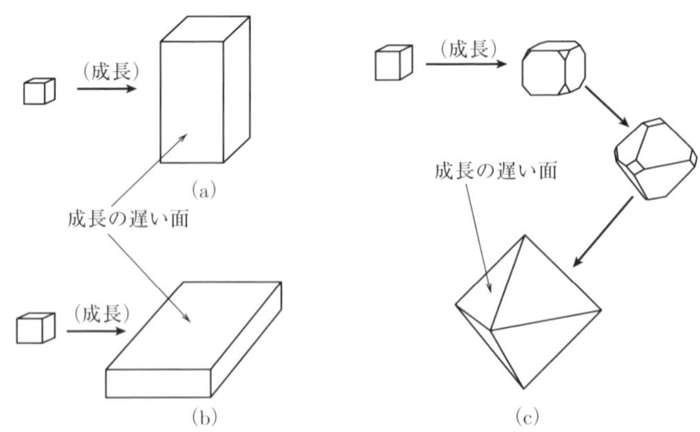

図 11.5　成長形

のことと成長形の考え方とは相容れないものではない。ブラヴェの法則では高密度面が結晶面として現れることになるが，これは高密度面の成長速度が遅いということの結果であり，イオン結晶の場合，電気的に中性な面が発達するという事実も，この面の成長速度が遅いということにほかならない。

もう1つの結晶形状形成機構は，熱力学的なものである。この機構では，水滴が表面張力により球形となるのと同様に，結晶は全体の表面自由エネルギーが最小になるような形状をとる。この機構は，融点近くに結晶を長時間保持するなど，特殊な条件下でしか実現されない。したがって，形状の制御には使えず，本書の対象外である。なお，この熱力学的機構によって形成された結晶の形を**平衡形** <equilibrium form> という。

結晶面の成長速度を変える実用的な方法としては，過飽和度を変える方法と添加物による方法がある。この2つを以下に紹介する。

11.2.3　過飽和度調節による形状制御

結晶の面成長速度は結晶面によって異なるのが普通である。また，面成長速度の過飽和度依存性も面によって異なる。図11.6にリン酸二水素カリウム（KDP）結晶の水溶液中における(100)面および(101)面の成長速度[5]を示した。成長速度は結晶面によって異なり，また，その過飽和度依存性も異なっている。このような成長特性を示す結晶を成長させるとき，過飽和度を調節することによって結

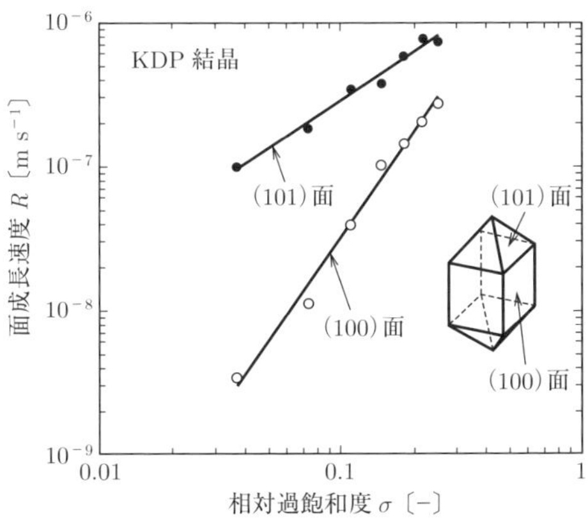

図11.6　リン酸二水素カリウム（KDP）結晶の成長速度と過飽和度の関係[5]

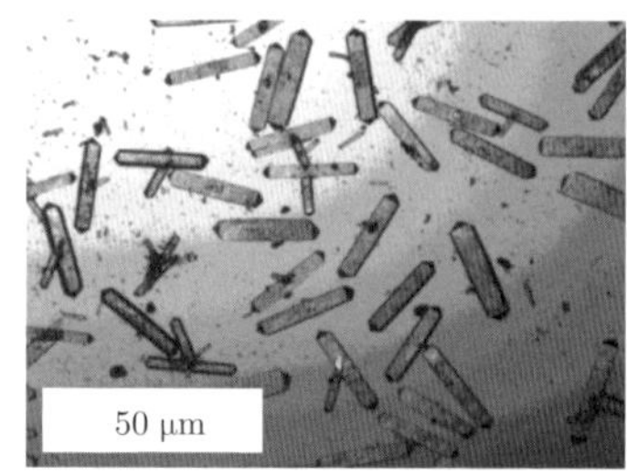

(a) 比較的低過飽和度

(b) 比較的高過飽和度

図 11.7　過飽和度調節による形状制御の例（KDP 結晶の場合）[6)]

晶形状を変えることができる。過飽和度の調節による KDP 結晶の形状制御の例[6)]を図 11.7 に示す。比較的低過飽和度で成長させた場合は，細長い結晶（図 11.7(a)）が得られている。これは，低過飽和では KDP 結晶の側面つまり (100) 面の成長速度と，長さ方向の (101) 面の成長速度の差が大きいためである。これに対して，比較的高過飽和度で成長させて場合は，ズングリした形の結晶（図 11.7(b)）が得られている。高過飽和度では成長速度の差がそれほど大きくないからである。

最近では，過飽和度の正確なオンライン制御も可能であるから，ここに示した過飽和度調節による結晶形状制御は，充分実用的な方法ということができる。

11.2.4　添加物による形状制御

不純物の結晶成長抑制の機構は，4.3 節で詳しく述べた。不純物は結晶表面に吸着され，吸着された不純物が結晶成長速度を抑制すると考えられている。不純物の成長抑制効果は結晶面によって異なる。その結果，各結晶面の成長速度差が変化し，結晶の形状が変化する。まず，不純物による結晶形状変化の例をいくつか挙げてみよう。なお，ここでは，積極的に形状制御に用いるという意味を込めて，不純物に代わって**添加物** <additive> ということにする。

添加物による形状制御の試みとして，ディーゼル燃料油中に析出するワックス結晶の形状変化をさせた例[7)]を紹介する。ワックスは通常，図 11.8(a) のように，板状の結晶として析出しそのサイズは 100 μm 程度にもなる。そのため，寒冷地では結晶化したワックスが，ディーゼルエンジンの燃料系統に取り付けられたフ

(a) 添加物なし　(b) 添加物存在下

図 11.8　ワックスの結晶

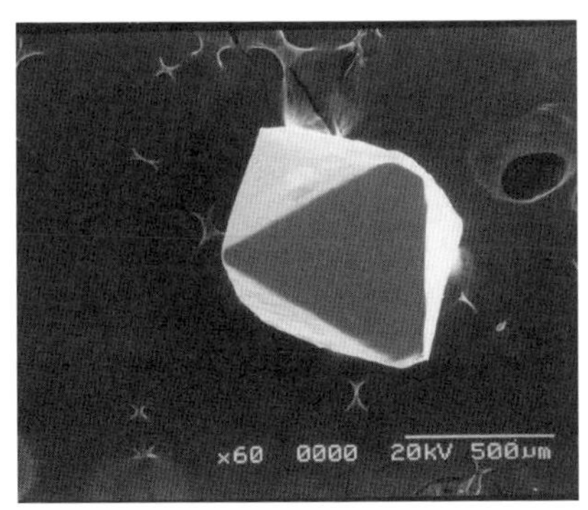

図 11.9　正八面体の塩化ナトリウムの結晶

ィルターの孔を詰まらせることがある。こうしたトラブルを避けるために，添加物を用いて結晶を粒状（図 11.8(b)）に変えたという例である。

図 11.9 に示したのは，クエン酸とアスパラギン酸を添加物として加えた水溶液から析出させた塩化ナトリウムの結晶[8)]である。通常の塩化ナトリウム結晶とは異なり，正八面体である。尿素を添加物として加えても同様に八面体の塩化ナトリウム結晶が得られる。

このように，添加物によって結晶形状を変えることは可能である。しかし，工業的に添加物を用いて形状制御を行うとなると，解決すべき問題がある。その 1 つは添加物の選定である。現在のところ，理論的選定法は見当たらない。経験と試行錯誤によらざるを得ないが，全く手掛かりがないというわけではない。形状に影響を与える添加物は多く知られていて，例えば引用文献[9)]に紹介されている。

有機結晶の場合，テイラーメイド添加物の考え方（4.3.2 項参照）を用いると，ある程度の選択は可能である。これとは別に，水溶液系では金属イオンが結晶成長を著しく抑制することが知られている。特に，クロム (III)，アルミニウム (III)，鉄 (III) などの3価の金属イオンの効果が著しい。これらの金属イオンは，テイラーメイド添加物のような機構で結晶に吸着して成長を抑制しているわけではないようである。例えば，3価の鉄イオンの影響は溶液 pH の影響を大きく受けることが知られていて，水和錯体 $[Fe(III)(H_2O)_6]^{3+}$ の一部が加水分解した（例えば，$[Fe(III)(H_2O)_5(OH)]^{2+}$ のような）錯イオンとして結晶に吸着されて成長を抑制していると考えられる。おそらく，鉄イオン以外の金属イオンの場合も同様であろう。

もう1つの問題は，回分晶析装置の運転の問題である。4.3.3 節で述べたが，添加物の結晶成長に対する影響は溶液の過飽和度および温度に依存する。そのため，結晶形状に対する添加物の影響も過飽和度および温度によって変化するはずである。したがって，回分晶析において添加物効果を有効に形状制御に利用するためには，過飽和度および温度の時間的変化に注意を払うべきである。特に過飽和度に対する注意が重要である。

11.2.5　多形の選択による形状制御

一般に，多形が変わると結晶形状は変わる。例えば，L-グルタミン酸の α 形は板状であり，β 形は針状である。このように，多形によって結晶形状は変わる。したがって，結晶化条件（温度，濃度，冷却速度，溶媒など）を変えて，異なる多形を析出させれば結晶形状を変えることができる。

以下に，炭酸カルシウム結晶の多形による形状変化を紹介する。炭酸カルシウムには，カルサイト，アラゴナイト，バテライトの3種類の多形が存在することが知られている。第1章で示した結晶の写真（図 1.1）は，カルサイトおよびアラゴナイトの写真である。図 1.1 の結晶は，田中ら[10)] によって，連続混合槽型晶析装置を用いて作成された。田中らは，水酸化カルシウムスラリーを連続的に供給し，同時に晶析装置の底から炭酸ガスを吹き込んだ。（炭酸ガス吹き込み速度を調節して）晶析装置内 pH を変え，また，温度も変えて実験した。原料の

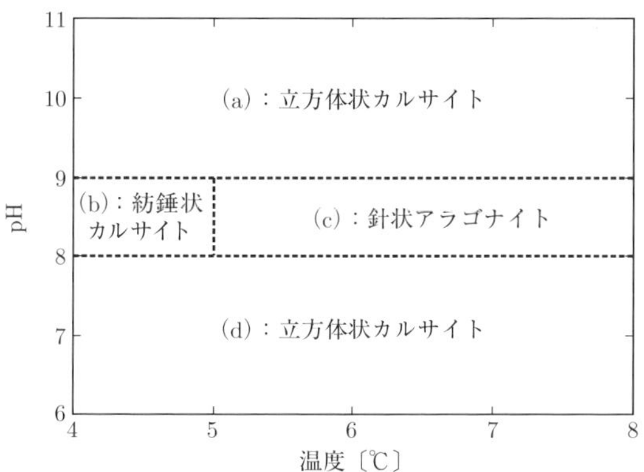

図 11.10 正八面体の塩化ナトリウムの結晶：記号 (a), (b), (c), (d) は図 1.1 の写真と対応

水酸化カルシウムスラリーには，あらかじめ針状アラゴナイト結晶（長径 2 μm）を水酸化カルシウムに対してモル比で 1/100 添加した。得られた結晶は pH および温度により大きく変化した。結果をまとめたものを図 11.10 に示した。田中らのこの実験[10] ではもう 1 つの多形バテライトは生成しなかった。なお，炭酸カルシウムの結晶形状は，多形によって完全に定まるとはいえない。アラゴナイト結晶でも常に針状ということにはならない。

引用文献

1) Saito, N. Yokota, M., Fujiwara, T. and Kubota, N., Chemical Engineering Journal, **79** (2000) 53-59
2) Yokota, M., Saito, N., Sato, A. and Kubota, N., Chemical Engineering Communications, **190** (2003) 533-539
3) Matsuoka, M., Fukuda, T., Takagi, Y. and Matsuoka, M., Journal of Chemical Engineering of Japan, **28** (1995) 562-569
4) Matsuoka, M., Ohishi, M. and Kasama, S., Journal of Chemical Engineering of Japan, **19** (1986) 181-185
5) Joshi, M. S. and Paul, B. K., Journal of Crystal Growth, **22** (1974) 321-327
6) Yang, G., Kubota, N., Sha, Z., Louhi-Kultanen, M. and Wang, J., Crystal Growth & Design **6** (2006) 2799-2803K.
7) Lewtas, R. Tack, D., Beiney, D. H. M. and Mullin, J. W., In Advances in Industrial

Crystallization, Eds. J. Garside, R. J. Davey and A. G. Jones, Butterworth-Heinemann (1991) p. 166
8) 佐々木茂子氏（岩手大学工学部）提供
9) Mullin, J. W. Crystallization, 4th ed. Butterworth-Heinemann (2001)
10) 田中宏一，堀内秀樹，大久保勉：石膏と石灰（Gypsum & Lime），No. 216 (1988) 60-67

演習問題

問 11.1 結晶 1 個当たりの母液取り込み量 $w(L)$ は，式 (11.1) で表せる。この式から結晶純度 P〔mass%〕を与える式を導け。簡単のために結晶形状は立方体とし，取り込まれた母液をすべて不純物とみなす。

第12章

結晶収量と装置設計

結晶収量（あるいは生産速度）および装置容積はマスバランスをもとに計算される。この点は他の化学装置と変わらない。本章では回分晶析について述べるが，回分晶析においては，新規物質の生産のために新たに装置を設計製作するということは比較的少なく，新規物質も既存の装置を使って生産することが多い。したがって，与えられた装置における結晶収量あるいは生産速度の計算がより重要である。

12.1 マスバランス[1)]

溶媒和物の回分冷却晶析を考えてみる。晶析開始時の溶液濃度を単位溶媒質量当たりの無溶媒和物質量で表して C_1〔kg-unsolvated solute kg-solvent^{-1}〕とすると，この溶液に含まれる無溶媒和物質量は W_1C_1〔kg-unsolvated solute〕で与えられる。ただし，W_1 は溶媒質量〔kg-solvent〕である。また，晶析終了時における溶媒和物結晶の質量を Y〔kg-solvate〕とすると，結晶中の無溶媒和物質量は Y/R〔kg-unsolvated solute〕で与えられる。R は溶媒和物と無溶媒和物の式量比である。このような場合，晶析終了時の溶媒質量は初期溶媒質量 W_1 から結晶に取り込まれた溶媒質量を差し引いて $W_1 - Y(1-1/R)$ となる。したがって，晶析終了時の単位溶媒質量当たりの濃度を C_2 とすると，晶析終了時溶液中に残留溶解している無溶媒和物質量は，$[W_1 - Y(1-1/R)]C_2$ である。晶析装置内全体の無溶媒和物質量は晶析前後で変わらないから，次のマスバランス式が成立する。実は，この式は第6章で導いたマスバランス式 (6.26) と本質的に同じである。ただ，表記法が異なるだけである。

$$W_1C_1 = \frac{Y}{R} + \left[W_1 - Y\left(1 - \frac{1}{R}\right)\right]C_2 \tag{12.1}$$

式 (12.1) は，良溶媒溶液に貧溶媒を添加するタイプの貧溶媒晶析にも適用できる。なぜなら，この場合も晶析前後で溶媒の出入りはないからである。

蒸発晶析の場合溶媒が蒸発濃縮に伴って装置内に出ていくから，マスバランスは少し複雑になる。すなわち，蒸発量 V_e を考慮して，マスバランスは式 (12.2) で与えられる。

$$W_1C_1 = \frac{Y}{R} + \left[W_1 - V_e - Y\left(1 - \frac{1}{R}\right)\right]C_2 \tag{12.2}$$

式 (12.1)，(12.2) は回分装置を対象に導いた。
しかし，W_1 を溶媒供給速度〔kg-solvent s^{-1}〕，W_2 を溶媒流出速度〔kg-solvent s^{-1}〕，Y を結晶生産速度〔kg-solvate s^{-1}〕と読み替えれば，連続装置に対する式でもある。

12.2　結晶収量の計算　―1回の晶析で何トン生産できるか―

12.2.1　冷却晶析および貧溶媒晶析の場合

冷却晶析および（良溶媒溶液に貧溶媒を添加するタイプの）貧溶媒晶析の場合，溶媒は装置に入ってくることはないし，出ていくこともない。マスバランスは式 (12.1) で表される。式 (12.1) を Y について解くと，

$$Y = \frac{W_1R(C_1 - C_2)}{1 - C_2(R-1)} \tag{12.3}$$

が得られる。晶析開始時の溶液質量 W_1，晶析前後の溶液濃度 C_1，C_2 が分かれば，結晶収量 Y〔kg-solvate〕が式 (12.3) によって計算される。

また，式 (12.3) における溶媒質量 W_1 の代わりに初期溶液質量 w_1〔kg-solution〕を用いると，結晶収量は式 (12.4) で計算できる。

$$Y = \frac{w_1R(C_1 - C_2)}{(1 + C_1)[1 - C_2(R-1)]} \tag{12.4}$$

式 (12.4) は，$W_1 = w_1/(1 + C_1)$ の関係を式 (12.3) に代入して得られる。さらに，$w_1 = \rho_1 V_1$ を式 (12.4) に代入して，初期溶液体積 V_1〔m^3〕の関数（式 (12.5)）とすることもできる。ρ_1〔kg m^{-3}〕は初期溶液密度である。

$$Y = \frac{\rho_1 V_1 R(C_1 - C_2)}{(1+C_1)[1-C_2(R-1)]} \tag{12.5}$$

なお，結晶が溶媒和物でない場合は，式 (12.3)，式 (12.4) および式 (12.5) において $R=1$ とおいた式を用いて収量が計算できる。例えば，式 (12.3) の場合は $R=1$ のとき式 (12.6) のようになる。

$$Y = W_1(C_1 - C_2) \tag{12.6}$$

12. 2. 2　蒸発晶析の場合

蒸発晶析の場合は，マスバランス式 (12.2) を Y について解くと，結晶収量の計算式 (12.7) が得られる。

$$Y = \frac{W_1 R C_1 - R(W_1 - V_s)C_2}{1-C_2(R-1)} \tag{12.7}$$

式 (12.7) は，蒸発溶媒量 V_s〔kg〕が考慮されている点が式 (12.3) と異なる。蒸発溶媒量は，次の熱収支式 (12.8) から計算できる。

$$V_s \lambda_v = C_p(T_1 - T_2)W_1(1+C_1) + \lambda_c Y \tag{12.8}$$

ここに，λ_v は溶媒の蒸発エンタルピー〔kJ kg^{-1}〕，λ_c は結晶化熱〔kJ kg^{-1}〕，T_1 は初期温度〔℃〕，T_2 は最終温度〔℃〕，C_p は溶液の平均比熱容量〔kJ kg^{-1} ℃$^{-1}$〕である。式 (12.7) を式 (12.8) に代入して整理すると，式 (12.9) が得られる。

$$V_s = \frac{W_1 \lambda_c R(C_1 - C_2) + C_p(T_1 - T_2)(1+C_1)[1-C_2(R-1)]}{\lambda_v[1-C_2(R-1)] - \lambda_c R C_2} \tag{12.9}$$

最終濃度 C_2 が与えられると蒸発溶媒量 V_s が計算できる。その値を式 (12.7) に代入すると収量が得られる。

12. 3　生産速度の計算　―1 日何トン生産できるか―

回分晶析においては，そのために新たな装置を製作するということは少ない。既存の装置を用いて新たな製品を生産する場合が多い。したがって，装置容積を計算することの必要性は少ない。それよりも，与えられた装置により 1 日に何トン生産できるかが重要な問題である。生産速度 w_p〔kg s^{-1}〕は式 (12.10) によって計算できる。

$$w_{\rm p} = \frac{Y}{\tau} \tag{12.10}$$

ここに，Yは結晶収量〔kg〕すなわち1回分操作当たりの生産量であり，τ〔s〕は回分運転時間つまり1回の回分操作に必要な時間である。

Yの計算法は，上述したとおりである。回分運転時間τは，τ_1およびτ_2の2つの部分からなる。

$$\tau = \tau_1 + \tau_2 \tag{12.11}$$

ここに，τ_1は正味の回分晶析時間，τ_2は晶析の前後の作業時間，すなわち装置の洗浄，原料の仕込み，結晶スラリーの排出などにかかる時間である。τ_1およびτ_2の推定法についてはすでに述べた（7.2.4項参照）。

式(12.3)～式(12.7)で計算される結晶収量Yを式(12.10)に代入すると生産速度$w_{\rm p}$の計算式が得られる。例えば，式(12.3)を代入すると，冷却晶析および貧溶媒晶析に対して次の生産速度計算式(12.12)が得られる。

$$w_{\rm p} = \frac{W_1 R(C_1 - C_2)}{[1 - C_2(R-1)]\tau} \tag{12.12}$$

また，式(12.5)を代入すると，式(12.13)が得られる。

$$w_{\rm p} = \frac{\rho_1 V_1 R(C_1 - C_2)}{(1 + C_1)[1 - C_2(R-1)]\tau} \tag{12.13}$$

12.4 装置容積の計算　—装置の大きさは—

回分晶析装置の容積は，回分運転時間τ〔s〕と結晶生産速度$w_{\rm p}$〔kg s^{-1}〕が与えられれば，決定できる。初期溶液体積V_1は，式(12.13)を変形して得られる式(12.14)で計算できる。

$$V_1 = \frac{(1 + C_1)[1 - C_2(R-1)]\tau w_{\rm p}}{\rho_1 R(C_1 - C_2)} \tag{12.14}$$

この溶液体積値を用いて必要な装置容積を見積ることができる。貧溶媒晶析の場合は，添加される貧溶媒の分だけ溶液体積は増加するから，その分を考慮して装置容積を決定しなくてはならない。

引用文献

1） Mullin, J. W. Crystallization, 4th ed. Butterworth-Heinemann, Oxford (2001)

演習問題

問 12.1 硫酸銅結晶 $CuSO_4 \cdot 5H_2O$ の水和物と無水和物の式量比 R を求めよ。

問 12.2 20℃の安息香酸飽和エタノール溶液（エタノール量：10 kg）がある。この溶液に水（貧溶媒）を 10 kg 添加した。晶析終了時には飽和溶解度に達しているとして，結晶収量を計算せよ。最初の飽和溶液濃度 $C_1 = 0.582$ kg-benzoic acid kg-ethanol^{-1}，晶析終了時の濃度 $C_2 = 0.162$ kg-benzoic acid kg-ethanol^{-1} である。

問 12.3 60℃のカリミョウバン飽和水溶液を 20℃まで冷却し，結晶を析出させた。結晶析出後の溶液は 20℃の飽和溶液であるとして，理論結晶収量を計算せよ。初期溶液量 $V_1 = 1\ \mathrm{m}^3$（密度 $\rho_1 = 1286\ \mathrm{kg\ m^{-3}}$）とする。ただし，カリミョウバンは水和物 $KAl(SO_4)_2\ 12H_2O$ として析出する。カリミョウバン水和物式量 $M_{hyd} = 474.39$，無水和物式量 $M_{anhyd} = 258.22$，したがって $R = 1.837$ である。

問 12.4 問 12.3 の場合と同じ溶液を同じ温度条件で冷却して結晶を生産する。生産速度を $1\ \mathrm{t\ h^{-1}}$ とするために必要な，装置容積（溶液体積）V〔m^3〕を求めよ，ただし，回分晶析時間 $\tau_1 = 7.2 \times 10^3$ s，作業時間 $\tau_2 = 3.6 \times 10^3$ s とする。

第13章

スケールアップ

スケールアップ <scale up> とは，実験室の小型装置で得られるデータをもとに実機レベルの装置を設計・制作することである。単に製造スケールを拡大することを指す場合もある。スケールアップは，化学装置一般において重要でしかも難しい問題である。晶析装置の場合も例外ではない。晶析におけるスケールアップにおけるトラブルには種々のものがある。例えば，結晶形状が変わった，多形が変わった，純度が下がった，回分晶析時間が長くなった，ろ過時間が長くなった，等々である。

本章では，晶析装置のスケールアップに関わる基本的な事項を述べる。具体的には，冷却速度，混合，核化，粒径分布およびろ過時間に対するスケールアップの影響である。

13.1 冷却に関する問題 —大きな装置は冷えにくい—

撹拌槽型晶析槽のジャケットに冷媒を流し，晶析装置内溶液の温度を下げる場合を考える。冷媒温度を T_f〔℃〕, 装置内溶液平均温度 T〔℃〕とする。除熱（冷却）速度 Q_1〔J s^{-1} or W〕は温度差 $T-T_\mathrm{f}$〔℃〕に比例する。

$$Q_1 = UA(T-T_\mathrm{f}) \tag{13.1}$$

ここに, A はジャケット伝熱面積〔m^2〕, U は総括伝熱係数〔W m^{-2}〕である。一方，装置内溶液全体の熱量減少速度 Q_2〔J s^{-1}〕は，式 (13.2) で表される。

$$Q_2 = -MC_\mathrm{p}\frac{dT}{dt} \tag{13.2}$$

ここに，M は溶液質量〔kg〕，C_p は溶液の比熱容量〔J kg^{-1}〕である。当然

$Q_1 = Q_2$ であるから，

$$-\frac{dT}{dt} = \left(\frac{UA}{MC_{\rm p}}\right)(T - T_{\rm f}) \tag{13.3}$$

A は装置代表寸法の 2 乗 D^2 に比例し M は D^3 に比例するから，装置形状が相似であれば $UA/(MC_{\rm p})$ は D に反比例する。したがって，スケールアップに伴って冷却速度 dT/dt が低下する。すなわち，大きな装置は冷えにくい。式 (13.3) を $t=0$ のとき $T = T_0$ の初期条件で積分すると，次式が得られる。ただし，冷媒温度 $T_{\rm f}$ は一定とする。

$$T = T_{\rm f} + (T_0 - T_{\rm f})\exp\left(-\frac{t}{\tau}\right) \tag{13.4}$$

ただし，$\tau = (MC_{\rm p})/(UA)$ とおいた。τ は時間の次元を持ち，**時定数** <time constant> と呼ばれる。τ は $UA/(MC_{\rm p})$ の逆数であるから，スケールアップ（D の増加）に比例して増加する。図 13.1 に晶析装置（撹拌槽）内の水の冷却曲線を示した。●印は実測データで，2.3 L のラボスケール撹拌槽内の水の冷却曲線である。実線は式 (13.4) を実測データに当てはめたものである。このときの時定数は $\tau = 10.7$ min であった。一方，点線は容積比 1000 倍（代表寸法比 10 倍）にスケールアップした実機スケールの装置に対する冷却曲線（計算値）である。このときの時定数はラボスケールの値 10.7 min の 10 倍である。温度低下は大幅に遅れることが分かる。このように，装置が大きくなると，素早い冷却，素早い

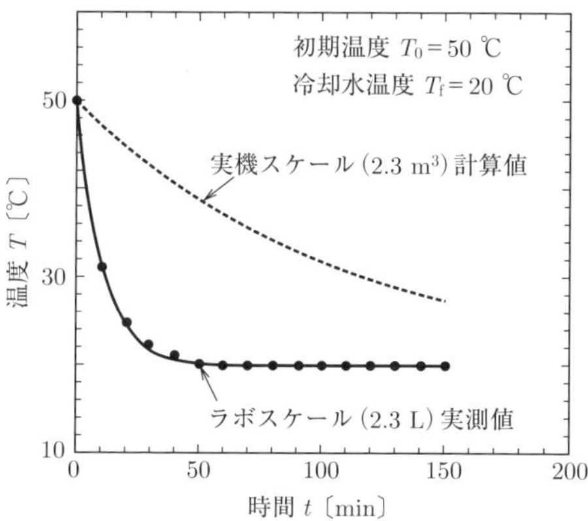

図 13.1　冷却曲線に対するスケールアップ効果

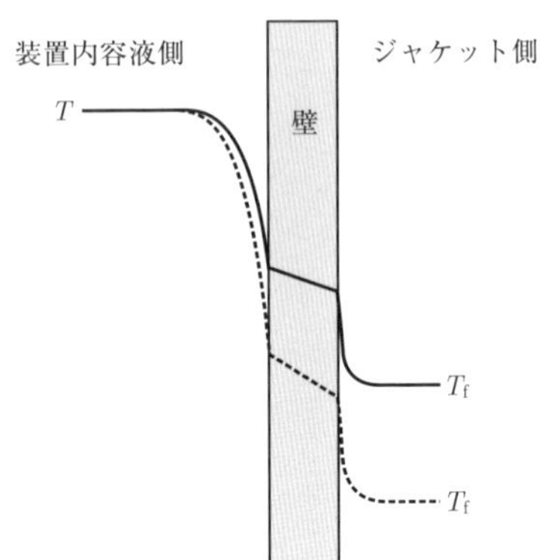

図 13.2　装置壁およびその近傍溶液の温度分布（溶液温度 T に対する冷却水温度 T_f の影響）

加熱は難しくなる。

一般に，スケールアップに際しては，総括伝熱係数（伝熱特性）も変化するし，冷媒温度も設備の都合で変わる。したがって，ここに示した計算とおりにことは進まない。しかし，容積比 1000 倍のスケールアップの場合，所定の温度に到達する時間は約 10 倍遅れると理解しておくべきである。

スケールアップに伴う冷却の遅れは，回分晶析時間の増加をもたらす。この増加を回避するためには，冷媒温度 T_f を下げて $T - T_f$ を大きくし，伝熱速度を上げればよい。この方法をとると，内壁表面温度が下がるから壁近傍（壁から 0.1 mm 程度の領域）の溶液温度が低下する。図 13.2 にその様子を示す。このように温度が下がると，壁近傍の局所的過冷却度（あるいは過飽和度）が増し，局所的な一次核化速度および二次核化速度が増加する。その結果，結晶粒子数が増えて製品結晶が微細化してしまうことがある。溶解度の温度変化が大きな系ではこの可能性は無視できない。回分晶析時間の短縮のためとはいえ，安易に冷媒温度を下げないようにしなくてはいけない。

13.2　混合に関する問題　―大きな装置は混合しにくい―

晶析操作においては，撹拌は特殊な場合を除いて必須である。結晶粒子を均一に懸濁させるためであり，溶液全体を均一濃度に保持するためである。ここでは，スケールアップに伴って晶析槽内の混合がどのように変化するか定性的に検討してみる。

チップスピード一定の**スケールアップ基準** <scale up criterion> で幾何学的相似を保持したままスケールアップした場合を例に考えてみよう。撹拌回転数を N〔s^{-1}〕，撹拌翼径を d〔m〕で表す。チップスピードが一定であるから，式 (13.5) が成立する。

$$Nd = \text{一定} \tag{13.5}$$

また，相似形を保ってスケールアップするから，装置体積 V〔m^3〕は，

$$V \propto d^3 \tag{13.6}$$

一方，晶析装置内溶液の代表流速 v〔$\mathrm{m\ s}^{-1}$〕は，チップスピードに比例すると考えられるので，

$$v \propto Nd = \text{一定} \tag{13.7}$$

すなわち，晶析槽内の代表流速はスケールアップしても変わらない。また，晶析装置内の循環体積流量 Q〔$\mathrm{m}^3\ \mathrm{s}^{-1}$〕（これは $v \times d^2$ に比例する）は，v 一定の条件を考慮すると，次式のように d^2 に比例する。

$$Q \propto vd^2 \propto d^2 \tag{13.8}$$

式 (13.6) および式 (13.8) より，**空間速度** <space velocity> Q/V〔s^{-1}〕は式 (13.9) で与えられる。空間速度は，混合速度の目安と考えられ，これが大きいということは混合が良いことを意味する。

$$\frac{Q}{V} \propto \frac{d^2}{d^3} = d^{-1} \tag{13.9}$$

このように，チップスピード一定の条件でスケールアップした場合，空間速度は撹拌翼径 d に反比例する。つまり，スケールアップに伴って空間速度が低下，すなわち混合は悪化し，スラリー濃度，過飽和度が装置内で不均一になる。その結果，装置内の場所によって核化および成長速度が異なることになり，晶析にとっては都合が悪い。それを克服するのには，撹拌翼の種類を変えるなどの工夫が必要である。

スケールアップ基準を変更して，単位溶液体積当たりの撹拌所要動力 $P_\mathrm{v} = \rho N_\mathrm{p} N^3 d^5 / V$〔$\mathrm{W\ m}^{-3}$〕一定の条件でスケールアップした場合も，同様な議論が可能である。この場合は，$v \propto d^{1/3}$ および $Q/V \propto d^{-2/3}$ となる[1)]。やはり，

スケールアップに伴い空間速度は低下し，混合は悪化する。なお，N_p は**動力数** <power number> で $N_\mathrm{p} = P/\rho N^3 d^5$〔−〕で定義される。$P$ は溶液全体に対する撹拌所要動力〔W〕である。また，動力数は撹拌レイノルズ数 $R_\mathrm{e} = \rho d^2 N/\mu$〔−〕の関数である。

13.3 核化に対するスケールアップ効果

一次核化速度（単位体積当たり）は，混合が充分で溶液濃度および温度が均一であれば装置スケールに依存しない。一次核化は，分子レベルの揺らぎに関わる現象でマクロな撹拌に関係ないからである。これに対して二次核化は，結晶粒子と装置との関わり（撹拌翼，装置壁との衝突，溶液の流動）に起因する現象で，混合が充分であっても装置スケールに依存する。すなわちスケールアップの影響を受ける。

一次核化がスケールアップの影響を受けないと述べたが，種晶なしの回分晶析においてはスケールアップの影響は現れる。なぜなら，種晶なしの場合も一次核化のみでことは済まないからである。つまり，一次核はやがて成長して，その成長した結晶による二次核化が起こり，これにより結晶粒径分布が変化するからである。二次核化媒介機構（3.2.2 項参照）である。ただし，難溶性物質の反応晶析では結晶粒径が大きくてもせいぜい数 10 μm にしかならないので，このような二次核化の影響は現れない。

13.3.1 スケールアップと二次核化

二次核化の主たる原因は，撹拌翼（あるいは装置壁）と結晶粒子の衝突である。このことは第 3 章で述べた。結晶粒子と撹拌翼との衝突の問題は古く，50 年以上前に Ramshaw [2)] によって検討された。Ramshaw は，一様流れの中に置かれた平板（撹拌翼を模したもの）に対する粒子の**衝突効率** <target efficiency> η を計算した。衝突効率とは，流れ場にある粒子が障害物に衝突する確率である。図 13.3 の一様流れの場合，衝突効率は $\eta = X/D$ で定義される。X は上流における粒子の存在範囲で，この範囲内の粒子は障害物（寸法 D）に衝突す

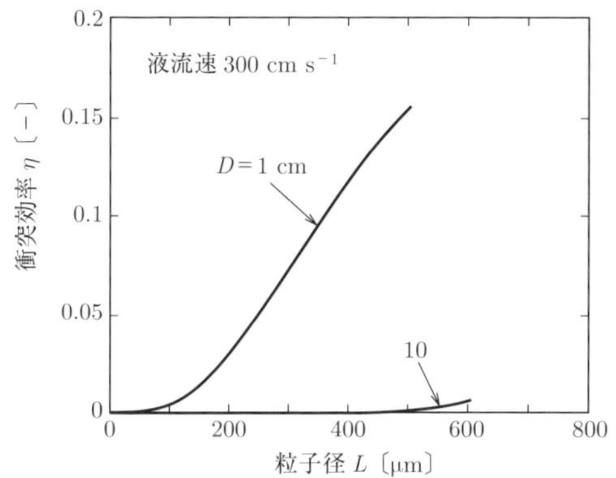

計算条件：粒子密度 1.25 g cm^{-3}，流体密度 1.0 g cm^{-3}，液粘度 0.01 g cm^{-1} s^{-1}

図 13.3 衝突効率の定義と Ramshaw[2] による計算

る。図 13.3 に Ramshaw の計算を示した[†1]。小さな粒子は流線に沿って流れるから衝突しにくく，したがって X は小さい。逆に大きな粒子は流線から外れて直進しやすいから衝突しやすく，したがって X は大きい。つまり，η は大きい。一方，障害物の寸法 D が大きい場合は，流線が徐々に曲がるから粒子は流線から外れにくい。つまり衝突しにくい。D が小さい場合はその逆である。Ramshaw の計算対象は撹拌槽内の流動状態とは異なるが，それでもなおこの計算は示唆的である。粒子径 500 μm の場合，1 cm 幅の障害物に対する衝突効率が 0.156 であるのに対して，10 cm の平板に対しては 0.0012 となり，約 1/100 に低下する。このように装置スケールが大きくなると粒子は著しく障害物（撹拌翼）に衝突しにくくなる。晶析装置をスケールアップした場合，衝突に起因する二次核化の速度が低下することがうかがえる。

ここで，二次核化に対するスケールアップ効果に関する実験データを紹介しよう。河西の研究[3] である。河西は塩化バリウムの二次核化データを解析した。1 L のフラスコ, 180 L のパイロット装置および 10 m^3 の実装置の二次核化速度は, それぞれ，1.0×10^{10}, 0.12×10^{10}, 0.0098×10^{10}〔# m^{-3} hr^{-1}〕となり，スケールアップに伴って著しく減少した。河西の報告は，実装置のデータを含む貴重なもので, スケールアップに伴って二次核化速度が著しく減少することを示している。

† 1　η は Ramshaw の求めた X を用いて筆者が計算した。

多形転移における転移時間が，スケールアップに伴って低下することも知られている。これも二次核化速度の低下によることが，Kobari ら[4]によって示されている。

13.3.2　MSZW に対するスケールアップの影響

MSZW に対するサンプル容積の効果（すなわちスケールアップ効果）については，すでに5.2節および5.3節において述べた。スケールアップ効果は，MSZW の定義に依存する。「最初の核が1個発生したときの過冷却度」をMSZW と定義すると，MSZW は装置容積の増加に伴って減少する。このようなMSZW の定義は，サンプル容積が例えば液滴のように小さな場合に適用される。一方，MSZW を「結晶の懸濁密度 N/V が一定値 $(N/V)_{\mathrm{det}}$ に到達したときの過冷却度」と定義すると，MSZW は装置容積に依存しない。この定義は，サンプル容積が例えば数100 mL～数Lと大きな場合に適用できる。サンプル容積の領域によるこのような定義の違いは，意図的になされたものではなく，測定法に関連して結果的にそのようになったものである。このような事情も第5章に詳しく述べたので，ここではこれ以上は触れない。なお，定量的な議論は引用文献[5]に詳しい。

13.4　結晶粒径に対するスケールアップの影響　―種晶成長回分冷却晶析の場合―

回分晶析におけるスケールアップの問題を一般論として述べるのは難しい。本節では，種晶成長回分冷却晶析のスケールアップ実験を紹介する。なお，種晶成長法については，第7章で詳しく述べた。第7章では，種晶添加量が製品結晶粒径分布に大きな影響を与えることを示した。

13.4.1　粒径分布に対するスケールアップの影響

図13.4は，カリミョウバンの冷却晶析における製品結晶粒径分布である。小型（12.2 L）および大型（600 L）の撹拌槽を用いたスケールアップ実験（容積比約50倍）の結果である。Doki らのこの実験[6]では，装置容積以外の条件は可能な限り同じにしてある。すなわち，撹拌翼は両者ともアンカー翼であり，チッ

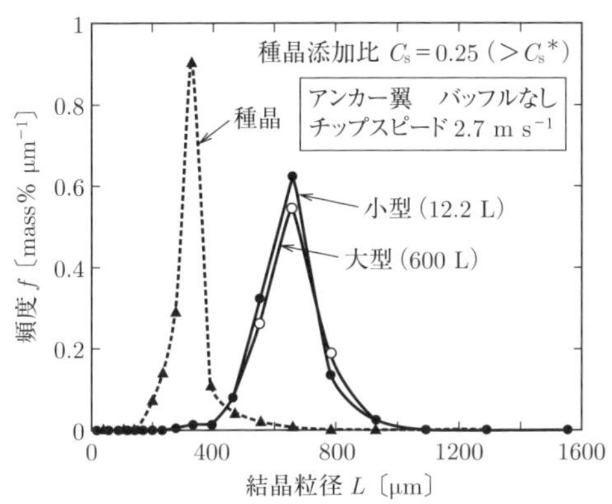

図 13.4　製品結晶粒径分布に対するスケールアップ効果

プスピードも同じである。また，冷却は自然冷却で溶液温度は式（13.4）に従って低下する。小型装置の冷却水流量を意図的に絞ることにより，総括伝熱係数 U を下げて（時定数 τ を大型装置と同じにし），冷却パターンを大型装置と合わせた。種晶は，別の回分晶析で作成した結晶を整粒せずそのまま用いた。したがって，種晶の粒径は広く分布している。種晶の粒径分布も図 13.4 に示した。

図 13.4 に示したのは，臨界種晶添加比 C_s^* 以上の種晶を添加した場合（$C_s = 0.25$）の製品結晶粒径分布である。このように $C_s > C_s^*$ の条件下では，粒径分布はスケールアップの影響を全く受けない。それは，この条件下では二次核化が起こらず，種晶の成長のみが起きていたためである。そもそも，懸濁結晶の成長は，結晶・溶液間の相対速度，温度，過飽和度などの影響を受けるが，これらの因子は装置スケールに無関係である。その結果，製品結晶（成長した種晶が製品である）の粒径分布が装置スケールの影響を受けなかったのである。要するに，二次核化が抑制されていたことがポイントである。

Doki ら[6]は，種晶添加量の少ない条件 $C_s < C_s^*$ における実験も行った。この場合の製品結晶は，二峰性の粒径分布を示した。これは明らかに二次核化が起きたためである。先に述べたように，二次核化は一般にスケールアップの影響を受けるが，Doki らの実験では，スケールアップの粒径分布に対する影響は軽微であった。同一タイプの撹拌翼を用い，しかもチップスピードを一定に保ったためと考えられる。

13.4.2　臨界種晶添加比に対するスケールアップの影響

臨界種晶添加比 C_s^* は，種晶成長回分冷却晶析を考えるうえで重要な因子である。第7章でも触れたが，この C_s^* に対する装置スケールの影響はない。また，冷却晶析における冷却温度パターン（自然冷却，制御冷却，直線冷却）にもほとんど依存しない。したがって，実験室の小型装置で決定した C_s^* あるいは実験式（式 (7.6)）を用いて計算した C_s^* を装置スケールに関わらず用いることができる。このことは装置設計あるいは操作設計上都合のよいことである。

13.5　ろ過時間に対するスケールアップの影響

晶析で得られる結晶粒子は，ろ過・乾燥工程を経て製品となる。実験室では気に止めることもないろ過時間が，実プロセスでは大きな問題になることはよくある。極端な場合，ろ過時間が数日にもわたり，プロセスそのものが成り立たなくなってしまうことがある。そのような極端な場合に至らないまでも，ろ過時間は生産性に関わる重要な問題である。

ここでは，ろ過におけるスケールアップの問題を理論的に考察する。

13.5.1　Ruthの定圧ろ過式

ろ過はろ紙あるいはろ布などのろ材を用いて固液を分離する操作である。ろ過の進行とともにろ材上に**ケーク（粒子層）**<cake>が形成される。このケークはろ過の抵抗となる。ケークの厚みは時間とともに増加する。そのためろ過抵抗は時間とともに増加し，ろ過速度（ろ液の排出速度）は時間とともに減少する。ろ過速度とろ液量の関係は式 (13.10) の Ruth のろ過式[7] で表される。

$$\frac{t}{v} = \frac{1}{K}v + \frac{2}{K}v_m \tag{13.10}$$

ここに，t は時間，v は単位ろ材面積当たりのろ液体積，v_m は（単位ろ材面積当たりのろ液量で表現した）ろ材抵抗である。K は Ruth のろ過係数で，次式で定義される。K はろ過のしやすさを表す。

$$K = \frac{2p(1-ms)}{\mu\rho s\alpha} \tag{13.11}$$

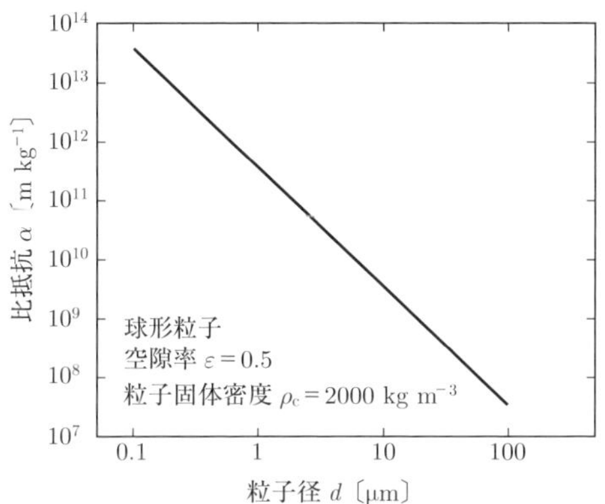

図 13.5　粒子径とろ過比抵抗の関係（式 (13.12) による計算）

ここに，p はろ過圧力，m は湿潤ケークと乾燥ケークの質量比，s はスラリー中の固体質量分率，μ はろ液粘度，ρ はろ液密度，α はケークのろ過比抵抗である。

ケークには非圧縮性ケークと圧縮性ケークがある。前者の場合，ろ過比抵抗がろ過圧力に依存しないが，後者の場合，ろ過比抵抗はろ過圧力に依存（ろ過圧力とともに増加）する。以下，簡単のために非圧縮性ケークについて述べる。ろ過比抵抗 α は，ケーク層を構成する粒子の比表面積 S_0，ケーク層空隙率 ε，粒子固体密度 ρ_s と式 (13.12) の関係がある。

$$\alpha = \frac{kS_0^2\varepsilon}{\rho_s(1-\varepsilon)^2} \tag{13.12}$$

k は Kozeny 定数†2 で，粒子形状の影響を受ける。球形粒子の場合は 5 である。このように，ろ過比抵抗 α は比表面積 S_0 の 2 乗に比例して増加する。比表面積は粒径（正確には比表面積径）に反比例する。したがって，粒径が減少すると比表面積が増大し，ろ過比抵抗は大きくなる（図 13.5 参照）。また，空隙率が減少すると，ろ過比抵抗は増加する。さらに大きな粒子に細かい粒子が混じると，ろ過比抵抗は増加する。また，球形粒子に比較して，針状粒子のろ過比抵抗は大きい。

スケールアップに伴い，ろ過抵抗が増加するのは，このような粒子性状（粒径，

† 2　Kozeny-Carman 式 $u = \frac{\varepsilon^2}{kS_0^2(1-\varepsilon)^3}\frac{\Delta p}{\mu L}$ の係数。u はケーク内の見掛け流体流速，L は粒子層（ケークに相当）の厚み，Δp は圧力損失。

形状など）の変化の結果であるが，粒径の影響がもっとも大きい。なお，一般にろ過比抵抗 α の値が 10^{11} m kg^{-1} の程度の場合はろ過しやすく，10^{13} m kg^{-1} 以上の場合は難ろ過性である。

13.5.2　ろ過時間に対するスケールアップの影響

ろ過時間（ろ過終了時間）t_{total} は，式 (13.10) に単位ろ材面積当たりのろ液全量 v_{total} を代入して，式 (13.13) で与えられる。

$$t_{\mathrm{total}} = \frac{v_{\mathrm{total}}}{K}\left(v_{\mathrm{total}} + 2v_{\mathrm{m}}\right) \tag{13.13}$$

式 (13.13) に明らかなように，スケールアップに伴うろ過時間増加の要因としては，以下の変化が挙げられる。

(1)　v_{total} の増加（ろ液全量 V_{total} の増加率に対してろ材面積 A の増加率が小さい場合，つまり適切な，ろ過器を用意できない場合に生じる）

(2)　ろ過圧力 p の低下

(3)　ろ材抵抗 v_{m} の増加

(4)　スラリー濃度 s の増加

(5)　ろ過比抵抗 α の増加

などが考えられる。これらの要因のうち，(1)～(3) はろ過設備の制約からもたらされる問題である。晶析条件に起因する要因は (4) と (5) である。ろ過時間に対するスケールアップの影響を検討する際には，これらの要因を区別して対策を立てる必要がある。

スケールアップ後のろ過係数 K の推定ができれば，ろ過時間を知ることができる。しかし，それは簡単ではない。以下に，実装置のろ過時間推定の簡便法を述べる。精度の高い方法ではないが，ろ過時間の大略を知ることができる。これは，実験室のろ過時間測定値と実装置の経験値を利用する方法である。実際の生産現場では，既設のろ過装置（あるいは遠心分離機）を用いることが多い。そのような場合，稼働中の現場で得られるスラリーをサンプリングして，実験室で通常のブフナー漏斗を用いて減圧ろ過を行い，ろ過時間 t_{lab} を知ることは簡単である。この場合，実装置のろ過時間 t_{real} は既知である。この2つのろ過時間をデータベース化して蓄積しておく。このようなデータを蓄積しておけば，その後の新規物質の場合，t_{lab} の測定値から実装置の t_{real} を推定できる。この方法は，ろ過係数 K あるいはろ過比抵抗 α の決定（これにはかなり手間がかかるうえ，それなりの設備が必要である）を必要としない。必要なのは実験室におけるろ過時間 t_{lab} の測定のみである。

引用文献

1) 浅谷治生：貧溶媒晶析「4.3 溶液の混合と撹拌」，久保田徳昭編，分離技術会（2013）pp.156-164
2) Ramshaw, C., The Chemical Engineer, **July/August** (19 74) 446-457
3) 河西，分離技術，**16** (1985) 148-151
4) Kobari, M., Kubota, N. and Hirasawa, I., CrystEngComm., **16** (2014) 6049-6058
5) N. Kubota, Journal of Crystal Growth, **418** (2015) 15-24
6) Doki. N., Kubota, N., Sato, A. and Yokota, M., AIChE Journal, **45** (1999) 2527-2533
7) 入谷英司：最近の化学工学 64,「第 8 章 固液分離から晶析を考える」，化学工学会編，（株）三恵社（2014）pp.86-97

演習問題

問 13.1 図 13.1 にプロットしたデータは以下のとおりである。式 (13.4) をこのデータに当てはめ，時定数 τ を決定せよ。ただし，$T_0 = 50$〔℃〕，$T_{\mathrm{f}} = 20$〔℃〕である。

t〔min〕	0	10	20	30	40	50	60	70	80	90	100	110	120
T〔℃〕	50	31.1	24.9	22.5	21.1	20.2	19.9	20	20	20	20	20	20

問 13.2 単位容積当たりの撹拌動力 $P_{\mathrm{v}} = \rho N_{\mathrm{p}} N^3 d^5 / V$ 一定の条件でスケールアップした場合，$v \propto d^{1/3}$ および $Q/V \propto d^{-2/3}$ となることを示せ。ただし，動力数 N_{p} は一定とする。

第14章

準安定領域　—従来の考え方と本書の提案—

準安定領域の概念は，19 世紀の終わり（1897 年）オストワルド（F. W. Ostwald）により提唱された。Ostwald は 1909 年のノーベル化学賞受賞者である。この概念は晶析に携わっている人にはなじみが深い。しかし，これほど不思議な何やらハッキリしない概念もないのではなかろうか。文献を読めば読むほど混乱してしまう。実際，準安定領域の解釈をめぐる議論はいまだに絶えない。

第 5 章において，準安定領域について述べた。そこでは筆者らの解釈に基づいて準安定領域の幅 MSZW と核化速度の関係を論じ，また，MSZW の実験的挙動も説明した。しかし，読者にとってはいささか受け入れにくいところがあったかもしれない。というのは，第 5 章の議論は従来の一般的な説明といささか異なるからだ。そこで，本章では従来の考え方を改めて説明し，第 5 章の提案とどこがどのように違うのか整理しておく。

14.1　準安定領域の解釈　—問題はどこにあるのか—

準安定領域の幅 MSZW は，大容量サンプル（それも撹拌系）に対して測定され，議論されることが多い。したがってここでは，大容量サンプルにおける MSZW を対象に述べることにする。準安定領域およびその幅 MSZW の実験的定義は次のとおりである。任意濃度の溶液を飽和温度 T_0 以上の温度に保持した後，撹拌しながら一定速度 R で冷却を続ける。すると，ある程度冷却が進んだところで突然（のように見える）結晶が現れる。そのときの温度を T_m とすると，T_0 と T_m の間の温度領域が準安定領域であり，温度差 $T_0 - T_\mathrm{m}$ が準安定領域の大き

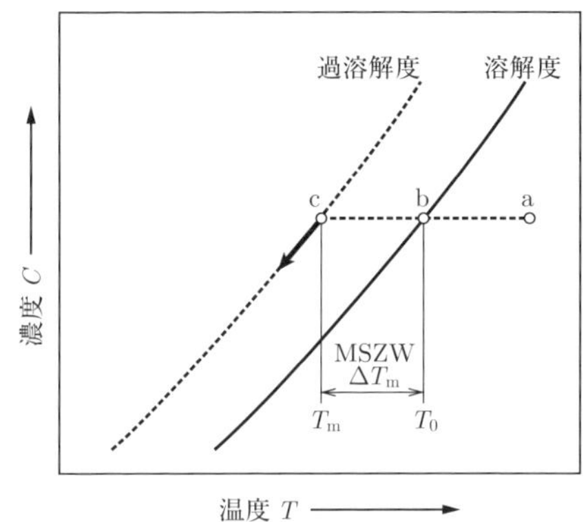

点線と矢印は Nývlt モデルの説明のために書き入れた

図 14.1　過溶解度，溶解度および MSZW

さあるいは幅 MSZW である（ΔT_m と記す）。これが MSZW の実験的定義である（図 14.1）。なお，T_m 点における濃度 C を過溶解度といい，T_m と C の関係を過溶解度曲線という。問題はこの“微結晶の発生”点の解釈，あるいは“微結晶の発生”に至るまでに何が起きているかである。これは，準安定領域とは何かという問題そのものである。

14. 2　最も広く受け入れられている解釈　—準安定領域は核化準備期間である—

従来 T_m 点はどのよう解釈されているかというと，“最初の核あるいは結晶”が出現した点と解釈するのがほとんどである。文献には“appearance of first crystals”あるいは“point of nucleation”などと書かれていることが多い。実のところ溶液を観察していると，微結晶が突然発生するかのように見えるから無理もない話ではある。MSZW の実験をしたことのある人ならば，この“見え方”は納得できると思う。この“実験事実”をもとに，多くの人が“appearance of first crystals”に至るまでの間は，核化は起こらず溶液の微視的構造変化が起きていると考えているようである。“ようである”というのは，ハッキリとそのように書いてある文献はほとんどないからである。Garside ら[1] の文章が著者の見つけた唯一のものである。しかし，大多数の人は準安定領域内では“核化は起こらない”，そして準安定領域は“核化に至るまでの準備領域”とまるで宗教のように信じているようなのだ。少し長くなるが，Garsideらの文章を以下に引用しておく。

On the other hand, every concentration and temperature of the solution (even in the range of under saturated solutions) possesses a corresponding steady-state average size of solute clusters. If the state of the solution changes, so also does the aggregation of particles. This change occurs, however, at a limited rate so it may be delayed in comparison with the change of state of the system. So it is clear that the width of the metastable zone (or induction time necessary for the clusters to reach the critical size) depends on many factors such as temperature, cooling rate, agitation, thermal history of solution, presence of solid particles and of admixtures.

14.2.1　Nývltの理論　―準備期間の後に核化が起こる―

Nývltは，MSZWと一次核化を結びつける理論[2)]を提出した。これは，“準安定領域は核化準備領域”と考える理論の1つである。一次核化速度とMSZWを結びつける最初の試みとしてもよく知られているので，少し詳しく紹介する。ただし，おおいに問題ありの論文ではある。

任意の溶液（図14.1のa点）を一定速度で冷却すると，飽和点bを過ぎて点cに至る。c点で初めて核化が起こる。“… the first crystals appear.”とNývltは述べている。c点の過冷却度がMSZW ΔT_{m}であるが，Nývltはこれを“maximum undercooling”と呼んだ。用語“first crystals”，“maximum undercooling”から，準安定領域内では核化が起こらないと考えていることがうかがえる。さらに，核化速度は本来個数基準であるべきであるが，Nývltは質量基準で式(14.1)のように表した。

$$B_{\mathrm{m}} = k_{\mathrm{m}} \Delta T_{\mathrm{m}}{}^{m} \tag{14.1}$$

ここに，B_{m}は質量核化速度〔kg m^{-3} s^{-1}〕，k_{m}およびmは核化速度係数および核化次数である。質量核化速度は，核化のみによる質量変化であって，結晶の成長による変化は含まないと仮定している。実際は必ず結晶は成長するから，この仮定は非現実的である。さらにNývltは，過溶解度曲線（T_mと濃度Cの関係，図14.1の破線）が溶解度曲線（図14.1の実線）にほぼ平行になるという実験事実を考慮して，質量核化速度が冷却による過飽和度の増加速度すなわち溶解度の減少速度$\varepsilon dC_\mathrm{s}/dt$（$= R\varepsilon dC_\mathrm{s}/dT$）に等しいとおいた。この仮定も強引である。ここに，εは単位濃度変化に対する結晶析出量，C_sは溶解度，Tは温度，Rは冷却速度である。こうして式(14.2)を得た。

$$R\varepsilon\frac{dC_\mathrm{s}}{dT} = k_\mathrm{m}\Delta T_\mathrm{m}{}^m \tag{14.2}$$

式(14.2)を書き換えて，式(14.3)が得られる。

$$\log R = m\log\Delta T_\mathrm{m} - \log\left(\frac{\varepsilon}{k_\mathrm{m}}\frac{dC_\mathrm{s}}{dT}\right) \tag{14.3}$$

Rは操作変数であるから，左辺におくのは適切ではないと思われるが，Nývltはこのように書き表した。おそらく，ΔT_mが原因で，冷却速度は結果と考えていたのであろう。すなわち，ΔT_mが大きい（核化のための準備に時間がかかる）ときには，Rが大きくならざるを得ないと考えたと思われる。Nývltに続く多くの人達も同様に書き表している。Nývltは，“準安定領域内では，核化準備のための溶液構造変化が進行しているのであって，核化は起こらない”と考えていたに違いないが，オリジナル論文を読み返してみても，そのあたりの明確な記述はない。Nývltは“溶液構造変化の遅れ”の存在を当然のこととして受け入れていたのではなかろうか。さもないと，このようなモデル，そして，Rを左辺におく式(14.3)の表現は考えつかないはずだ。

Nývltの式は，$\log\Delta T_\mathrm{m}$ vs. $\log R$が直線関係になる。これは実験事実（図5.5参照）を説明しているように見えるが，出発点となる仮定が非現実的であるから，この一致は単なる見かけだけのものといわざるを得ない。ところで，MSZWの実験値は，核化検出法によって大きく変わる。これは実験事実として知られているが，Nývltの式はこの実験事実に対応できない。例えば，図5.5の肉眼法とコールターカウンター法のデータにNývltの式を当てはめると，同じ物質に対して全く別の核化パラメーター値が得られてしまう。しかし，Nývlt法による核化速度決定は，現在でもしばしば報告されている。不思議といわざるを得ない。準安定領域の理解が充分でないことの証拠であろう（コラム「true MSZW」参照）。

14.2.2　Nývlt に続く理論

最近，Sangwal[3] は新たな理論を提案し，MSZW と冷却速度の関係を説明した。とはいえ，彼の理論の出発点は Nývlt と基本的には変わらない。すなわち，Sangwal も“準安定領域は核化準備領域“とみなし，核化は $\Delta T = \Delta T_{\rm m}$（図 14.1 の c 点）において初めて起こると考えた。さらに，図 14.1 の c 点における核化による濃度低下が，冷却による過飽和度の増加速度に等しいとした。この仮定も Nývlt と同じである。しかし，彼はこの仮定を個数ベースで記述した。この点が Nývlt と異なるだけである。Sangwal の理論も，Nývlt のそれと同様，物理的妥当性はおおいに疑わしい。

ところで Mullin[4] によると，溶液をある時点に瞬間的に過飽和状態にしたときの溶液構造変化における“緩和時間”（微小粒子あるいはクラスターの定常粒径分布が出来上がるまでの時間）は，粘性の低い通常の溶液では非常に短く，おおよそ 10^{-8} s のオーダーである。このような“緩和時間”の短さからも，“準安定領域は核化準備領域”とする考えは妥当ではない。緩和時間がこのように短いとすると，上述したような「溶液構造変化の遅れ」に起因する準安定領域は存在しない。

14.3　古典核化理論をベースとした説明

おそらく大多数の人は，準安定領域は“核化準備領域”と考えていると思われるが，準備領域ではないとする考えも従来から存在する。古典核化（均質核化）理論を用いて準安定領域の存在を説明する試みである。古典核化理論を用いる説明には 2 種類ある。

古典核化理論による準安定領域の説明の前に，まず古典核化理論を簡単におさらいしておく（詳しくは 3.1.1 項参照）。過飽和溶液中では，溶質分子は熱運動により常に激しく動いており，個々の溶質分子の集まり（クラスター）のサイズも常に揺らいでいる。ただし，クラスターサイズの分布は定常状態にあり，一定である。この揺らぎにより，あるクラスターの半径が臨界半径 $r_{\rm c}$ 以上になると，そのクラスターの自由エネルギーが減少に転ずる（図 3.1）。その結果，そのクラスターは安定的に成長し，より大きな結晶となる。クラスターサイズが $r_{\rm c}$ を超えること，それが均質核化であり，その頻度（単位溶液体積当たり）が，均質核化速度 B_{hom}〔# $\mathrm{m}^{-3}\ \mathrm{s}^{-1}$〕である。

14. 3. 1　臨界過飽和比による説明

準安定領域の存在と古典核化理論は次のように結びつけられる[5]。この見解は，古く McCabe & Smith の著書[6]にも見られる。古典核化速度式は，過飽和比 C/C_{s} の関数（式 (3.5)）であるが，非線形性が強くある過飽和比以上になると，核化速度は急激に大きくなる（図 14.2）。そこで，それ以下の過飽和領域では核化はほとんど起こらないとみなして，この領域を準安定領域と考える。このときの過飽和比を臨界過飽和比と呼ぶ。しかし，この説は観念的なものであって，臨界過飽和比が上述の実験的 MSZW に対応するという確証はない。この説では，冷却速度の影響，撹拌の影響などは説明できない。

14. 3. 2　臨界推進力による説明

一方，次のような説明もある。上述のとおり，古典核化理論においてはクラスターが揺らぎによって臨界核サイズを超えることが，すなわち核化であった。臨界核サイズはクラスターの表面エネルギーの（核化に対する不利な）寄与のために存在する。ただそれだけの話であるが，この点を誤解して次のように説明する。すなわち，「この不利を補うためにある大きさ以上の過飽和度（核化の推進力）

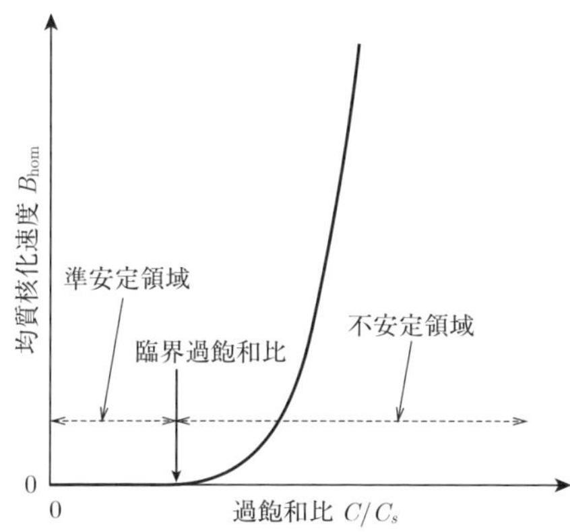

図 14.2　臨界過飽和比による準安定領域の説明

が必要である。この臨界推進力を温度差 ΔT で表すと，これが MSZW ΔT_{m} である」という説明である。これと同様の解釈が最近の論文[7]でも見られる。しかし，これは明らかに間違いである。古典核化理論では，臨界推進力の存在を主張していない。主張しているのは，臨界核サイズの存在だけである。

これと同じ解釈を，砂川[8]は違った言い方で述べている。原文を引用すると次のとおりである。「臨界核が存在することが原因で平衡状態に相当する溶解度曲線から離れたある範囲内では，核形成も結晶成長も起こらない。溶解度曲線に沿ったこの狭い領域はマイヤーズ領域（Miers'region）と呼ばれる」である。マイヤーズ領域とは準安定領域のことである。

ここに述べたような明らかな誤解が起こること自体，準安定領域の理解が不充分であることを示している。

14.4　結晶粒子蓄積量に着目した解釈　—核化準備期間ではない—

14.4.1　本書の提案

準安定領域に関する考え方の主流はやはり，準安定領域は核化準備領域とする説である。すなわち，準安定領域内では溶液の構造が徐々に変化して，やがて核化に至るとする考え方である。これに対して，第5章では，クラスターのサイズおよびその分布は徐冷時においても定常（厳密には，擬定常 <quasi-steady state>）と仮定した。つまり核化は，時々刻々と変化する過飽和状態に応じて，常に定常核化速度式に従って起こる。すなわち，緩和時間は非常に短くて無視できる。MSZW の実験においては，過冷却度の増加につれて定常核化速度式に従って，核の個数が増加していく。MSZW は，核の個数密度 N/V がある一定の値 $(N/V)_{\mathrm{det}}$（検出感度）に到達した点と定義した。ここに，N は結晶の個数，V は溶液体積である（V の代わりに溶媒質量 M を用いることもある）。この定義では，核化点は，“first crystals”が見出された点ではない。

14.4.2　Kashichiev らおよび Harano らの解釈

Kashchiev ら[9]は，析出結晶の総体積（個数ではない）が一定量に到達する点を MSZW と定義して，理論を展開した。この核化点の定義は（体積と個数の違いがあるものの，核化準備期間の存在を否定する点では)，第 5 章の定義と同じである。Kashchiev らは，均質核化のみを考えた。これに対して第 5 章では，一次核化は不均質核化機構で起こると考え，さらに，成長した核による二次核化も考慮した（二次核化媒介機構)。体積でなく個数を基準にしたこと，不均質核化を仮定したことおよび二次核化を考慮したこと，この 3 つの点が Kashchiev らのモデルとは異なる。さらに，筆者らの MSZW モデル（二次核化を考慮した場合）における晶析過程は，いわゆるポピュレーションバランスモデルで記述されており，そのままの形で回分晶析操作のシミュレーションに適用可能である。このことは，準安定領域と回分晶析操作が理論的に結びつけられていることを意味する。

Harano ら[10]も，準安定領域は核化準備領域ではないと考えた。Harano らは，本書と同様に結晶個数密度 N/V が一定量に到達する点を MSZW と定義した。しかし Harano らは，均質核化のみが起こるとして理論を展開した。その点が第 5 章の考え方とは異なる。

14.5　MSZW の実験的挙動の解釈

MSZW の実験的挙動を考察することにより，従来の考え方と第 5 章の考え方のどちらが妥当かを検討してみる。

14.5.1　冷却速度および検出感度の影響

MSZW が冷却速度の増加に伴って大きくなることは，実験事実として広く知られている（図 5.4 に例を示した)。従来，この実験事実は溶液構造変化の遅れによるとして，次のように定性的に説明されてきた。つまり，冷却速度が速くなると溶液の構造変化の遅れが一層大きくなる（したがって，核化準備期間が長くなる）ということらしい。“らしい”というのは無責任に聞こえるかもしれないが，この考えに基づいた明確な説明は存在しないのが事実である。冷却速度と MSZW の関係は，先に示した Nývlt の理論（式 (14.3)）で説明できているように見えるが，すでに述べたように，これは全く見かけ上のことであって，説明できているとはいえない。古典均質核化理論をベースに説明するモデル（14.3 節参照）でも，冷却速度依存性は説明できない。それは，古典理論による均質核化速度は冷却速度に依存しないからである。

これに対して，第 5 章の理論では合理的に冷却速度依存性が説明できる。冷却速度 R の増加に伴って MSZW ΔT_{m} が増加する理由は単純である。核の個数密度が検出器感度 $(N/V)_{\mathrm{det}}$ にまで増加するのに要する時間を t_{m} とすると，MSZW ΔT_{m} は，$\Delta T_{\mathrm{m}} = R \times t_{\mathrm{m}}$ で与えられる。冷却速度の影響は，単に $R \times t_{\mathrm{m}}$ における R の効果，すなわち時間 t_{m} の間に過冷却度が速く増加するためである。特に溶液構造変化の遅れなどを考える必要はない。実は，実験によると t_{m} は R の増加に伴って少し減少する。しかし，この減少効果よりも R の増加効果が勝っているのである。

14.5.2　熱履歴の影響　—加熱するとクラスターがほぐれる？—

MSZW に対して，冷却開始前の溶液の熱履歴の影響が現れることが知られている。飽和温度以上の高温に長時間溶液を保持しておくと，MSZW が大きくなる現象である。すなわち核化が起こりにくくなる。熱履歴効果の機構は以下の 3 通りが提案されている。1 つ目は，加熱による溶液構造（クラスターサイズ分布）の変化が，核化に影響するとする機構，2 つ目は，溶け残る微結晶の有無が後の核化に影響を与えるとする機構，3 つ目は，核化を促す異物微粒子（あるいは活性点）の活性低下が核化に影響するとする機構である。筆者は，3 つ目の不均質核化機構説が有力と考えている。その理由は，MSZW に対する熱履歴効果は溶液ろ過の有無に大きく依存する [11), 12)] からである（コラム「一次核化に対するろ過の効果」参照）。

14.5.3　撹拌の影響

MSZW は撹拌速度の増加とともに小さくなる。この現象は，従来，定性的に「撹拌によりクラスターの成長が促進され，その結果核化が促進されるため」と説明されてきた。しかし，マクロな操作である撹拌がミクロな分子レベルの現象（クラスターの成長）に影響を与えるとは，とても思われない。溶液中の均質化学反応が撹拌の影響を受けないことと同様である。これに対して，筆者らは成長した核（結晶）による二次核化が結晶の蓄積速度を速め，検出器感度 $(N/V)_{\mathrm{det}}$

への到達を早めるとする機構を提案した。二次核化媒介機構である。二次核化が撹拌速度に依存することはよく知られた事実であり，これによってMSZWに対する撹拌の影響が無理なく説明できる。この機構については，3.2.2項で触れた。

14.6 待ち時間との関係

MSZWを核化準備領域とする従来の考えでは，MSZWは“first crystals”発生時の過冷却度である。また，待ち時間は過飽和溶液を一定温度に保持した場合における“first crystals”発生までの時間である。異なるのは，温度が時間的に変化する（polythermal）か，しない（isothermal）かだけである。MSZWを核化準備領域とする考えでは，MSZWと待ち時間を統一的に説明することはできない。例えば，先のNývltの理論[2]はもちろん，Sangwalの理論[3]も，待ち時間とMSZWは無関係である。一方，Kashchievら[9]およびHaranoら[10]の理論では，理論的には待ち時間とMSZWを結びつけることはできるが，均質核化を前提としているので現実の問題に対処するのは難しい。

第3章では待ち時間，第5章では準安定領域について述べた。そこで述べたように，準安定領域の幅MSZW ΔT_{m}，および待ち時間 t_{ind} は，同一の核化パラメーターを用いて理論的に記述できる。つまり，理論的にはMSZWおよび待ち時間を結びつけることができたことになる。徐冷（polythermal）と一定温度（isothermal）の違いによって，核化現象が変わることは考えにくいことを考慮すると，MSZWと待ち時間を統一的に理解できることは理に適っている（ただし，ガラス状態を形成するような粘度の高い物質を急冷するような場合（3.2.2項参照）は対象外である）。

14.7 準安定領域と回分晶析との関係

準安定領域と回分晶析の関係は，従来，定量的には明らかではなかった。ただ定性的に，「準安定領域内に過飽和度が収まるように運転すれば，核化が抑制され，回分晶析の安定操作が可能になる」と考えられてきた。文献には，

The metastable zone represents the region within which the supersaturation needs to be maintained for the crystallization to be controlled.[13)]

のような記述が見受けられる。この考えは広く信じられているが，安定操作の成功例は見られない。これについては，第 7 章で詳しく述べた。

一方，筆者らは MSZW を新たに定義し，一般的な場合に対して数値計算で MSZW を求めた。5.3.2 項 (b) および 6.4.3 項に述べたとおりである。数値計算で得られた MSZW は，既報の実験的挙動を矛盾なく説明できた。待ち時間についても同様である（6.4.3 項参照）。本書で用いた数値計算モデルは，いわゆるポピュレーションバランスモデルであって，回分晶析過程の計算にそのまま用いられる（6.4.2 項参照）。したがって，ポピュレーションバランスモデルにより，理論的準安定領域の幅 MSZW ΔT_{m}，待ち時間 t_{ind} および回分晶析過程が結びつけられることになる。

14.8 まとめ

本章の前半では，準安定領域に関する従来の考え方を批判的に整理した。この概念の理解がいかに不充分であるかが分かると思う。従来信じ続けられてきた“溶液構造の時間的変化に関係する領域”あるいは“核化準備領域”としての，準安定領域は存在しないと考えるべきである。準安定領域は，結晶懸濁密度 N/V が検出器感度 $(N/V)_{\mathrm{det}}$ に到達するために必要な過冷却領域に過ぎない。その意味で，“準安定 <metastable>”という用語はよくない。

なお，本章ではサンプル容積が液滴のように小さな場合における準安定領域の解釈についてはあえて触れなかった。この場合には，5.2.1 項および 5.3.1 項で述べたように，1 個の核の発生が（それに続く急速な結晶成長により）“間接的に”検出される。MSZW ΔT の測定値は大きくばらつき，確率変数としての取扱いが必要である。確率変数 ΔT の平均値が本章で扱った（サンプル容積の大きな場合の）ΔT_{m} に相当する。したがって，本章の議論は，小容量サンプルの MSZW と密接に関係している。

引用文献

1) Garside, J., Mersmann, A. and Nývlt, J. eds. Measurement of crystal growth and nucleation rates, IChemE (2002) 157-158
2) Nývlt, J. Journal of Crystal Growth, **3/4** (1968) 377-383
3) Sangwal, K., Crystal Growth and Design, **9** (2009) 942-950
4) Mullin, J.W., Crystallization, 4th ed. Butterworth-Heinemann, Oxford (2001) p. 207
5) Revalor, E., Hammadi, Z., Astier,J.-P., Grossier, R., Garcia, E., Hoff, C., Furuta, K., Okustu, T., Morin, R., Veesler, S., Journal of Crystal Growth, **312** (2010) 939-946
6) McCabe, W. L. and Smith, J. C., Unit Operations of Chemical Engineering, Asian student edition, Kōgakusha Company, Tokyo (1956) 811
7) Davey, R. J., Schroeder, S. L. M. and ter Horst, J. H., Angewandte Chemie International Edition, **52** (2013) 2166-2179
8) 砂川一郎：結晶—成長・形・完全性，共立出版，東京 (2003) p.28
9) Kashchiev, D., Borissova, A., Hammond, R. B. and Roberts, K. J., Journal of Crystal Growth, **312** (2010) 698-704
10) Harano, Y.; H. Yamamoto; T. Miura, Journal of Chemical Engineering of Japan, **15** (1981) 439-444
11) Kubota, N., and Y. Fujisawa. Industrial crystallization 84: Proceedings of the 9th Symposium on Industrial Crystallization, The Hague, The Netherlands, Vol. 2. Elsevier (1984) 259-262
12) Kubota, N., Kawakami, T. and Tadaki, T., Journal of Crystal Growth, **74** (1986) 259-274
13) Price, C. J., Chemical Engineering Progress, **93** (1997) 34-43

COLUMN

true MSZW

Threlfall ら[1)] は，最近，“true MSZW” なる概念を提案した。彼らはまず，通常の徐冷法（2 ℃ min^{-1}）によって MSZW を測定した。これが彼らのいう “measured MSZW” である。次に，この measured MSZW 内の任意の過冷却温度で冷却を止め，以後一定温度に保持して核化が認められるまでの時間を求めた。彼らはこの時間を induction time と呼んだ。冷却停止過冷却度をいく通りか変えて induction time を決定したところ，induction time は冷却停止過冷却度を減らすと長くなった。この実験では，冷却停止過冷却度が操作変数で，induction time が実験結果である。これは実験法を見れば自明であるが，彼らは，逆に，induction time を操作変数，冷却停止過冷却度を結果と考えた。しかも，冷却停止過冷却度を MSZW とみなした。つまり，「induction time（核化準備期間）を充分与えると，核化は起こりやすくなる。つまり，MSZW は小さくなる」と考えた。彼らは実験データを外挿して induction time → ∞ における MSZW を求め，得られた値を “true” MSZW とした。

実は Threlfall らよりはるか以前，Söhnel and Mullin[2)] も同様な実験を行って，induction time の MSZW への影響を検討している。彼らの論文のタイトルは “The role of time in metastable zone width determinations” というものだ。正直言って筆者は，このタイトルの “time” の意味が長い間理解できなくて悩まされた。Söhnel & Mullin も明らかに induction time を操作変数とみなし，MSZW を従属変数として扱っているのだ。やはり，Söhnel & Mullin も準安定領域は核化準備領域と考えていたのだろう。Srisa-nga ら[3)] は，種晶添加系の実験において，同様な考え方を採用している。

引用文献

1) Threlfall, T. L., De'Ath, R. W. and Coles, S. J. Metastable Zone Widths, Conformational Multiplicity, and Seeding, Org. Process Res. Dev. 2013, **17**, 578-584

2) Söhnel, O. and Mullin, J. W., The role of time in metastable zone width determinations, Chem. Eng. Res. and Des., **66** (1988) 537-540

3) Srisa-nga, S., Flood, A. E., and White, E. T., The Secondary Nucleation Threshold and Crystal Growth of α-Glucose Monohydrate in Aqueous Solution, Cryst. Growth & Des., **6** (2006) 795-801

演習問題解答

第2章

問 2.1　任意の座標，例えば $(x_{s2},\ T_2)$ を固定し，もう1つの座標 $(x_{s1},\ T_1)$ を $(x_s,\ T)$ とおくと，

$$\ln x_s = \ln x_{s2} + \frac{\Delta H}{R}\left(\frac{1}{T_2}\right) - \frac{\Delta H}{R}\left(\frac{1}{T}\right) \tag{A2.1}$$

右辺第1項を定数 A とおくと，式 (2.2) が得られる。逆に，式 (2.2) に T_1, T_2 を代入しその a 時点の x_s をそれぞれ x_{s1}, x_{s2} とおくと，2つの式が得られる。この2つの式の辺を引き算し A を消去すると，式 (2.1) となる。

問 2.2　式 (2.3) に A, B, C の値および $T = 50 + 273.15 = 323.15$ K を代入すると，$x_s = 0.00652$ が得られる。この値を式 (2.4) に代入して C_s に変換すると，$C_s = 0.168$ kg-anhydrous salt kg-water^{-1} となる。

第3章

問 3.1　待ち時間と撹拌回転数の関係は，図 A3.1 のとおり右下がりの曲線になる。この関係は，図 3.5 の高撹拌速度における待ち時間の挙動によく似ている。このこと，および図 6.7（二次核化速度式の係数 k_{b2} の待ち時間への影響）を参考にすると，二次核化媒介機構が働いていることが示唆される。これに対して，Liu and Rasmuson は，流体に働くせん断力によるクラスターの整列 <shear-induced molecular aligment> および撹拌によるクラスターの凝集 <agitation-enhanced cluster aggregation> による機構を示唆している。しかし，100～400 rpm の撹拌速度の変化が，クラスターの挙動に影響を与えるとは考えにくい。

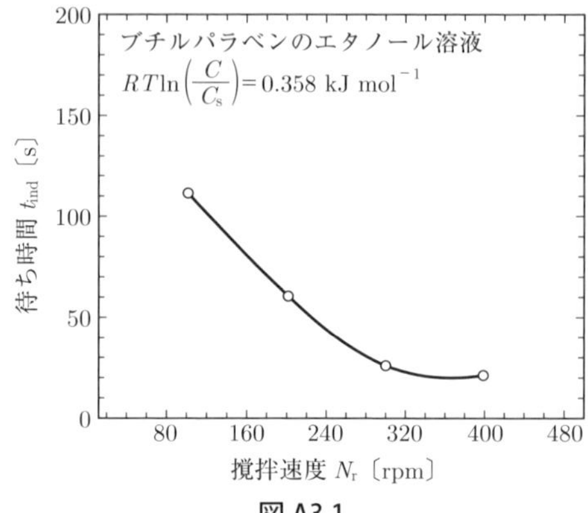

図 A3.1

問 3.2 $\ln t_{ind}$ 対 $\ln^{-2}(C/C_s)$ のプロットを図 A3.2 に示す。直線の傾きは,

$$\frac{16\pi M^2\sigma^3 N}{3\rho^2(RT)^3}=4.25$$

これを解いて，$\sigma=5.34\,\mathrm{mJ\ m^{-2}}$ が得られる。このようにして表面エネルギーを求めることは，広く行われている。しかし，実際は均質核化が実現されていないなどの問題があり，得られる値の妥当性はおおいに疑わしい。

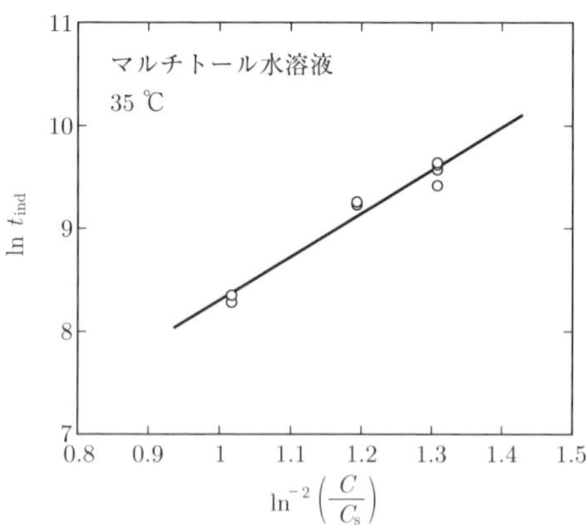

図 A3.2

第4章

問 4.1　式 (4.3) を半径 ρ で微分しゼロとおくと,

$$\frac{d\Delta G_{\mathrm{s}}}{d\rho} = -\frac{2\pi\rho\Delta\mu}{a} + 2\pi\gamma = 0 \tag{A4.1}$$

上式を満足する ρ が臨界二次元核半径 ρ_{c} である。その値は,

$$\rho_{\mathrm{c}} = \frac{\gamma a}{\Delta\mu} = \frac{\gamma a}{kT\ln\left(\dfrac{C}{C_{\mathrm{s}}}\right)} \tag{A4.2}$$

さらに, $\Delta\mu = kT\ln(C/C_{\mathrm{s}})$ を代入すると式 (A4.1) が得られる。

$$\rho_{\mathrm{c}} = \frac{\gamma a}{kT\ln\left(\dfrac{C}{C_{\mathrm{s}}}\right)} \tag{A4.3}$$

問 4.2　式 (4.21) に式 (4.19) を代入すると,

$$\frac{R}{R_0} = 1 - \left(\frac{\gamma a}{kT\sigma L}\right)\frac{Kc}{1+Kc} \tag{A4.4}$$

上式を整理して, 式 (4.22) が得られる。

$$\frac{R}{R_0} = 1 - \frac{\gamma aKc}{kTL(1+Kc)}\frac{1}{\sigma} \tag{4.22}$$

第5章

問 5.1　まず, 各ステップごとの核化確率 κ_{agent}〔min^{-1}〕を式 (5.3) を用いて計算し, それに時間間隔を乗じて各ステップにおける核化確率 $\kappa_{\mathrm{agent}}\times 5$〔−〕。次に 0〜1 に一様分布する乱数 RAND を発生させ, すべてのサンプル (10 個) の各ステップにおく。この乱数と先の核化確率 $\kappa_{\mathrm{agent}}\times 5$ とを比較し, RAND $\leq \kappa_{\mathrm{agent}}\times 5$ の場合は核化する, RAND $> \kappa_{\mathrm{agent}}\times 5$ の場合は核化せずと判定する。例えば, No.1 のサンプルの場合, 表 A5.1 (乱数の発生) の左から順に乱数と核化確率の比較をしていくと, 過冷却度 3.5℃のとき, 初めて核化している。これがこのサンプルの核化過冷却度である。No.2 の場合も同様に核化過冷却度は 3.5℃である。以下同様に各サンプルの核化過冷却度が決定される。表 A5.1 (核化の判定) に核化の起きたステップを 1 で示した。こうして得られた核化過冷却度を集計し平均過冷却温度を求めたところ, $\Delta T_{\mathrm{mean}} = 3.7$℃となった。図 5.7 の 100 個のサンプルによる値より少し低い値である。ΔT_{mean} は確率的に定まるから, サンプル数の少ない場合は大きくばらつく。

表 A5.1　平均過冷却度のモンテカルロシミュレーション

乱数の発生

ステップ間隔 Δt〔min〕	0〜5	5〜10	10〜15	15〜20	20〜25	25〜30	30〜35	35〜40
過冷却度 ΔT〔℃〕	0.5	1.5	2.5	3.5	4.5	5.5	6.5	7.5
核化確率 κ_{agent}〔min^{-1}〕	2.05E−06	0.001	0.011	0.068	0.261	0.763	1.865	4.011
核化確率 $\kappa_{\mathrm{agent}} \times \Delta t$〔−〕	1.02E−05	0.004	0.056	0.340	1.304	3.816	9.327	20.056
サンプル No.　1	0.548	0.612	0.382	0.105	0.103	0.866	0.283	0.547
2	0.407	0.620	0.954	0.112	0.519	0.883	0.967	0.652
3	0.255	0.311	0.469	0.636	0.224	0.769	0.690	0.189
4	0.169	0.803	0.433	0.165	0.044	0.179	0.219	0.954
5	0.522	0.938	0.041	0.963	0.188	0.451	0.585	0.155
6	0.757	0.626	0.367	0.597	0.426	0.112	0.171	0.867
7	0.377	0.635	0.699	0.019	0.362	0.145	0.269	0.016
9	0.478	0.191	0.468	0.586	0.945	0.621	0.473	0.874
10	0.542	0.638	0.453	0.101	0.917	0.131	0.836	0.655

核化の判定

サンプル No　1	0	0	0	1				
2	0	0	0	1				
3	0	0	0	0	1			
4	0	0	0	1				
5	0	0	1					
6	0	0	0	0	1			
7	0	0	0	1				
8	0	0	0	1				
9	0	0	0	0	1			
10	0	0	0	1				
合　計	0	0	1	6	3			

第6章

問 6.1　ln $n(L)$ を計算し，粒径 L に対してプロットすると直線が得られる。式(6.13)を当てはめると，$1/G\tau = 0.246\,\mu\mathrm{m}^{-1}$, ln $n_0 = 7.22$ が得られる。したがって，$n_0 = 1.37 \times 10^3$ # mL^{-1} μm^{-1}。一方，$\tau = 325\,\mathrm{s}$ であるから，$G = 1.25 \times 10^{-2}\,\mu\mathrm{m\ s^{-1}}$, $B_2 = n_0 G = (1.32 \times 10^3) \times (1.25 \times 10^{-2}) = 1.71$ # mL^{-1} s^{-1}。

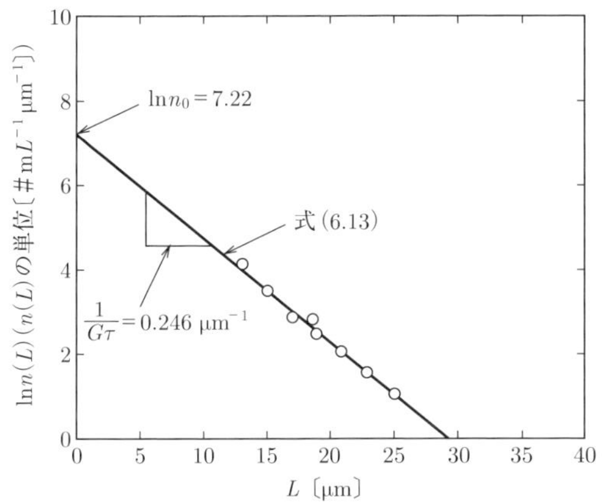

図 A6.1　$\ln n(L)$ 対 L のプロット

問 6.2　式 (6.16) の両辺に L^i（$i=1, 2, 3, \cdots$）を乗じて積分する。

$$\int_0^\infty \frac{\partial n(L,t)}{\partial t} L^i dL + G\int_0^\infty \frac{\partial n(L,t)}{\partial L} L^i dL = 0 \tag{A6.1}$$

式 (A6.1) 左辺の第 1 項の積分と微分の順序を交換し，第 2 項に部分積分を適用すると，

$$\frac{\partial \int_0^\infty n(L,t)L^i dL}{\partial t} + G\left[\left[n(L,t)L^i\right]_0^\infty - i\int_0^\infty n(L,t)L^{i-1} dL\right] = 0 \tag{A6.2}$$

さらにモーメントの定義式 (6.27) および $n(\infty, t) = 0$ を考慮して，

$$\frac{d\mu_i}{dt} + G[0 - i\mu_{i-1}] = 0 \tag{A6.3}$$

整理すると，式 (6.30) が得られる。

$$\frac{d\mu_i}{dt} = iG\mu_{i-1}, \quad i = 1, 2, 3, \cdots \tag{6.30}$$

第 7 章

問 7.1　式 (6.25) は式 (A7.1) のとおりである。

$$\frac{dC(t)}{dt} = -3\rho_c k_v G\mu_2 \tag{A7.1}$$

粒径の揃った種晶（粒径 L_{s0}，溶媒単位質量当たりの総質量 W_{s0}）の 2 次モーメントは，式 (A7.2)（個数×粒径の 2 乗）で与えられる。

$$\mu_2 = \left(\frac{W_{s0}}{\rho_c k_v {L_{s0}}^3} \right) L^2 \qquad \text{(A7.2)}$$

式 (A7.2) を式 (6.25) に代入して，

$$-\frac{dC(t)}{dt} = 3k_v \rho_c G \left(\frac{W_{s0}}{\rho_c k_v {L_{s0}}^3} \right) L^2 = \frac{3GW_{s0}L^2}{{L_{s0}}^3} \qquad \text{(A7.3)}$$

$dC(t)/dt = (dC(t)/dT) \times (dT/dt)$ を考慮して，式 (A7.3) を変形すると，

$$-\frac{dT}{dt} = \frac{3GW_{s0}L^2}{\dfrac{dC(t)}{dT} {L_{s0}}^3} \qquad \text{(A7.4)}$$

飽和濃度を C_s，過飽和度を ΔC とすると，式 (A7.5) の関係が成立する。

$$C(t) = \Delta C + C_s \quad \therefore \frac{dC(t)}{dT} = \frac{d\Delta C}{dT} + \frac{dC_s}{dT} \qquad \text{(A7.5)}$$

式 (A7.4) に式 (A7.5) を代入すると，式 (A7.6) が得られる。

$$-\frac{dT}{dt} = \frac{3GW_{s0}L^2}{\left(\dfrac{d\Delta c}{dT} + \dfrac{dc_s}{dT} \right) {L_{s0}}^3} \qquad \text{(A7.6)}$$

さらに，過飽和度一定（したがって G 一定），溶解度の温度係数一定の場合，L 以外は定数となるので，まとめて k とおくと，

$$-\frac{dT}{dt} = kt^2 \qquad \text{(A7.7)}$$

ただし，ここで Mullin[3] に従って $L = Gt$ とおいた。実はこの式は正しくはないが，Mullin の式 (7.1) を導くことが目的であるから，このようにした。
初期条件 $T = T_0$ at $t = 0$ で，式 (A7.7) を積分すると，

$$-(T - T_0) = \frac{k}{3} t^3 \qquad \text{(A7.8)}$$

回分運転終了時刻（$t = \tau$）のときの温度（終了温度）を T_f とおくと，

$$-(T_f - T_0) = \frac{k}{3} \tau^3 \quad \therefore k = -\frac{3(T_f - T_0)}{\tau^3} \qquad \text{(A7.9)}$$

式 (A7.8) に式 (A7.9) を代入すると，式 (7.1) が得られる。

$$T = T_0 - (T_0 - T_f) \left(\frac{t}{\tau} \right)^3 \qquad \text{(7.1)}$$

問 7.2　カリミョウバンの溶解度は，60℃のとき $C_1 = 0.248$ kg-anhydrous salt kg-water^{-1}，20℃のとき $C_2 = 0.059$ kg-anhydrous salt kg-water^{-1} であるから，1 回分当たりの理論結晶析出量 W_{th}（式 (12.4) の結晶収量 Y に等しい）を計算すると，$W_{th} = 3.47 \times 10^3$ kg である（ここまでの計算は，第 12 章の演習問題「問 12.4」を参照のこと）。一方，式 (7.6) により，臨界シード添加比は ${C_s}^* = 5.43 \times 10^{-3}$ である。したがって，最小のシード添加（質）量は，シード添加比の

定義式を用いて,

$$W_s = (5.43\times10^{-3})(3.47\times10^{3}) = 18.8\,\mathrm{kg}$$

このときの製品粒径 L_p は,式 (7.4) の C_s に $C_s^* = 5.43\times10^{-3}$ を代入して,

$$L_p = \left(\frac{1+0.00543}{0.00543}\right)^{\frac{1}{3}} \times 50 = 285\ \mu\mathrm{m}$$

成長比率は $L_p/L_s = 285/50 = 5.7$ である。

問 7.3 この場合,臨界種晶添加比は,式 (7.6) を用いて,$C_s^* = 0.543$ である。したがって,種晶添加量は,$W_s = 0.543\times3.47\times10^3 = 1.88\times10^3\,\mathrm{kg} = 1.88\,\mathrm{t}$ となってしまう。種晶量 1.88 t は,現実的でない。それはそれとして,製品は種晶が成長した結晶であるから,その量は $W_{th} + W_s = 3.47\times10^3 + 1.88\times10^3 = 5.35\times10^3\,\mathrm{kg}$ である。一方,製品結晶の平均粒径は,

$$L_p = \left(\frac{1+0.543}{0.543}\right)^{\frac{1}{3}} \times 500 = 708\ \mu\mathrm{m}$$

にしかならない。粒径の成長比率は $L_p/L_s = 708/500 = 1.42$ で,大きくない。問 7.1 の場合と異なる。

問 7.4 種晶粒径 L_s を仮定し,式 (7.4) を用いてシード添加比 C_s を求める。この C_s が式 (7.5)(条件 $C_s \geq C_s^*$)を満足していれば,それは1つの解である(解はいくつも存在する)。例えば,$L_s = 40\,\mu\mathrm{m}$ と仮定すると,式 (7.4) より $C_s = 0.00411$ である。一方,臨界種晶添加比を計算すると,$C_s^* = 0.00347$ であるから,式 (7.5) の条件 $C_s > C_s^*$ を満足している。したがって,これは1つの解である。このとき,結晶理論析出量 W_{th} は,問 7.2 および問 7.3 で $W_{th} = 3.47\times10^3\,\mathrm{kg}$ であったから,種晶添加量は $W_s = 0.00411\times3.47\times10^3 = 14.3\,\mathrm{kg}$ となる。なお,仮定した L_s が C_s が式 (7.5)(条件 $C_s \geq C_s^*$)を満足していない場合は,二次核が発生してしまう。つまり,種晶のみを成長させることはできない。

第 8 章

問 8.1 貧溶媒および溶質の質量は混合前後で不変だから,それぞれ次式が成立する。

貧溶媒:$100\times0 + 60\times1 = 160\times w_{A2}$

溶質　:$100\times0.4 + 60\times0 = 160\times w_2$

これらを解くと,$w_{A2} = 60/160 = 0.375$,$w_2 = 40/160 = 0.25$。また,$w_{A2} + w_2 + w_{S2} = 1$ であるから,良溶媒の質量分率は,$w_{S2} = 1 - (0.375 + 0.25) = 0.375$。まとめると,混合後の溶液 C の組成は,$(w_{A2},\ w_2,\ w_{S2}) = (0.375,\ 0.25,\ 0.375)$ である。直角三角図上では,溶液 C の組成は混合前の溶液 A,貧溶媒 B の組成を結んだ直線上にあり,質量比 3 対 5 に内分した点である(**てこの法則**

<rule of cantilever> という)。

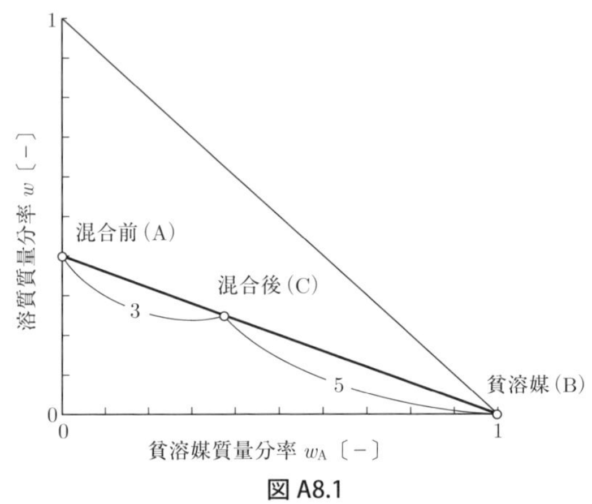

図 A8.1

問 8.2 水(良溶媒)1kg 当たりの安息香酸(溶質)の質量が C, 水(貧溶媒溶質)の質量が C_A とすると, 安息香酸, 貧溶媒および良溶媒の質量分率は, それぞれ, $w = C/(C + C_A + 1)$, $w_A = C_A/(C + C_A + 1)$, $w_S = C_S/(C + C_A + 1)$ で与えられる。計算結果は次表のとおりである。三角座標上の表示は, 図 2.3 にすでに示してある。

w_A	0.692	0.584	0.464	0.349	0.240	0.148	0.070
w	0.011	0.027	0.071	0.127	0.200	0.258	0.304
w_S	0.297	0.389	0.464	0.524	0.560	0.594	0.626

第9章

問 9.1 計算結果を図 A9.1 に示す。臨界半径は過飽和比に大きく依存する(式 (9.2) 参照)。反応ゾーンの過飽和比 $S = 10^5$, バルク溶液の臨界過飽和比 $S_c = 2$ とすると, このときの臨界半径は, それぞれ, 0.36 nm および 5.9 nm である。また, 実験終了時の過飽和比を例えば $S = 1.01$ とすると, そのときの臨界半径は 414 nm と計算される。初期の臨界過飽和比 S_c 近辺では数 nm 以上のクラスターのみが生き残り, 最終的に結晶として得られる粒子は数 100 nm (= 0.1 μm) 以上の粒子のみということになる。

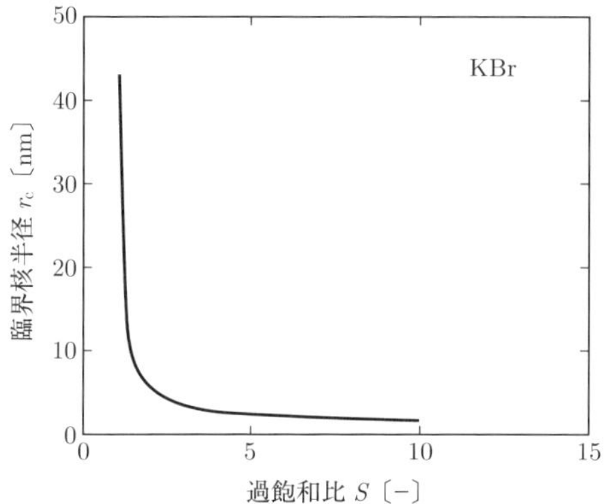

図 A9.1 臭化銀結晶の過飽和比と臨界核半径の関係

第 10 章

問 10.1 溶解度のプロットを図 A10.1 に示す。ラセミ体の溶解度（L 体 50 mol% のときの溶解度）は最高値を示す。したがって，この系はラセミ混合物である。しかし，ラセミ混合物の溶解度は，純 L 体，D 体の溶解度の和よりも少し小さい。したがって，この系は Meyerhoffer rule に完全には従っていない。その理由として，Estine らはアセチルロイシンの解離を挙げている。

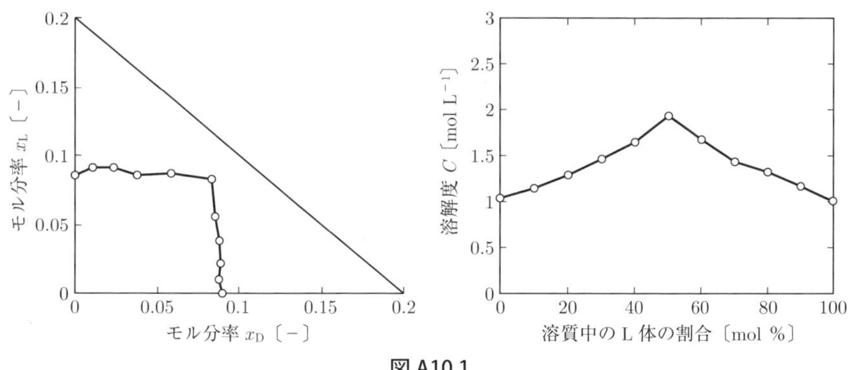

図 A10.1

第 11 章

問 11.1　結晶密度を ρ_c〔kg m^{-3}〕とすると，母液を除いた結晶の質量 W〔kg〕は，式 (11.1) を利用して，

$$W=\rho_c L^3-w(L)=\rho_c L^3-6.82\times 10^3 L^4$$

したがって，純度 P〔mass%〕は，

$$P=\left(1-\frac{w(L)}{W}\right)\times 100=\left(1-\frac{6.82\times 10^3 L}{\rho_c L^3-6.82\times 10^3 L^4}\right)\times 100$$

通常の結晶の密度 ρ_c は，おおよそ 1×10^3～4×10^3 kg m^{-3} の範囲にあるから，$\rho_c=2000$ kg m^{-3} と仮定すると，$L=100\,\mu$m$=1\times 10^{-4}$ m のとき，$P=99.97$ mass%，$L=1000\,\mu$m $=1\times 10^{-3}$ m のとき，$P=99.7$ mass%となる。

第 12 章

問 12.1　硫酸銅水和物 $CuSO_4\cdot 5H_2O$ の式量 $=249.7$，無水和物 $CuSO_4$ の式量 $=159.6$ であるから，$R=249.7/159.6=1.564$ である。

問 12.2　結晶収量 Y は，

$$Y=(10)(0.582-0.162)=4.2\,\text{kg}$$

である。晶析の前後で不変の溶媒エタノール基準で溶液濃度（溶解度）を表しているため，計算はこのように簡単になる。濃度を溶液基準〔kg-benzoic acid kg-solution^{-1}〕で表すとこのようにはならない。

問 12.3　カリミョウバンの溶解度データから，$C_1=0.248$ kg-anhydrous salt kg-water^{-1}, $C_2=0.059$ kg-anhydrous salt kg-water^{-1} である。式 (12.5) を用いて，結晶理論収量 Y は，

$$Y=\frac{(1286)(1)(1.837)(0.248-0.059)}{(1+0.248)[1-(0.059)(1.837-1)]}=376\ \text{kg-hydrate}$$

なお，種晶成長法で晶析を行う場合は，これに種晶量を加えた量が製品として得られることになるが，その量は一般に少量であるので，ここでも無視した。

問 12.4　式 (12.14) を用いて計算する。生産速度 $w_p=1\times 10^3$ kg h$^{-1}=0.278$ kg s^{-1} である。また，回分運転時間 τ（$=\tau_1+\tau_2$）は，1.08×10^4 s である。

$$V_1=\frac{(1+0.248)[1-(0.059)(1.837-1)]\left(1.08\times 10^4\right)(0.278)}{(1286)(1.837)(0.248-0.059)}=8.0\ \text{m}^3$$

ただし，この装置容積は昼夜休みなく稼働した場合である。1 日の稼働時間を 8 時間とすると，必要な装置体積は 3 倍の $8.7\times 3=26.1\,\text{m}^3$ となる。

第13章

問 13.1 Tの実測値（表の値）と式 (13.4) による計算値の残差二乗和が最小になるようにτを求める。Excelのゴールシークあるいはソルバーによって簡単に計算できる。答えは本文に記載したとおり $\tau = 10.7\,\mathrm{min}$ である。

問 13.2 N_pおよびρは一定だから，撹拌動力一定の条件は次式のように書くことができる。

$$\frac{N^3 d^5}{V} = 一定 \tag{A13.1}$$

式 (13.6) を代入すると，

$$N^3 d^2 = 一定 \tag{A13.2}$$

代表流速は，

$$v = Nd \propto \left(N^3 d^2\right)^{\frac{1}{3}} d^{\frac{1}{3}} \propto d^{\frac{1}{3}} \tag{A13.3}$$

したがって，QおよびQ/vはそれぞれ次のようになる。

$$Q \propto vd^2 \propto d^{\frac{1}{3}} d^2 = d^{\frac{7}{3}} \tag{A13.4}$$

$$\frac{Q}{V} \propto \frac{d^{\frac{7}{3}}}{d^3} \propto d^{-\frac{2}{3}} \tag{A13.5}$$

索　引

さ

た

な

は

ま

英文索引

E

F

G

H

I

K

L

M

T

U

V

W

＜編著者紹介＞

久保田徳昭（くぼた・のりあき）

【学位】東北大学工学研究科修士課程応用化学専攻修了　工学博士

【職歴】（株）新潟鉄工，静岡大学工学部化学工学科　技官，岩手大学工学部応用化学科　教授

【現在】岩手大学　名誉教授

【主な著書】

『溶液からの結晶成長』共立出版，2002，分担執筆

『分かり易い晶析操作』分離技術会，2003，共著

『化学工学辞典』丸善，2005，分担執筆

『分かり易いバッチ晶析』分離技術会，2010

『改訂七版 化学工学便覧』丸善，2011，分担執筆

『Advances in Organic Crystal Chemistry』Springer Japan, 2015，分担執筆

＜著者紹介＞

平沢　泉（ひらさわ・いずみ）

【学位】早稲田大学理工学研究科修士課程応用化学専攻修了　工学博士

【職歴】荏原インフィルコ（株），（株）荏原総合研究所，早稲田大学応用化学専攻　助教授

【現在】早稲田大学理工学術院応用化学専攻　教授

【主な著書】

『Crystallization Technology Handbook』Marcel Dekker Inc., 1995，分担執筆

『分離プロセス工学の基礎』朝倉書店，2009，分担執筆

『工業排水・廃材からの資源回収』シーエムシー，2010，分担執筆

『分散・塗布・乾燥の基礎と実際』テクノシステム，2014，分担執筆

小針昌則（こばり・まさのり）

【学位】早稲田大学大学院先進理工学研究科博士後期課程応用化学専攻修了　博士（工学）

【職歴】（株）日立製作所，（株）西原環境衛生研究所，日揮（株）

【現在】（株）K&J　代表取締役

【主な著書】

『環境工学公式・モデル・数値集』土木学会，2004，分担執筆

『モデル予測制御』日本工業出版，2007，分担執筆

『化学工学会編：晶析工学はどこまで進歩したか』三恵社，2015，分担執筆

晶析工学

2016 年 10 月 20 日　第 1 版 1 刷発行　　ISBN 978-4-501-63010-2 C3058
2022 年 5 月 20 日　第 1 版 2 刷発行

編著者　久保田徳昭
著　者　平沢泉・小針昌則

発行所　学校法人 東京電機大学
東京電機大学出版局
〒120-8551　東京都足立区千住旭町 5 番
Tel. 03-5284-5386(営業) 03-5284-5385(編集)
Fax. 03-5284-5387 振替口座 00160-5-71715
https://www.tdupress.jp/

制作：(株)チューリング　印刷：(株)加藤文明社　製本：誠製本(株)
装丁：齋藤由美子
落丁・乱丁本はお取り替えいたします。　Printed in Japan